普通高等教育"十一五"国家级规划教材

高职高专电子信息专业系列教材

单片机应用实训教程

■ 张永枫　主　编

■ 王静霞　副主编

■ 刘守义　主　审

清华大学出版社

北　京

内 容 简 介

本书是以实践教学为主导,以单片机技术应用为主线编写的实训教材,全书分为基础训练篇、接口应用篇、实用技术篇和兴趣制作篇 4 个部分。其中基础训练篇有 8 个训练情境;接口应用篇有 6 个训练情境;实用技术篇有 8 个训练情境;兴趣制作篇有 1 个综合训练情境。

本书内容安排合理,对训练情境进行了系统化设计,制作项目涉及机电类不同学科与专业,可作为高等职业技术院校(含四年制)机电类专业的单片机实训教材,也可供成人教育和职业技能培训选用。

图书在版编目(CIP)数据

单片机应用实训教程/张永枫主编. —北京:清华大学出版社,2008.12(2019.1重印)

(高职高专电子信息专业系列教材)

ISBN 978-7-302-18490-4

Ⅰ. 单…   Ⅱ. 张…   Ⅲ. 单片微型计算机-高等学校:技术学校-教材   Ⅳ. TP368.1

中国版本图书馆 CIP 数据核字(2008)第 134269 号

责任编辑:束传政   贺志洪
责任校对:袁   芳
责任印制:李红英

出版发行:清华大学出版社
    网   址:http://www.tup.com.cn,http://www.wqbook.com
    地   址:北京清华大学学研大厦 A 座   邮   编:100084
    社 总 机:010-62770175   邮   购:010-62786544
    投稿与读者服务:010-62776969,c-service@tup.tsinghua.edu.cn
    质量反馈:010-62772015,zhiliang@tup.tsinghua.edu.cn
印 装 者:北京虎彩文化传播有限公司
经   销:全国新华书店
开   本:185mm×260mm   印   张:14   字   数:320 千字
版   次:2008 年 12 月第 1 版   印   次:2019 年 1 月第 8 次印刷
定   价:35.00 元

产品编号:023563-02

PREFACE

前言

本书凝聚了深圳职业技术学院及其他院校十余年来单片机课程教学改革的成果与经验,在如下三方面体现了高职教育的特色。

一、以单片机技术应用为主线,以产品的实际开发过程为依托,在操作层面和一定的理论层面上对能力训练情境进行了系统化的设计。通过对单片机应用产品开发过程的调查与分析,归纳出从事单片机研发工程技术人员的几个基本工作任务,按照产品开发的工作流程设计训练情境。每个训练情境都从产品的技术要求出发,按照技术资料查阅、熟悉器件性能、确定硬件电路设计方案、编制器件清单、制作硬件电路、程序设计、软硬件调试、器件及模块电路性能测试、性能指标测试等步骤实施。这种基于实际工作任务的训练模式,提高了训练者参阅与检索资料的能力;技术集成能力;单片机及外部硬件资源的调配能力;硬件电路的设计与分析能力;编程及调试工具的运用能力;软硬件调试、分析能力及其他诸多专业技术能力。

二、注重学生在教学中的主体地位。结合项目制作有针对性地设计出相应的训练情境。每个训练情境都以完整的制作项目为依托,通过"做什么"、"怎么做"、"跟我想"、"跟我学"、"跟我做"的形式进行有针对性的能力训练。制作项目内容及能力训练过程前后呼应,注重进阶性和可持续性。训练中根据需要随时穿插小问答、小资料、小提示、小技巧等辅助内容。这种教学设计大大调动了学生的学习兴趣。

三、制作项目的独立性与延展性,为实施项目化教学奠定了基础。书中设计的每个制作项目自成一体,具有相对的独立性,但每个项目之间又互相联系。每个项目按照标准化、格式化的要求编写,前面编写的程序可以直接为后面的项目所用,后面的项目是前面项目的技术集成。通过选取前后不同项目的组合,可以适合不同专业实施项目化教学。

本书参考学时为 72～90 学时,其中,第 1 篇 30 学时;第 2 篇 24 学时;第 3 篇 12～26 学时;第 4 篇 6～10 学时。建议第 1、2 篇的项目全部实施,第 3、4 篇的项目根据学时及专业教学需要选做。由于完成项目制作要花费较多的时间,对于资料检索、准备器件、电路焊接及编程等基础性工作最好预先安排学生在课外去独立完成,既为学生营造了主动参与项目制作实践活动的锻炼机会,又能提高实训课堂技能训练效率。

本教材配备了实训项目单、学习指导、电子课件、电子教案、虚拟动画等大量教学素材,可登录深圳职业技术学院精品课程网站进行查询并下载。

张永枫对本书的编写思路与项目设计进行了总体策划,对全书进行了统稿和初审,编写了实训 2.3、3.1、3.3、3.4。工静霞除协助完成上述工作,并编写了实训 1.1、1.3、1.4、1.6、2.5,杨宏丽编写了实训 1.5、1.8、2.2、2.6,仲照东编写了实训 1.2、2.4、3.5、综合实训,刘丽莎、陈海松编写了实训 1.7、3.2、3.7、3.8,韩秀清编写了实训 2.1,马鲁娟编写了实训 3.6。

刘守义教授审阅了全书,并对本书的编写提出了很好的修改意见。

本书在编写的过程中得到了深圳职业技术学院电子技术基础教研室的大力支持,李益民副教授绘制了书中全部的电路图,在此表示衷心的感谢!

由于编者水平有限,书中不足之处在所难免,热忱欢迎使用者对本书提出批评和建议。

编　者

2008 年 5 月于深圳职业技术学院

Contents
目录

第 1 篇

基础训练篇——初识单片机

实训 1.1　认识单片机开发环境——开发工具使用

📖 训 练 目 的

　　开发单片机应用系统需要哪些软硬件环境的支持呢？该项目从芯片开始，通过"观察"给人以直观的认识；再采用"跟我做"的方式，体验开发环境的使用方法。在实际操作中由零到整、由内到外，逐步认识单片机及其开发环境。

☞ 观察 1——什么是单片机

　　目前市场上所使用的单片机有很多种系列，图 1.1.1 是其中三种常用系列单片机芯片示意图。MCS-51 系列单片机属于通用单片机型，它的基本结构及指令系统都比较典型，常被选作单片机初学机型；PIC 系列单片机与 51 系列单片机相比，外部引脚数量较少，只需几十条指令，且指令周期短，应用灵活；AVR 单片机与 51 单片机、PIC 单片机相比具有运行速度快、片内存储器容量大，有中断及模/数与数/模转换器等丰富的内部资源，且运用 C 语言编程更加方便灵活等优点。本书主要涉及 MCS-51 系列单片机，图 1.1.1(a)所示的 40 引脚直列式芯片是其最通用的结构形式。单片机芯片内集成了CPU(Central Processing Unit)、随机存储器 RAM(Random Access Memory)、只读存储器 ROM(Read-only Memory)、输入/输出(Input/Output)接口电路、定时器/计数器(Time/Count)等组成微型计算机的各种功能部件。因此，单片机实际上是集成在一个芯

(a) MCS-51单片机　　　(b) AVR单片机　　　(c) PIC单片机

图 1.1.1　单片机芯片实物图

片上的微型计算机,国际通用名字为 MCU(Microcontroller Unit)。

☞ 观察 2——什么是单片机应用系统

在各类电子产品中,利用单片机实施控制的系统被称为单片机应用系统。图 1.1.2 是以单片机为核心构成的简易信号灯控制硬件系统,该系统可以对信号灯的亮、灭实施控制。

图 1.1.2　信号灯控制硬件系统

✍ 小提示

图 1.1.2 中看到的只是单片机应用系统的硬件电路部分,实际上在单片机芯片的内部存储器中已经烧录了预先编写好的信号灯控制程序。因此,一个单片机应用系统由硬件系统和软件系统两部分组成,二者缺一不可。

✍ 小知识

(1) 信号灯控制系统硬件电路

信号灯系统原理图如图 1.1.3 所示,其包括单片机、复位电路、晶振电路、电源电路及用一个发光二极管模拟信号灯的控制电路。当 P1.0 引脚输出低电平时,发光二极管点

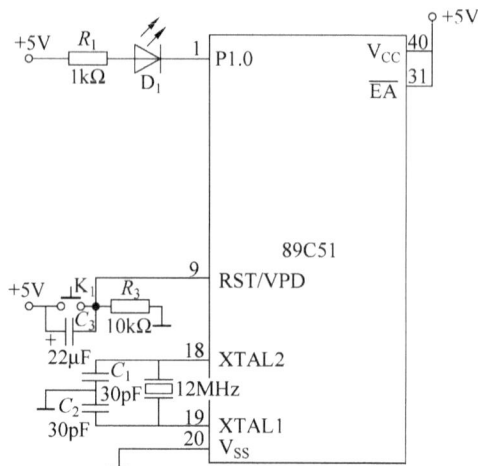

图 1.1.3　信号灯系统原理图

亮；当 P1.0 引脚输出高电平时，发光二极管熄灭。

（2）信号灯控制汇编语言程序

```
；******************************* 信号灯控制程序 *******************************
；程序名：信号灯控制程序 PM1_1_1.asm
；程序功能：控制信号灯闪烁
              ORG    0000H          ；将程序从地址 0000H 开始存放在存储器中
START：  CLR    P1.0           ；P1.0＝0,点亮信号灯
              ACALL  DELAY          ；调用延时子程序
              SETB   P1.0           ；P1.0＝1,熄灭信号灯
              ACALL  DELAY          ；调用延时子程序
              AJMP   START          ；返回,重复闪动过程
DELAY：  MOV    R3,＃7FH        ；延时子程序
DEL2：   MOV    R4,＃0FFH
DEL1：   NOP
              DJNZ   R4,DEL1
              DJNZ   R3,DEL2
              RET                   ；子程序返回
              END                   ；汇编结束
```

☞ 观察 3——单片机开发工具

图 1.1.4 给出了单片机应用系统开发所需软硬件装备及相互连接框图。包括计算机、工具软件、串/并口通信电缆、仿真器、电源、单片机应用系统（用户板）及通过仿真插座连接用户板的仿真电缆。

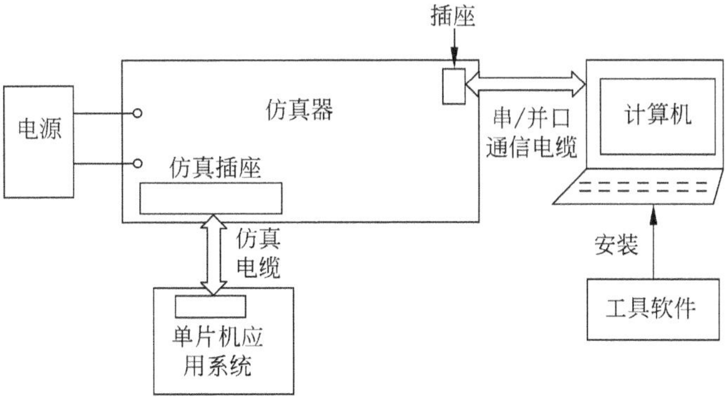

图 1.1.4　单片机开发装备示意图

图 1.1.5 为仿真器，仿真器有很多种，这里选用 Insight 系列 ME-52 型仿真器和中文版的 MedWin 工具软件。图中的仿真器已与上面给出的应用系统连接。

单片机应用系统的开发过程一般分为原理图设计、电路制作、编写应用程序、联机运行调试和脱机运行调试 5 个步骤。联机运行调试是指在单片机开发环境中运行程序，利用仿真器在模拟仿真状态下对硬件和软件进行综合调试，便于对存在的问题逐一排查和

改进。图 1.1.5 即为单片机系统与仿真器联机运行状态,在这种状态中,系统尚未插入单片机芯片,其运行程序与硬件资源来源于仿真器。脱机运行调试是指联机运行调试完成后,将源程序代码固化到单片机芯片内部的程序存储器中,并将带有程序的单片机芯片插入到单片机应用系统硬件电路的插座中,通电后系统就能直接运行单片机中的程序,脱机运行调试的单片机应用系统如图 1.1.2 所示。

如果单片机开发系统不具备固化程序的功能,还需配备专用的编程器,图 1.1.6 所示为 LabTool-48XP 型编程器。

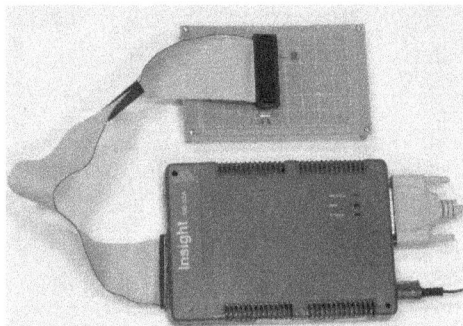

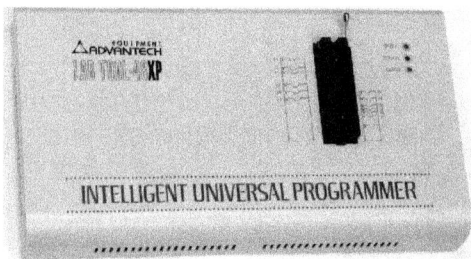

图 1.1.5　仿真器　　　　　图 1.1.6　LabTool-48XP 型编程器

✍ 小提示

焊接单片机应用系统硬件电路时,为了调试方便,一般不直接将单片机芯片焊接在电路板上,而是焊接一个与单片机芯片引脚相对应的直插式插座,以方便芯片的拔出与插入。

✍ 小知识

单片机开发系统具有以下 5 个主要功能:

(1)产生有效源代码。利用开发工具软件可以对用汇编语言编写的源程序(或 C 语言编写的源程序)进行汇编(编译),生成单片机能直接运行的二进制源代码。

(2)在线仿真功能。开发系统可将在线仿真器中单片机的资源完整地提供给用户,开发系统本身不占用单片机的任何资源,使应用系统在联机运行调试状态下和脱机运行调试状态下的资源运用环境完全一致。

(3)运行控制功能。利用开发系统可以方便有效地控制目标程序的运行,可随时检查程序的运行结果,便于对存在的硬件故障和软件错误进行定位排查。运行调试方式包括:一条一条指令运行的单步运行、定点运行到某处的快速运行和断点运行、一次运行所有指令的全速运行等。

(4)软件仿真功能。在没有仿真器硬件支持下,开发工具软件能提供软件仿真状态下调试程序的功能。

(5)程序固化功能。部分单片机开发系统可以直接把调试成功的有效源代码固化到单片机芯片内部的程序存储器中。

☞ 跟我做 1——建立单片机开发环境

现在以 ME-52 型仿真器和 MedWin 工具软件为例，建立单片机开发环境。如果使用不同系列的单片机开发工具，也可参考下列步骤依照使用说明书建立单片机开发环境。

（1）利用并口线将计算机和单片机在线仿真器连接起来。

（2）用带插头的仿真扁平线将单片机在线仿真器与实验室提供的试验板（箱）或由你自己设计制作的单片机应用系统连接在一起，管脚的对应关系一定不能搞错。

（3）打开在线仿真器电源。

（4）在计算机上启动 MedWin 工具软件，此时单片机开发环境就建立起来了。

☞ 跟我做 2——MedWin 工具软件的使用

1. 启动 MedWin 软件

启动中文版 MedWin 软件后，计算机屏幕上会出现图 1.1.7(a)所示的启动窗口。

如果计算机与仿真器之间没有连接好，或仿真器还没有开启电源，则出现图 1.1.7(b)所示的窗口，此时只能进入"模拟仿真"状态。

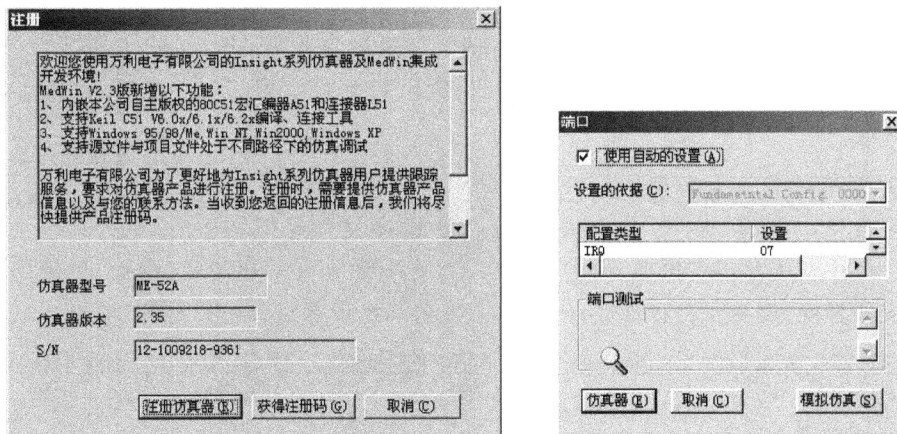

(a)　　　　　　　　　　　　　　　　(b)

图 1.1.7　进入 MedWin 工具软件窗口

在图 1.1.7(a)窗口中单击"取消"按钮或在图 1.1.7(b)中单击"模拟仿真"按钮进入 MedWin 集成开发环境，出现图 1.1.8 所示界面。

2. 设置向导

如果 MedWin 软件是第一次在计算机中安装运行，需先进行"编译、汇编、连接配置"，以后使用时就不需再配置了。在图 1.1.8 所示界面中单击"设置"菜单项，出现图 1.1.9 所示

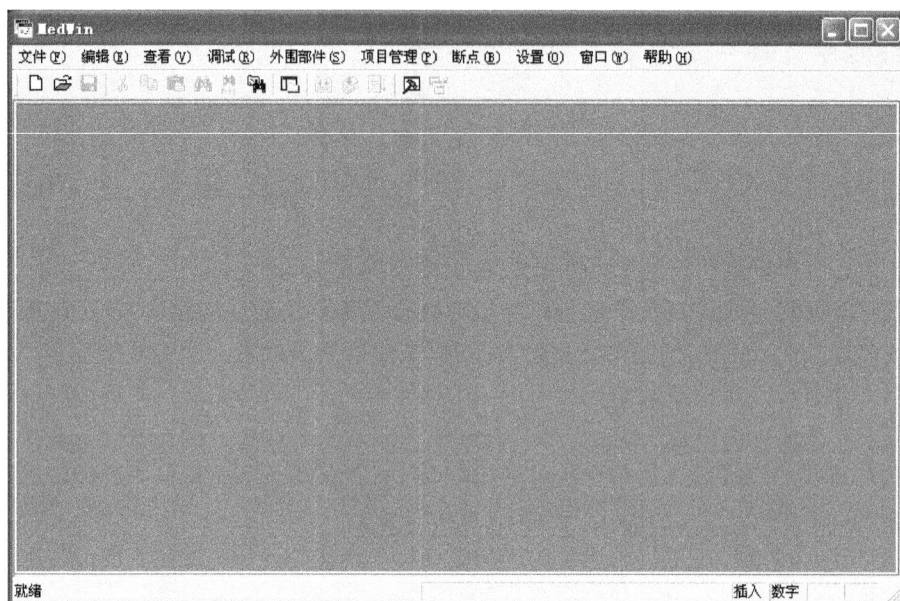

图 1.1.8　集成开发环境界面

窗口,选择"设置向导"命令,出现图 1.1.10(a)所示的编译、汇编、连接配置窗口。单击"下一步"按钮,弹出图 1.1.10(b)所示窗口,在该窗口中可设置系统头文件路径和系统库文件路径。选择源程序扩展名 ASM 或 C,若采用汇编语言编写源程序,应选择 ASM,然后单击"完成"按钮即出现图 1.1.8 所示窗口界面。

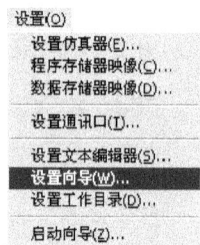

图 1.1.9　设置菜单项

3. 新建或打开源程序

现在可以新建(New)或打开(Open)源程序文件了。在图 1.1.8 中单击"文件"选项,出现图 1.1.11 所示菜单,选择"新建"命令,出现图 1.1.12 新建文件界面,确定文件存放路径,输入文件名和扩展名后,单击"打开"按钮。

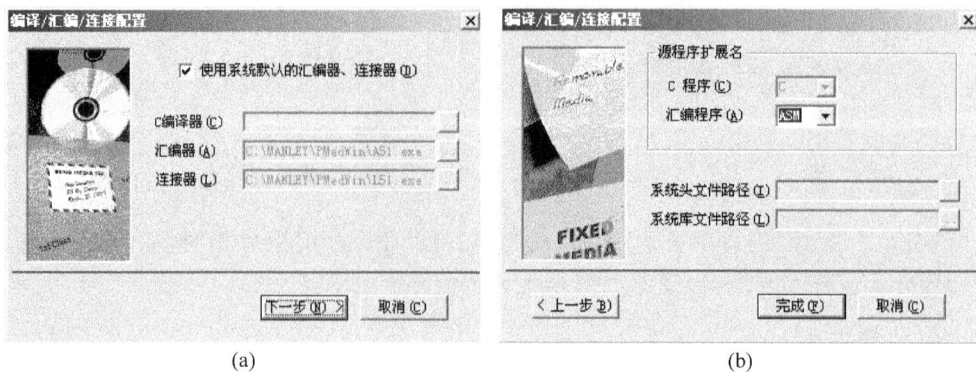

(a)

(b)

图 1.1.10　编译、汇编、连接配置窗口

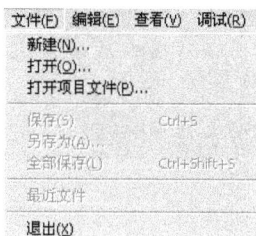

图 1.1.11　文件处理菜单项

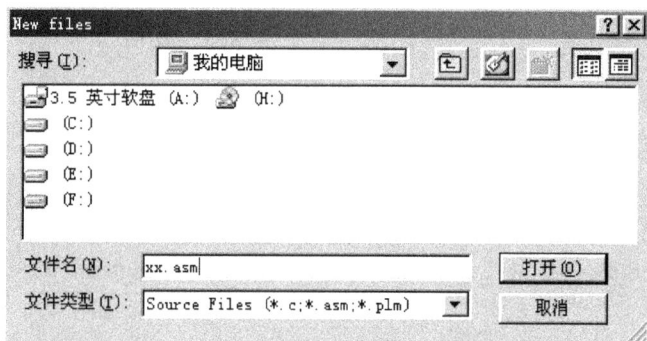

图 1.1.12　新建文件界面

✍ 小提示

既可以利用开发系统提供的程序编辑器,用汇编语言编辑扩展名为.ASM 的源程序,也可以将在 Windows 或 DOS 环境下编辑的源程序复制过来。在编制源程序时,可在每条指令的后面加必要的中英文注释,但须用分号将注释与指令间隔开来。编写程序要在西文状态下编辑,如果在中文状态下编辑源程序,在进行汇编时会带来不必要的麻烦。

4. 对源程序进行编译/汇编

将编好的源程序利用开发工具提供的编译/汇编功能将其转换成由机器语言构成的目标程序,在图 1.1.8 中单击"项目管理"菜单,出现图 1.1.13 所示菜单。单击"编译/汇编"(或 Ctrl＋F7 组合键)命令即可完成对当前源程序的"编译/汇编"。

5. 排除错误

程序经"编译/汇编"后,观察屏幕下方的消息窗口,会出现纠错信息,提示是否存在错误、错误出现的位置及错误的类型和数量等,可根据信息提示对源程序的错误进行纠正,再重新进行"编译/汇编"直至错误信息数量为"0"。

6. 产生代码并装入仿真器

在图 1.1.13 所示"项目管理"菜单栏中选择"产生代码并装入"命令,可将生成的文件源代码装入(Load)单片机开发系统的仿真 RAM 中,如图 1.1.14 所示,计算机屏幕显示

图 1.1.13 "项目管理"菜单

的源程序前面会出现小圆点及黄色箭头,表示该程序是可执行程序并指示下一条将要执行指令的位置。

7. 运行程序

运行程序有多种操作方法,包括全速连续运行(F9 键)、跟踪运行(F7 键)、单步运行(F8 键)、全速运行到光标处(F4 键)、设置断点调试等,可以使用快捷键,也可在"调试"下拉菜单中选择。

(1)单步运行调试(F8 键)

每按一次 F8 键,黄色箭头向下移动一条指令,表示上一条指令已执行完毕,观察程序计数器 PC(Program Counter)的地址显示,其值也随之改变,如图 1.1.15 所示,它始终指示下一条将要执行指令的地址。

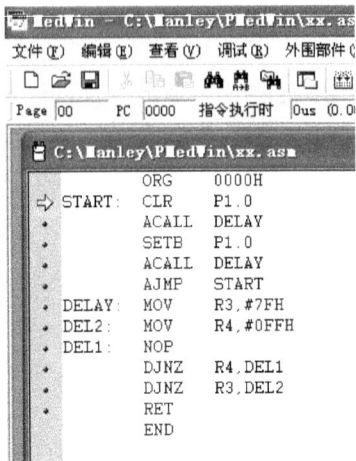

图 1.1.14　装入后的程序界面

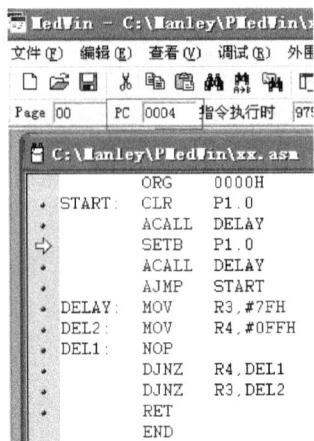

图 1.1.15　程序单步运行调试界面

✍ 试一试

独立操作一下,观察单步运行程序后 PC 内容的变化,如果能预先知道每条指令运行后的结果并在计算机屏幕上找到结果的踪迹就更好了。

（2）跟踪运行调试(F7 键)

与单步运行调试相似,每按一次 F7 键,系统就执行一条指令。在前面的信号灯闪烁程序 PM1_1_1.asm 中含有一小段子程序,分别用单步、跟踪两种方式运行 ACALL 指令,观察程序运行调试过程有什么区别。在调试程序时,如果想观察子程序内部各条指令的运行状况,则选择哪种运行调试方式呢?

（3）全速运行到光标处调试(F4 键)

如果想有针对性地快速观察程序运行到某条指令处的结果,可预先将光标调到该条指令处,再按 F4 键,程序将从当前 PC 所指示的位置全速运行到光标处。此方法可加快调试程序的速度,试试看,能做到吗?

（4）全速连续运行调试(F9 键)

这种方法可完全模拟单片机应用系统的真实运行状态,当按 F9 键时,程序将从当前 PC 指示的地址处开始全速连续运行程序,并出现图 1.1.16 所示的程序运行状态指示窗口,单击"停止"按钮可终止程序的运行。该方法便于观察程序连续运行状态下相关显示及控制过程的动态变化过程。因系统处于连续运行程序工作状态,所以无法观察某条指令或某段指令的运行结果,只能根据系统运行中所完成的显示及控制过程

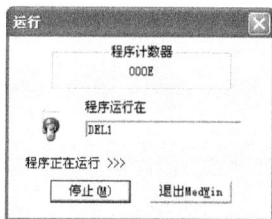

图 1.1.16　程序全速连续运行
调试窗口

的变化结果来判断程序运行的正确与否。一般在程序编写完成后,为了尽快观察程序的运行结果,可先用此种方式连续运行程序,如果系统的软硬件一次就能顺利运行成功,真是太幸运了。而实际设计制作中,由于种种原因,系统往往多少会出现一些故障,此时不必着急,可用所掌握的各种运行调试方法,逐一排除故障,直至连续运行成功为止。

（5）设置断点运行调试(F2 键)

有时为了快速地检查程序运行至某一关键位置处的结果,可用鼠标单击该处指令前面的圆点或直接将光标设置在该处指令的前面,再按 F2 键,该指令前将出现一个黄色的标记符"!"(或红色标记线),如图 1.1.17 所示,表示此处已被设置为断点。若从起始地址开始全速连续运行程序,程序运行至断点处就会停止,如图 1.1.18 所示。

与全速连续运行到光标处调试(F4 键)方法相比,后者对断点有记忆功能,当再次重复调试程序时,每当程序运行到此处都会停在该断点处,此方法特别适用于重复循环程序的调试。根据需要也可在程序的不同位置设置多个断点。若要取消断点,只需用鼠标单击断点标记或在断点处再按 F2 键即可。

8. 观察单片机内部资源当前状况

如图 1.1.19 所示,在"查看"下拉菜单中,选择要查看的资源类别,如单片机内部寄存

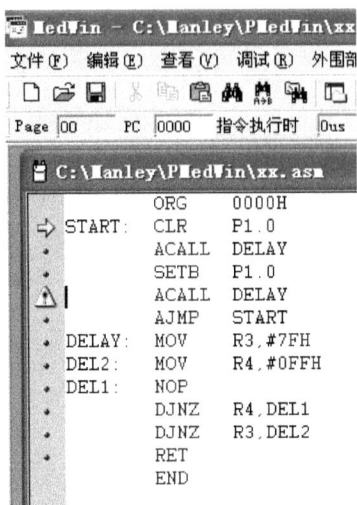

图 1.1.17 设置断点运行调试

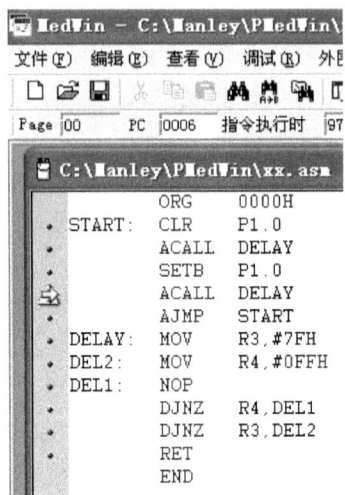

图 1.1.18 程序运行到断点处停止

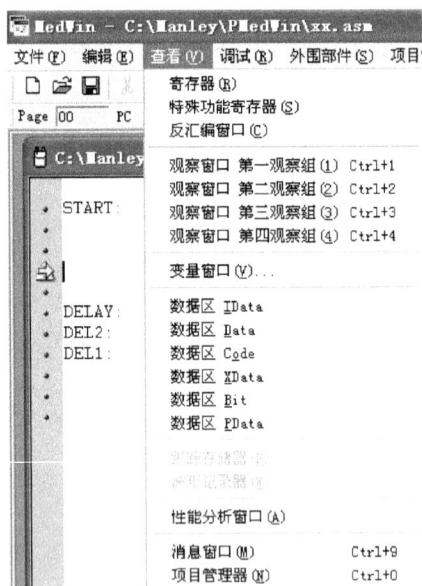

图 1.1.19 "查看"下拉菜单

器、特殊功能寄存器、数据缓冲区 RAM 等。图 1.1.20 为内部 RAM、寄存器和特殊功能寄存器察看窗口,既可查看其中的内容,也可输入新的数值对其内容进行修改。

9. 固化程序

程序调试完毕,在"项目管理"下拉菜单中选择"产生代码",生成相应的目标程序文件,再将目标程序代码写入单片机芯片内部的程序存储器中。固化操作参见"跟我做 4"。

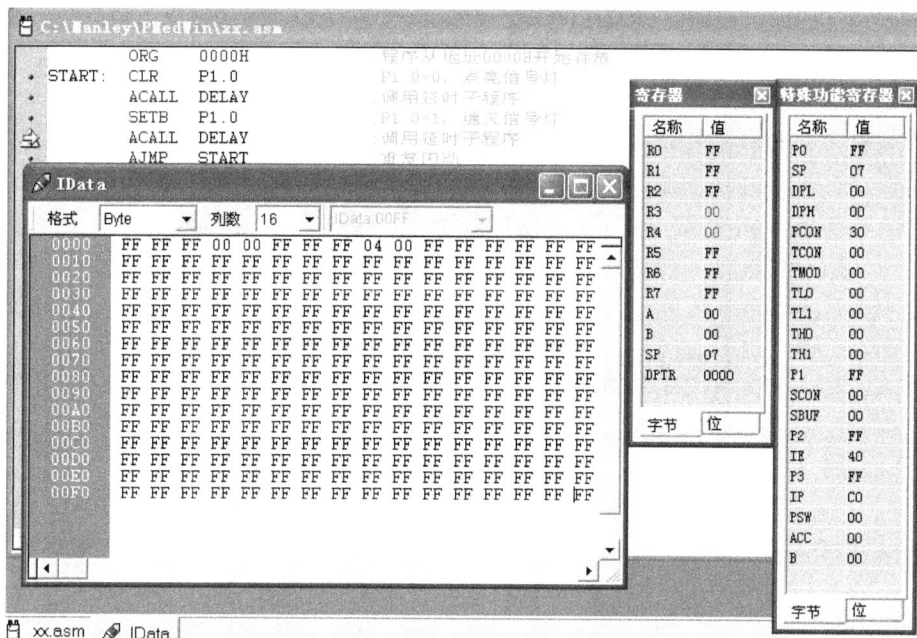

图 1.1.20　观察单片机内部资源

☞ 跟我做 3——Keil 51 工具软件的使用

Keil 51 工具软件是目前最流行的 51 系列单片机开发软件,它提供了包括 C 编译器、宏汇编、连接器、库管理和一个功能强大的仿真调试器,通过一个集成开发环境(μVision)将这些部分组合在一起,掌握这一软件的使用对开发与应用 51 系列单片机的爱好者来说是很有必要的。

1. 启动 Keil 51 工具软件

在桌面上双击 μVision 图标,出现图 1.1.21 所示窗口。

2. 新建工程

在 Keil 51 中,不仅要编写一个源程序,还要建立一个工程文件和为这个工程选择 CPU,并预先确定出编译、汇编、连接参数,指定调试的方式。使用了工程(Project)这一概念,是将参数的设置和所需的所有文件都加在一个工程中。

单击"工程"按钮,出现一个"新建工程"对话框,如图 1.1.22 所示,在"保存在"栏中选择工程保存目录,并在"文件名"栏中输入工程名字(如 led),不需要扩展名,单击"保存"按钮,出现图 1.1.23 所示的选择目标 CPU 对话框。

Keil 支持的 CPU 型号很多,单击 Atmel 前面的"+"号,展开单片机型号清单,选择所用单片机芯片的型号,如 Atmel 公司的 89C51 芯片,然后单击"确定"按钮,系统将重新回到主界面。

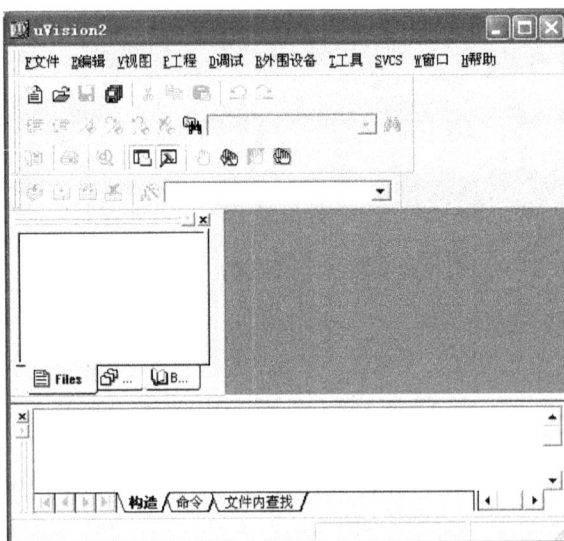

图 1.1.21　启动窗口

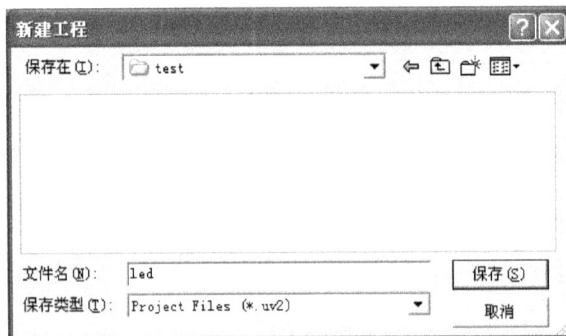

图 1.1.22　建立工程文件

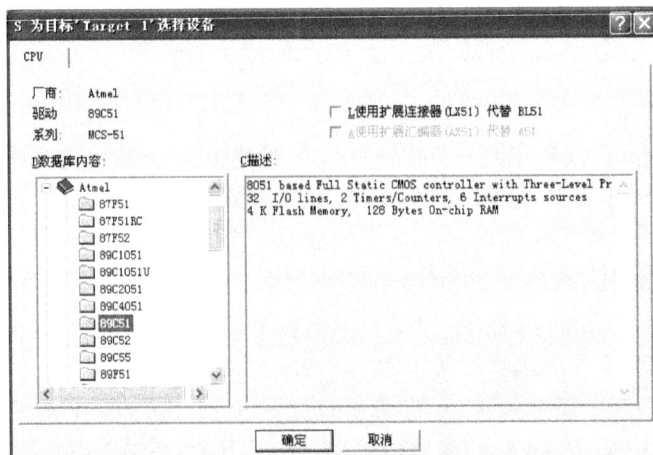

图 1.1.23　选择目标 CPU

3. 建立并添加源文件

单击文件,在菜单中选择"新建"或单击工具栏中的新建文件按钮,将出现图 1.1.24 所示的一个新的文本编辑窗口,在该窗口中输入新编制的源程序并保存该文件。

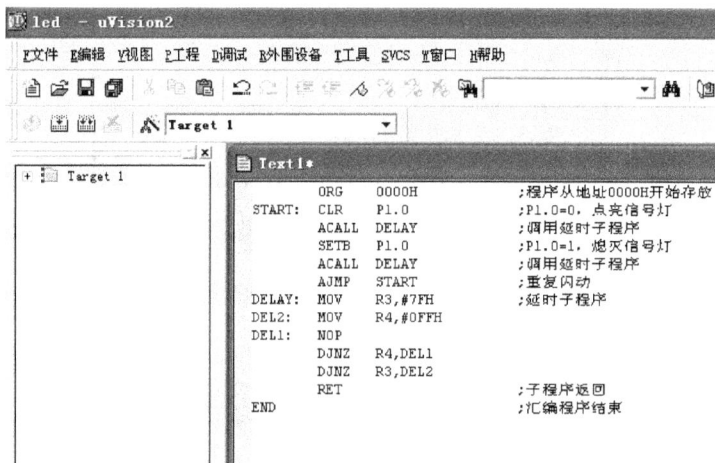

图 1.1.24　文本编辑窗口

✍ 小提示

在文件名的后面必须加扩展名.asm,如 le01.asm。源文本文件不一定要使用 Keil 软件编写,也可以使用其他文本编辑器编写后再复制过来。

添加源文件时,先单击 Target 1 前面的"＋"号将其展开,如图 1.1.25 所示,在字符"Source Group 1"上单击鼠标右键,再单击"增中文件到组'Source Group 1'",出现图 1.1.26 所示窗口。

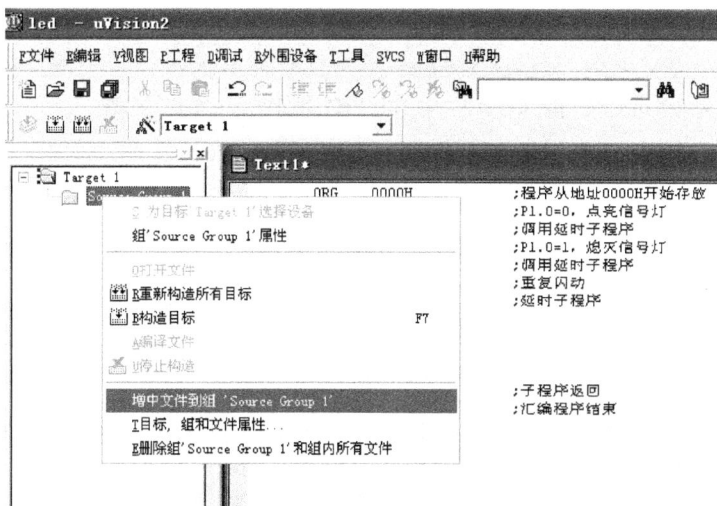

图 1.1.25　增加文件到组

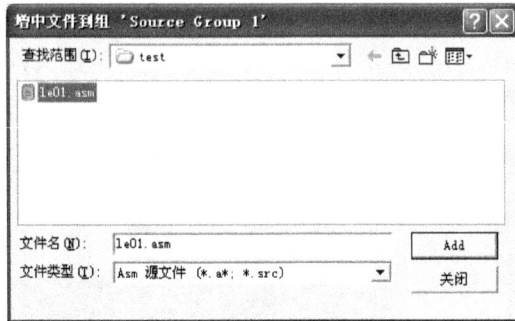

图 1.1.26　选择文件类型

在文件类型中选择"asm 源文件",找到前面新建的 le01.asm 文件后单击"Add"按钮加入工程中,如图 1.1.27 所示。

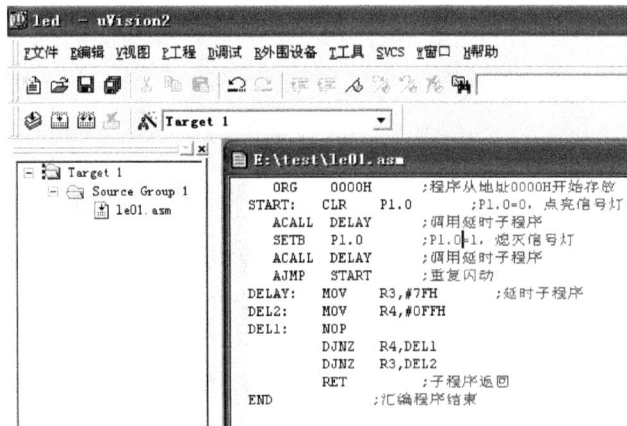

图 1.1.27　加入文件

此时,在左边文件夹"Source Group 1"的前面会出现一个"＋"号,单击"＋"号展开后,出现一个名为"le01.asm"的文件,说明新编文件的添加已完成。

4. 配置工程属性

将鼠标移到左边窗口的"Target 1"上,单击鼠标右键,再单击"目标'Target 1'属性",弹出图 1.1.28 所示的目标属性窗口。单击"输出"选项卡,出现图 1.1.29 所示窗口,在"产生执行文件"前面的小圆内打点,确认已选中该项后再单击"确定"按钮。

Keil 51 集成开发环境为用户提供了软件仿真调试功能,只要选择"使用仿真器"选项即可进行软件仿真。在图 1.1.28 中,单击"调试"选项卡,弹出图 1.1.30 所示窗口,选择"使用仿真器"后再单击"确定"按钮。

5. 程序调试

在图 1.1.27 所示窗口中,单击"调试"选项卡,出现图 1.1.31 所示的下拉菜单,再单击"开始/停止调试"命令即可进入程序调试状态,如图 1.1.32 所示。

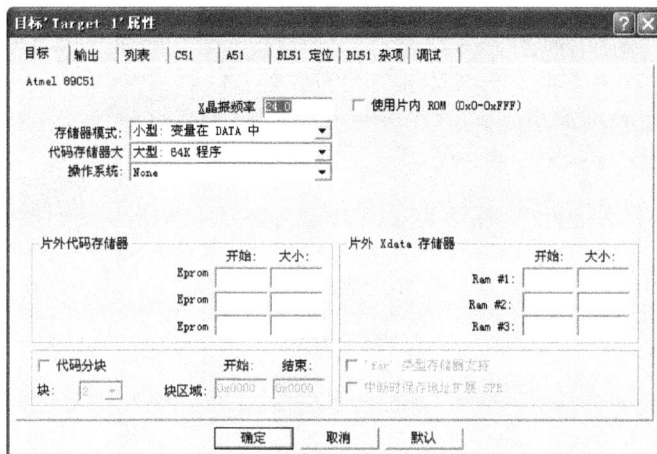

图 1.1.28　目标属性窗口

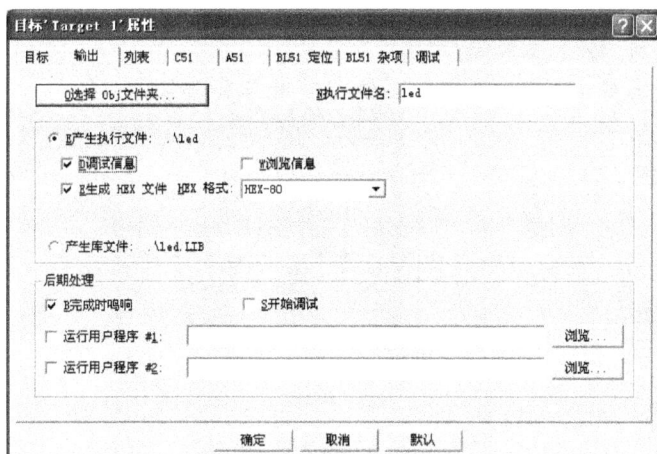

图 1.1.29　产生执行文件

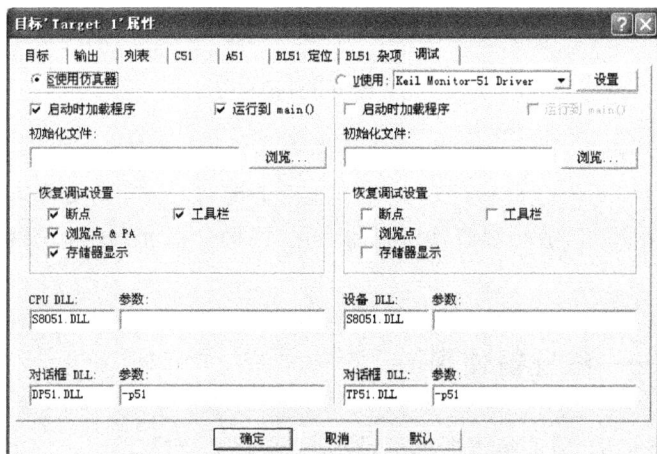

图 1.1.30　选择仿真方式

单片机应用实训教程

图 1.1.31 启动调试

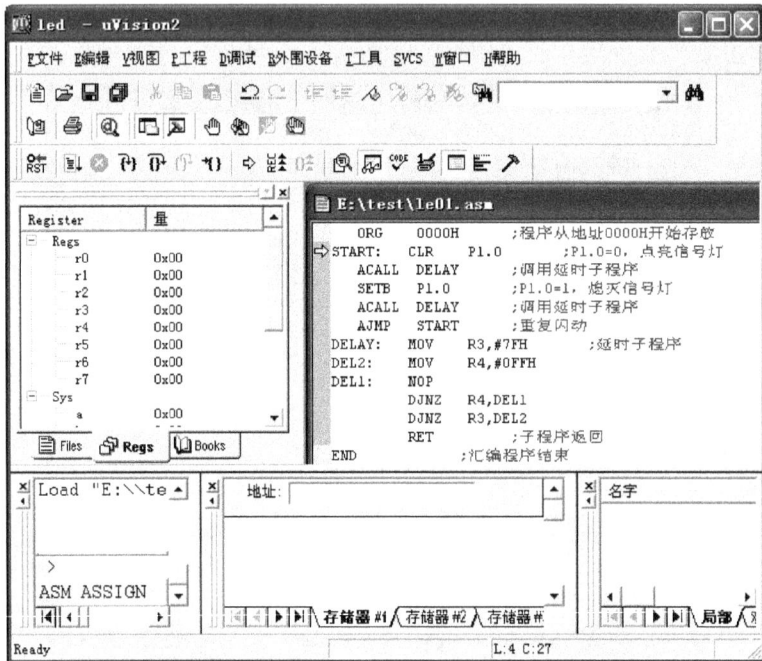

图 1.1.32 调试状态

现在可以运用单步运行、跟踪运行、设置断点运行、全速运行到光标处等各种调试方法调试编写的应用程序了,选择想要观察的单片机资源,如工作寄存器、特殊功能寄存器及 I/O 端口状态显示窗口,随时观察其内容的变化,协助分析和判断程序运行的状态和结果是否正确。

☞ 跟我做 4——编程器使用

以 LabTool-48XP 万能编程器为例,按以下步骤进行操作:

(1) 首先在计算机上安装编程器驱动程序 LabTool-48XP。

（2）将编程器与计算机的并口连接起来，打开编程器电源。

（3）在计算机上启动 LabTool-48XP 软件，出现如图 1.1.33 所示的主窗口画面，"LabTool-48XP at LPT 1"表示计算机与编程器连接完毕。

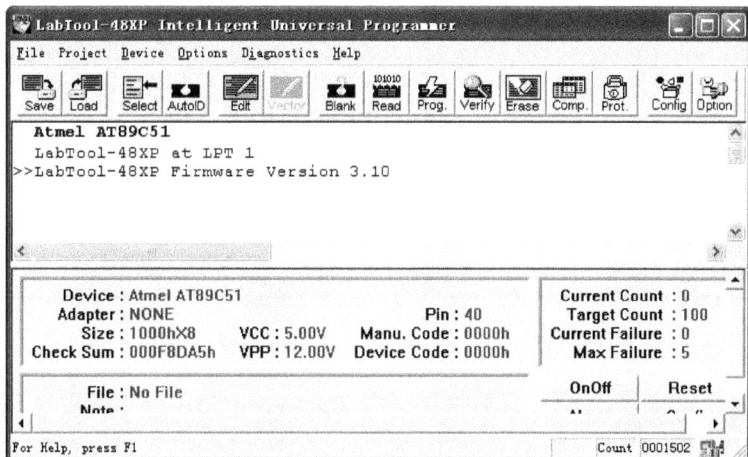

图 1.1.33　编程器与计算机已联机窗口

（4）将单片机芯片按方向要求插入编程器的插座上。

（5）在主窗口中单击 Select 按钮，弹出 Change Device 对话框，如图 1.1.34 所示。选择要烧录的芯片型号，例如，W78E51B，单击 OK 按钮。

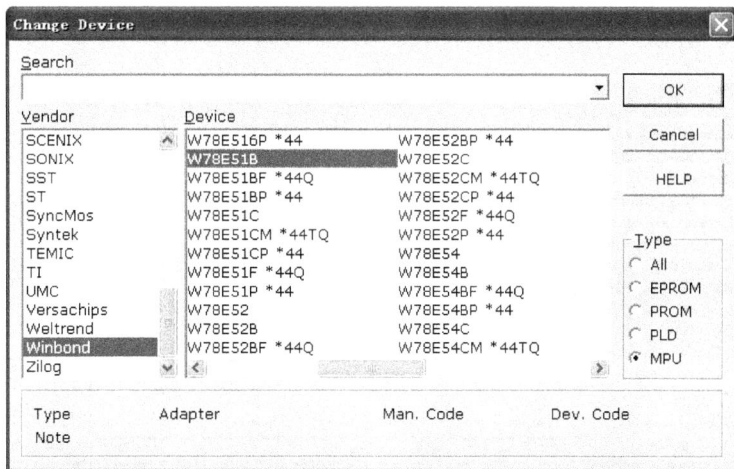

图 1.1.34　Change Device 对话框

（6）在主窗口中单击 Load 按钮，弹出"打开"对话框，如图 1.1.35 所示。选择前面已调试成功并准备烧录到单片机中的文件名，然后单击"打开"按钮，出现如图 1.1.36 所示的加载文件窗口，单击 OK 按钮，主窗口中出现提示信息"Read File Complete"，表示文件加载成功，为烧录程序做好了准备。

图 1.1.35 "打开"文件窗口

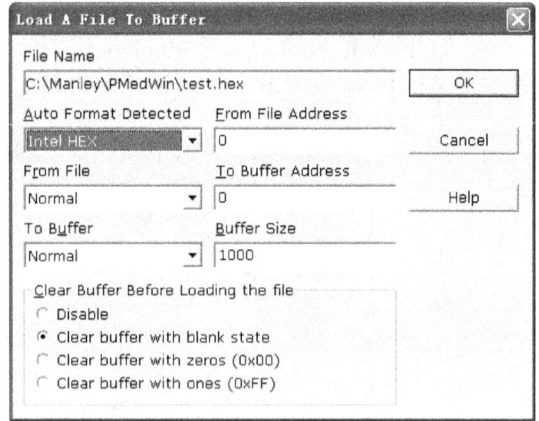

图 1.1.36   加载文件窗口

（7）在主窗口中单击 Edit 按钮可以查看文件内容或继续编辑修改文件内容。

（8）在主窗口中单击 Prog 按钮，出现图 1.1.37 所示的程序烧写画面，主窗口提示 "Program Completed!"表示烧写成功。

（9）在主窗口中单击 Erase 按钮，可擦除芯片中已烧录的内容，主窗口提示"Erase Completed!"表示擦除成功。

（10）最后把烧写好的芯片从编程器上取下来，插到单片机应用系统硬件电路的单片机插座上，通电后该系统就可以脱机运行了。

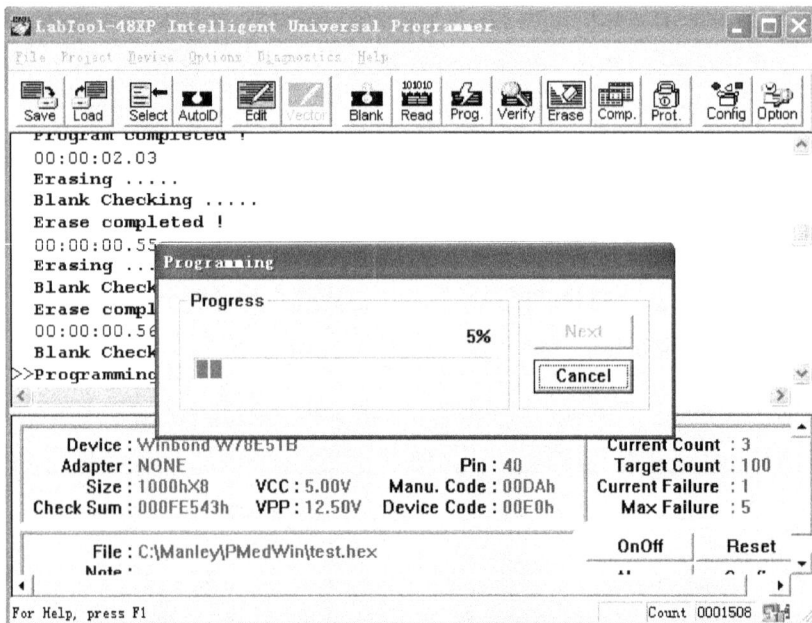

图 1.1.37 程序烧写画面

📖 项目小结

　　该项目从单片机、单片机应用系统和单片机开发系统入手,介绍了单片机实训所必需的工具和环境,以及单片机开发环境的使用方法。由直观到抽象,从外到内,层层深入,重点训练单片机环境的连接方法、开发工具软件的使用方法以及常用程序调试方法,使其具备运用开发工具调试单片机应用系统软、硬件的基本能力。

实训 1.2　让单片机动起来——单片机应用系统构成

📖 训练目的

　　通过使实训 1.1 中给出的应用系统动起来,对单片机在电气控制系统中的作用及单片机芯片的使用有一个直观的认识,在此过程中,掌握组成单片机最小应用系统的基本方法。

☞ 单片机的引脚

　　作为一个微型计算机系统,单片机内部是一个集接收信号、信号处理、发送信号,定时及计数等多种功能于一体的超大规模集成电路。图 1.2.1 给出了 MCS-51 系列单片机中有 40 个引脚的 89C51 型单片机芯片引脚图。其内部结构暂不涉及,通过渐进的实训过程,逐步熟悉各引脚的功能与使用方法。

☞ 如何让单片机工作起来?

　　图 1.2.2 是实训 1.1 中用单片机控制信号灯的实际电路图。下面介绍图中用到的几个引脚的功能与使用方法。

　　(1) 电源:电源正极接 40(V_{CC})引脚,电源负极(地)接 20(V_{SS})引脚。电源电压为 5V,正负偏离值不得超过 5%。

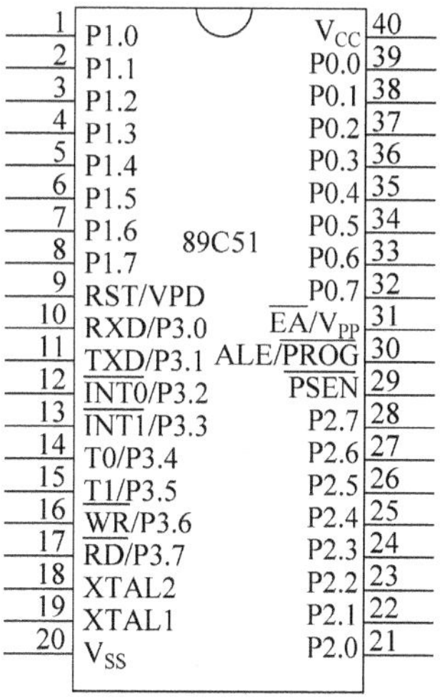

图 1.2.1　单片机引脚示意图

　　(2) 振荡电路:单片机内部由大量的时序电路构成,没有时钟脉冲即"脉搏"的跳动,单片机的各个部分将无法工作。所以在单片机的内部集成有振荡电路,只需按图 1.2.2 将晶振和电容接到单片机的 18(XTAL2)、19(XTAL1)引脚,一个完整的振荡器即"心脏"就构成了,只要接通电源,这个心脏的脉搏就会按固定频率开始跳动。晶振的频率,决定了单片机工作的快慢。

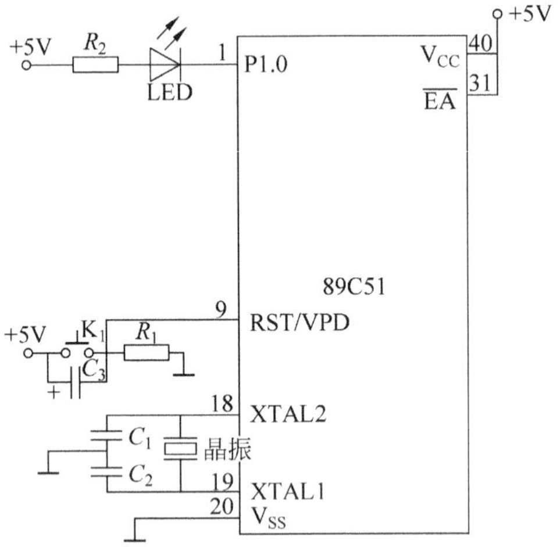

图 1.2.2   单片机控制 LED 基本接线图

（3）复位电路：用于将单片机内部各电路的状态恢复到初始值。按图 1.2.2 将电阻和电容接到 9（RST/VPD）引脚，在通电的一瞬间使 9 脚获得一个高电平，单片机内部电路就被自动复位了。

   📖 小问答

能分析出复位电路中外接电阻 R_1 和电容 C_3 的作用吗？若要增加手动复位应如何接线？

（4）EA 引脚：用户编写的应用程序都存储在单片机内部的程序存储器中，若编写的程序较长，内部程序存储器容量不够用时，就要考虑在单片机芯片的外部另外增加程序存储器芯片。那么单片机中的控制器是如何知道程序被存在什么地方呢？它是通过 31（EA）引脚上的电平状态进行判断的。若 EA 接电源正端，就表示程序已被存入单片机内部存储器，反之表示存在单片机外部存储器。在本例中，所选择单片机内部的存储器容量已足够用，所以只需按图 1.2.2 所示将 EA 管脚接到 +5V 即可。有些单片机芯片没有内部程序存储器，则 EA 必须接低电平。

（5）输入/输出引脚：单片机引脚中凡用英文字母 P，后面跟数字标注的引脚均为输入/输出引脚。8 个引脚为一个"口"，图 1.2.1 中 1（P1.0）为 P1 口的第 0 号引脚。输入/输出引脚受程序控制，可以将单片机内部的信号送出来（输出），也可以将与引脚相连的外部信号送到单片机内部去（输入）。图 1.2.2 中，（P1.0）脚与 LED 负极相连，LED 正极通过限流电阻 R_2 接电源正极。当 1 脚为高电平时，LED 熄灭；当 1 脚为低电平时，LED 点亮。可见，只要控制 1 脚电平的高、低，就能控制 LED 的亮、灭。

将以上 7 个最基本的引脚接线连接好，单片机就具备了硬件工作的基本条件。

☞ 跟我做 1——准备器件

LED 电路器件清单如表 1.2.1 所示。

表 1.2.1　模拟汽车转向灯电路器件清单

元件名称	参　数	数量	元件名称	参　数	数量
IC 插座	DIP40	1	按键		1
单片机	8751 或 8951	1	电阻	1kΩ	1
晶体振荡器	12MHz	1	电阻	470Ω	1
瓷片电容	20pF	2	电解电容	22μF	1
发光二极管		1			

☞ 跟我做 2——焊接电路板

在万能板上按电路图焊接元器件,完成电路板制作,图 1.1.2 是焊接好的电路板实物照片。

✍ 小提示

(1)焊接电路板时,单片机插座要放置在万能板的一侧,避免连接仿真插头时遮挡其他器件。

(2)元器件位置布局应预留部分空间,有利于后续项目扩展时不断增加其他器件的摆放。

☞ 如何使单片机动起来?

怎样才能使 1 脚输出的电平变高或变低呢? 它是通过人们编写的程序也就是软件来实现的,而程序则由若干条单片机能够识别的指令组成。下面就是单片机能够识别的两条指令。

指令一:

    11010010 10010000　　　　　;将 1 引脚置高电平

指令二:

    11000010 10010000　　　　　;将 1 引脚置低电平

可见,单片机的指令是由二进制数字组合而成的,用这种指令编写的程序单片机 CPU 能够识别,称为机器语言,用机器语言组成的程序称为源程序。但这种语言很难记忆,编写源程序十分不便。

为此,人们想到了改用简明的英文符号来表示各种不同功能的指令以帮助记忆,对应的英文符号称为助记符。例如,将指令一、指令二分别改用助记符的形式来描述可表示为:

指令一:

    SETB　P1.0　　　　　;将 1 引脚置高电平

指令二:

    CLR　　P1.0　　　　　;将 1 引脚置低电平

用助记符编写的程序称为汇编语言程序。如果能够将用汇编语言编写的源程序翻译成用机器码表示的目标程序,问题就解决了。这一工作,可以由能够实现自动转换功能的软件来实现。实训 1.1 介绍的单片机开发系统中已经提供了这种软件,它可在瞬间之内完成这一烦琐的转换工作。

☞ **跟我做 3——编写与固化程序**

（1）按实训 1.1 建立起单片机开发环境。

（2）在 MedWin 界面下用汇编语言编程,输入：

```
ORG      0000H                ;将程序从地址 0000H 开始存放在存储器中
START：  CLR      P1.0        ;P1.0＝0,点亮信号灯
         ACALL    DELAY       ;调用延时子程序
         SETB     P1.0        ;P1.0＝1,熄灭信号灯
         ACALL    DELAY       ;调用延时子程序
         AJMP     START       ;返回,重复闪动过程
DELAY：  MOV      R3,＃7FH     ;延时子程序
DEL2：   MOV      R4,＃0FFH
DEL1：   NOP
         DJNZ     R4,DEL1
         DJNZ     R3,DEL2
         RET                  ;子程序返回
```

（3）将上面内容以 PM1_1_1.asm 文件名保存。

（4）将上述 asm 文件转为源程序文件。

（5）利用编程器将源程序烧录到单片机的程序存储器中。

☞ **跟我做 4——点亮 LED**

（1）将单片机芯片从编程器上取下,将其插入到已经做好的电路板上。

（2）接通电路板电源,即可观测到 LED 按照一定的时间间隔反复点亮。

✍ **小结**

单片机应用系统须由"硬件"和"软件"两部分组成。通过上面的操作可以看到,硬件电路确定后,只要改变写入单片机中的指令,就可以改变单片机输出控制的结果。

✍ **小知识**

（1）单片机中数制的描述形式

为了方便书写和阅读,人们经常采用十六进制数的形式来描述和表示二进制数,即采用 0、1、2、3、4、5、6、7、8、9、A、B、C、D、E、F 共 16 个符号,将 4 位二进制数用 1 位十六进制数来替代,并按"逢十六进一"的规则表示数值状态。这样可大大减少书写长度并提高计算机录入数据的速度。例如,前面用到的二进制数"11010010 10010000",可表示为"D2H 90H",其中"H"表示该数制是十六进制描述形式。

（2）位与字节的含义

"0"和"1"可以表示一个开关的"闭"与"合",也可表示一根导线电位的"高"与"低"两种状态。在单片机中常用它描述数据状态的一个二进制"位",而一个数据存储单元有 8 位,也称为一个"字节",存储器是由若干个 8 位单元构成的。在进行硬件电路设计时,人们也把单片机的一条数据线称为一"位"。

📖 项 目 小 结

只要能将单片机与其他功能芯片和器件有机地结合在一起就能构成各种实用的单片机硬件电路,根据硬件电路的形式和任务的需要编写相关程序并固化在程序存储器中就能实现各种智能控制。本项目是一个相对比较简单的应用系统,它为后续进一步开发更为复杂的应用系统奠定了基础。

实训 1.3　汽车转向灯控制——编程方法训练 1

📖 训 练 目 的

通过用单片机实现对汽车转向灯的控制,熟悉单片机的并行口、位寻址区及位操作指令的应用,初步了解子程序的运用方法及流程图的作用。

☞ 做什么?——明确要完成的任务

安装在汽车不同位置的信号灯是汽车驾驶员之间及驾驶员向行人传递汽车行驶状况的语言工具。一般包括转向灯、刹车灯、倒车灯、雾灯等,其中,汽车转向灯包括左转灯和右转灯,其显示状态如表 1.3.1 所示。

表 1.3.1　汽车转向灯显示状态

转向灯显示状态		驾驶员命令
左转灯	右转灯	
灭	灭	驾驶员未发出命令
灭	闪烁	驾驶员发出右转显示命令
闪烁	灭	驾驶员发出左转显示命令
闪烁	闪烁	驾驶员发出汽车故障显示命令

本项目要做的是利用单片机制作一个模拟汽车左右转向灯的控制系统。

☞ 跟我想——分析怎样用单片机系统实现任务

这个任务涉及两个部分,一个是汽车转向灯,另一个是驾驶员发出的命令。如何用单片机实现接收驾驶员发出的显示命令并发出信号灯显示控制信号呢?

可以采用两个 LED 发光二极管来模拟汽车左转灯和右转灯,用单片机的 P1.0 和 P1.1 引脚控制发光二极管的亮、灭状态;驾驶员发出的显示命令则用单片机内部数据存储器 RAM 中位寻址区(20H~2FH)中的位状态进行模拟,假设选用位寻址区中 20H 和 21H 两位的状态来模拟驾驶员是否发出显示命令,如表 1.3.2 所示。

表 1.3.2   用位状态模拟汽车运行状态或显示命令

位 状 态		汽车状态或命令
20H 位	21H 位	
0	0	驾驶员未发出命令
0	1	驾驶员发出右转指示灯显示命令
1	0	驾驶员发出左转指示灯显示命令
1	1	驾驶员发出汽车故障显示命令

比较表 1.3.1 和表 1.3.2 可以看到,20H 位的电平状态与左转灯的亮灭状态相对应,当 20H 位单元中的状态为 0 时,左转灯熄灭;当 20H 位单元中的状态为 1 时,左转灯点亮。同样,21H 位单元中的状态与右转灯的亮灭状态相对应。

☞ **跟我做 1——确定硬件电路图**

根据以上分析,采用并行 P1 口中的 P1.0 和 P1.1 控制两个发光二极管,与实训 1.2 电路比较,只需增加一个引脚 2(P1.1),电路的其他部分与实训 1.2 中图 1.2.2 完全相同。具体电路如 1.3.1 所示。

✍ **小知识**

为了增加扇出电流,提高负载能力,通常在 P1 口和 LED 之间接一个缓冲驱动器,它还可起到隔离作用,保护单片机芯片内部电路,如 74245 或集电极开路电路 7406、7407 等。

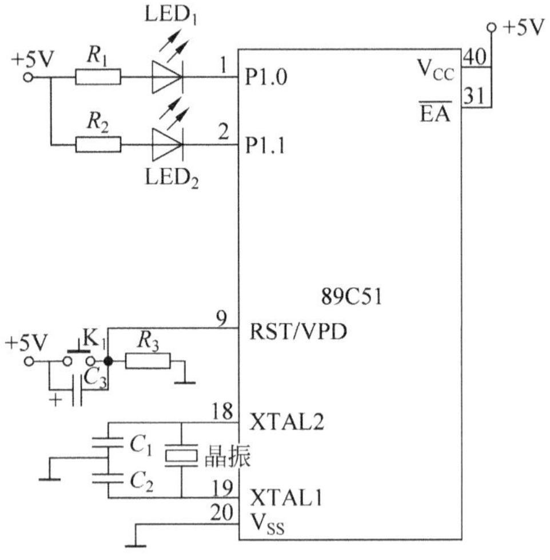

图 1.3.1   模拟汽车转向灯电路图

☞ **跟我做 2——准备器件**

模拟汽车转向灯电路器件清单如表 1.3.3 所示。

表 1.3.3   模拟汽车转向灯电路器件清单

元件名称	参 数	数量	元件名称	参 数	数量
IC 插座	DIP40	1	按键		1
单片机	8751 或 8951	1	电阻	1kΩ	2
晶体振荡器	6MHz 或 12MHz	1	电阻	470Ω	1
瓷片电容	20pF	2	电解电容	22μF	1
发光二极管		2			

✍ **小资料**

为节约成本,系统中的单片机也可以采用 DIP20 封装的 2051 系列芯片,例如 AT89C2051。AT89C2051 引脚图如图 1.3.2 所示。这是一个低电压,高性能的 CMOS

8 位单片机,与 MCS-51 指令系统完全兼容;片内
2KB 的 Flash 程序存储器可反复擦写,有一个模拟
比较放大器,具备可用软件设置的系统睡眠、省电
功能,可通过 RAM、定时/计数器、串行口和外中断
方式唤醒,系统唤醒后即进入继续工作状态。省电
模式中的片内 RAM 将被冻结,时钟停止振荡,所有
功能停止工作,直至系统被硬件复位方可继续运行。

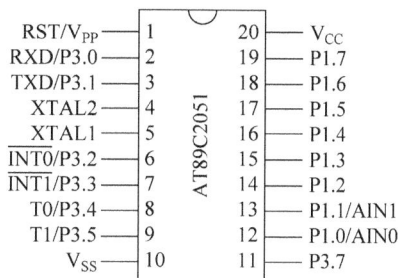

图 1.3.2　AT89C2051 引脚示意图

☞ 跟我做 3——制作电路板

在万能板上按电路图焊接元器件,完成电路板制作,图 1.3.3 是焊接好的电路板实物
照片。当然可以在实训 1.2 焊好的电路板上,再焊接一个电阻与发光二极管。

图 1.3.3　硬件电路板

✍ 小技巧

(1)晶振电路焊接时尽可能靠近单片机芯片,以减少电路板分布电容,使晶振频率更
加稳定。

(2)发光二极管及其他显示器件最好是分布在单片机的右侧,这样可避免在仿真调
试时,被联结仿真器与用户板的仿真排线所遮挡。

(3)器件分布时,要考虑为后面不断增加的器件预留适当的位置,且器件引脚不宜过高。

☞ 跟我做 4——编写控制程序

程序设计的思路为:首先从位寻址区中的 20H 和 21H 位单元读取驾驶员命令,再按
照命令点亮相应的 LED。

根据表 1.3.1 和表 1.3.2 中的对应关系,当位状态为 1 时,应点亮相应的 LED,只要
取出 20H 的位状态,再求反,送到 P1.0,即可点亮左转灯;取出 21H 单元的位状态,再求
反,送到 P1.1,即可点亮右转灯。源程序如下:

```
;*********************************** 汽车转向灯控制程序 ***********************************
;程序名:汽车转向灯控制程序 PM1_3_1.asm
;程序功能:模拟控制汽车转向灯
```

```
         ORG     0000H
START:   MOV     C,20H          ;从20H位单元中读取位状态,可事先设定为0或1
         CPL     C              ;将该位取反
         MOV     P1.0,C         ;将取反后的位状态送到P1.0,点亮或熄灭左转灯
         MOV     C,21H          ;从21H位单元中读取位状态;事先设定为0或1
         CPL     C              ;将该位取反
         MOV     P1.1,C         ;将取反后的位状态送到P1.1,点亮或熄灭右转灯
         SJMP    $              ;原地踏步
         END
```

✍ 小提示

（1）在程序中添加注释是编程的良好习惯；标注程序名和程序功能有助于增加程序的可读性和可移植性。

（2）在位操作中,进位标志位 C 相当于位累加器,所有位传送指令和位运算指令都必须通过 C 来操作,也就是说两个位地址之间不可以直接传送数据。

（3）"SJMP $" 指令称为原地踏步指令,也叫停机指令。其中"SJMP"指令是无条件转移指令,"$"表示本指令所在的地址,所以该指令的执行过程就是反复跳转到本指令,即原地踏步,不再继续执行其他指令。

（4）指令经汇编后将产生可执行的目标代码,CPU 读取代码并译码后产生控制信号从而完成指令的特定功能。但 ORG 和 END 指令属于伪指令,又称指示性指令,汇编时不产生可执行的目标代码,只是在汇编过程中,为汇编工具提供某种控制或汇编信息,从而指示并引导汇编程序进行正确汇编。

☞ 跟我做 5——联调软硬件

将硬件电路板和单片机开发系统连接好,进行以下操作：

（1）输入源程序。

（2）编译源程序。

（3）设置汽车出现故障的指示标志,即将位寻址区中的 20H 和 21H 单元内容都设置为1。

（4）运行程序,LED 将同时点亮。

（5）重复(3)、(4)过程,分别调试其他三种指示灯状态,观察 LED 的亮灭。

☞ 功能扩展 1——LED 采用闪烁显示方式

程序 PM 1_3_1. asm 实现了按照位寻址区中预先设定的驾驶员命令,点亮相应的 LED 来模拟对汽车信号灯的控制功能。实际上,汽车转向灯是按照闪烁方式点亮的,因此修改上面的程序,按照闪烁方式点亮 LED。源程序如下：

```
; ********************** 汽车转向灯闪烁控制程序 **********************
;程序名:汽车转向灯闪烁控制程序 PM1_3_2.asm
;程序功能:控制汽车转向灯闪烁
         ORG     0000H
```

```
START：   MOV      C,20H          ;读取 20H 位单元状态
          CPL      C              ;将该位取反
          MOV      ACC.0,C        ;将取反后的位状态暂存到累加器 ACC 的第 0 位
          MOV      C,21H          ;读取 21H 位单元状态
          CPL      C              ;将该位取反
          MOV      ACC.1,C        ;将取反后的位状态暂存到累加器 ACC 的第 1 位
NEXT：    MOV      P1,A           ;将累加器 A 的内容送到 P1 口,点亮相应 LED
          ACALL    DELAY195ms     ;调用延时子程序
          MOV      P1,#0FFH       ;熄灭相应 LED
          ACALL    DELAY195ms     ;调用延时子程序
          SJMP     NEXT           ;跳转到标号为 NEXT 的语句,重复闪烁过程
;*********************** 延时子程序 DELAY195ms ***************************
;子程序名：DELAY195ms
;子程序功能：时钟频率为 6MHz,延时时间约为 195ms
DELAY195ms：  MOV  R3,#7FH        ;外循环次数:7FH=127
DEL2：        MOV  R4,#0FFH       ;内循环次数:FFH=255
DEL1：        NOP                 ;内循环体,空操作指令,2 机器周期指令
              DJNZ R4,DEL1        ;内循环次数判断
              DJNZ R3,DEL2        ;外循环次数判断
              RET                 ;子程序返回
              END                 ;END 伪指令,表示汇编程序结束
```

✍ 小提示

(1) LED 闪烁实际上就是 LED 交替亮、灭的过程,单片机运行一条指令的时间只有几微秒,由于闪烁速度太快,眼睛无法分辨,反而看不到闪烁效果,因此,用单片机控制 LED 闪烁时,需要增加一定的延时时间,过程如下:

点亮→延时→熄灭→延时

(2) 在程序 PM 1_3_1.asm 中,采用位操作指令"MOV P1.0,C"和"MOV P1.1,C"分别点亮或熄灭相应的 LED。位操作指令的操作对象只是一位,不会影响 P1 口其他位的状态;而在程序 PM1_3_2.asm 中,采用了如下两条字节操作指令:

```
MOV  P1,A
MOV  P1,#0FFH
```

第一条指令是将累加器 A 中的 8 位数据同时传送到 P1 的 8 位 I/O 口中,ACC.0~ACC.7 分别对应 P1.0~P1.7,其中只有 ACC.0 和 ACC.1 存放了左转灯和右转灯的控制状态,送到 P1.0 和 P1.1 用于控制两个 LED 的点亮或熄灭,而累加器 A 的其他 6 位 ACC.2~ACC.7 在程序中没有重新赋值,应为任意值。在本系统中,P1 口的高 6 位 I/O 线没有使用,因此在程序设计时不必关心它们的状态。

注意累加器 A 在字节操作和位操作指令中的不同表现形式,例如:

```
MOV      P1,A             ;A 代表累加器
MOV      ACC,#data        ;ACC 代表累加器直接地址
MOV      ACC.0,C          ;ACC.n 代表累加器位地址
```

(3) 主程序流程图如图 1.3.4 所示。

(4) 延时子程序流程图如图 1.3.5 所示。

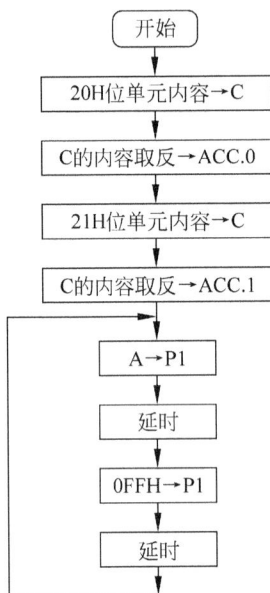

图 1.3.4   程序 PM1_3_2.asm 主程序流程图

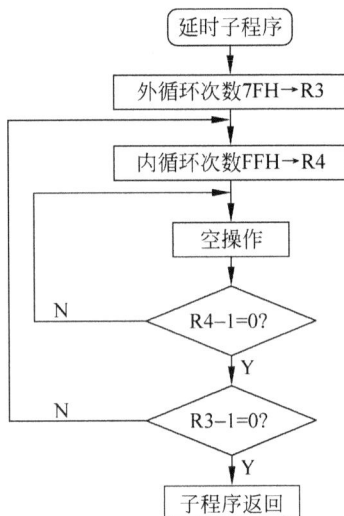

图 1.3.5   DELAY195ms 延时子程序流程图

☞ 功能扩展 2——用外接拨动开关来模拟驾驶员命令

前面采用位寻址区中的两个位状态来模拟驾驶员发出的信号灯显示命令,这里采用更接近实际情形的拨动开关来模拟。在图 1.3.2 原理图的基础之上再添加两个拨动开关,电路如图 1.3.6 所示,单片机 P1 口的 P1.2 和 P1.3 用来连接两个拨动开关。

在图 1.3.6 中,当开关 K_0 拨至位置 2 时,P1.2 引脚为低电平,P1.2=0;当 K_0 拨至位置 1 时,P1.2 引脚为高电平,P1.2=1;当开关 K_1 拨至位置 1、2 时,P1.3 引脚分别为高、低电平。

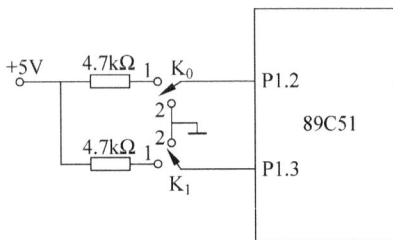

图 1.3.6   单片机与拨动开关的硬件连接电路

用拨动开关 K_0、K_1 的位置状态模拟驾驶员命令,如表 1.3.4 所示。

表 1.3.4   用拨动开关来模拟汽车运行状态或显示命令

开 关 状 态		驾驶员命令
K_0	K_1	
0	0	驾驶员未发出命令
1	0	驾驶员发出右转指示灯显示命令
0	1	驾驶员发出左转指示灯显示命令
1	1	驾驶员发出汽车故障显示命令

源程序如下：

```
;  ************************ 汽车灯开关控制程序  ************************
;程序名：汽车灯开关控制程序 PM1_3_3.asm
;程序功能：用拨动开关控制汽车指示灯
            ORG     0000H
START：     MOV     P1,♯0FFH      ;使 P1 口锁存器置位
            MOV     A,P1          ;将 P1 口状态读入累加器 A
            JB      ACC.2,L1      ;判断 ACC.2 是否为 1,若是,跳转到 L1
            SETB    ACC.0         ;若 ACC.2 不为 1,则将 ACC.0 置 1(左转灯对应的 P1.0)
            JMP     L2            ;跳转到 L2 继续执行
L1：        CLR     ACC.0         ;若 ACC.2 为 1,则将 ACC.0 清 0(左转灯对应的 P1.0)
L2：        JB      ACC.3,L3      ;判断 ACC.3(P1.3 对应的位)是否为 1,若是,跳转到 L3
            SETB    ACC.1         ;若 ACC.3 不为 1,则将 ACC.1 置 1(右转灯对应的 P1.1)
            JMP     NEXT          ;跳转到 NEXT 继续执行
L3：        CLR     ACC.1         ;若 ACC.3 为 1,则将 ACC.1 清 0(右转灯对应的 P1.1)
NEXT：      MOV     P1,A          ;将累加器 A 的内容送到 P1 口,点亮相应的 LED
            ACALL   DELAY195ms    ;调用延时子程序
            MOV     P1,♯0FFH      ;熄灭相应 LED
            ACALL   DELAY195ms    ;调用延时子程序
            SJMP    NEXT          ;跳转到标号为 NEXT 的语句
            END
```

✍ 小问答

问：为什么采用"MOV P1,♯0FFH"指令,可以使 P1 口锁存器置位?

答：这与 I/O 口的内部结构有关,当 P1 口作为输入口使用时,应先向其内部锁存器写入"1",使输出驱动电路的 FET 截止,此时再从 P1 口读取的外部数据才是正确的。

问：若在指示灯闪烁显示期间,将开关拨至低电平位置,能否停止闪烁?

答：只要对程序进行少量改动即可实现。

程序 PM1_3_3.asm 中的主程序流程图如图 1.3.7 所示。

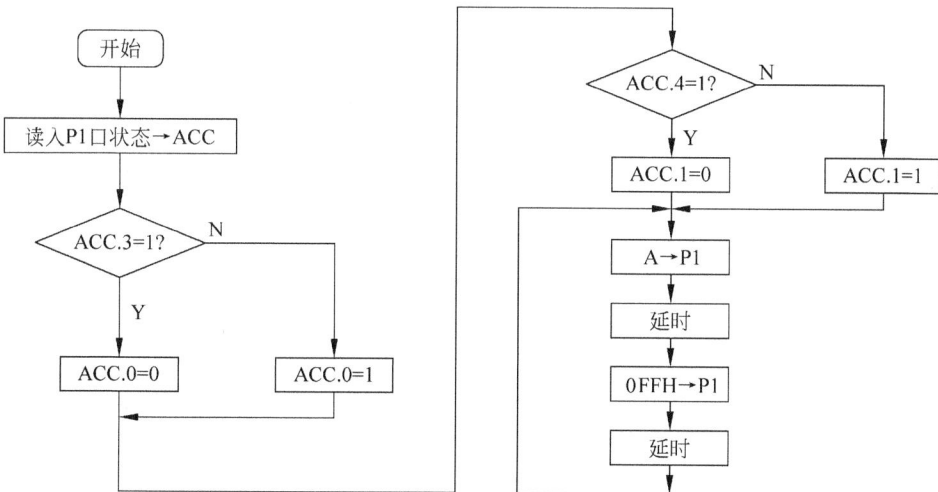

图 1.3.7　程序 PM1_3_3.asm 主程序流程图

☞ **自己做——当汽车出现故障时,除了 LED 闪烁外,增加蜂鸣器报警**

在图 1.3.6 的基础之上,添加一个蜂鸣器,当汽车发生故障时,不仅两个汽车转向灯闪烁,同时蜂鸣器发出报警声音。

✍ **小提示**

蜂鸣器与单片机接口参考电路如图 1.3.8 所示。

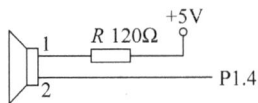

图 1.3.8　蜂鸣器与单片机
接口参考电路

📖 **项 目 小 结**

本项目模拟人们常见的汽车转向灯显示控制功能,先从最简单的指示灯点亮操作到灯的闪烁、从用位状态模拟汽车状态和驾驶员发出的显示命令到由拨动开关模拟,功能逐步扩展。重点训练了单片机并行 I/O 口、位操作资源的应用和顺序、分支、循环及子程序等多种程序结构的编程与调试。初步涉及流程图与程序的对应关系。

实训 1.4　霓虹灯控制——编程方法训练 2

📖 **训 练 目 的**

通过用单片机控制霓虹灯项目的训练,熟悉单片机并行接口的应用以及循环程序、查表程序及子程序的设计与调试方法。

☞ **做什么?——明确要完成的任务**

城市的夜空经常被各种各样的霓虹灯点缀得五彩缤纷,这里要做的是利用单片机制作一个霓虹灯的控制系统,使霓虹灯具有多种显示模式。

☞ **跟我想——分析怎样用单片机系统实现任务**

用 LED 发光二极管模拟霓虹灯管。在实训 1.3 中,我们实现了用单片机的 P1 口控制两个发光二极管的亮、灭状态。如果把 P1 口的 8 个端子都用上,则可以控制 8 个发光二极管,采用输出口扩展方式,则可以控制更多的发光二极管,也即可以控制更多的霓虹灯管。为使问题简单,首先实现用 P1 口控制 8 个发光二极管,使之以各种不同显示方式点亮或熄灭时,由此模拟出与实际霓虹灯类似的效果。

☞ 跟我做 1——画出硬件电路图

模拟霓虹灯简化电路图如图 1.4.1 所示。

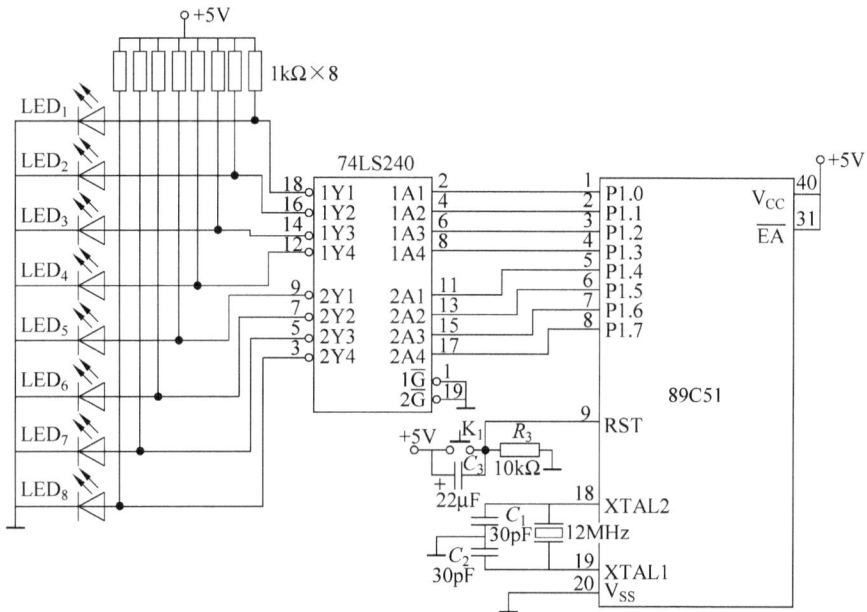

图 1.4.1　模拟霓虹灯简化电路图

该图与实训 1.2 中图 1.2.2 比较,除多了 6 个发光二极管外,在 P1 口与发光二极管之间还增加了一个芯片 74LS240,这是一块具有驱动功能的八路反相器,当 P1 口的某一位输出为低电平“0”时,反相后输出高电平,点亮对应的发光二极管;当 P1 口的某一位输出为高电平“1”时,反相后输出低电平,对应的发光二极管熄灭。74LS240 除反相外,还可以增加输出口的扇出能力。有关集成驱动芯片以及缓冲与锁存芯片在单片机输出端口电路中常被用到。

☞ 跟我做 2——准备器件

模拟霓虹灯电路器件清单如表 1.4.1 所示,其中包括晶振电路和复位电路所需器件,采用插座可便于单片机集成芯片的插拔,按键采用点动按钮开关。

表 1.4.1　模拟霓虹灯电路器件清单

元件名称	参　数	数量	元件名称	参　数	数量
单片机	89C51	1	按键	—	1
电阻	1kΩ	8	电阻	470Ω	1

续表

元件名称	参　数	数量	元件名称	参　数	数量
8 反相器	74LS240	1	电解电容	$22\mu F$	1
发光二极管		8	IC 插座	直列式 40 脚	1
晶体振荡器	12MHz	1	IC 插座	直列式 20 脚	1
电源	直流+5V	1	瓷片电容	20pF、33pF	2

☞ 跟我做 3——制作电路板

在万能板上按电路图焊接元器件,完成电路板制作,图 1.4.2 是焊接好的电路板实物照片。

图 1.4.2　焊接硬件电路板

✎ 小技巧

在制作硬件电路时,可利用前面项目中已经完成的电路板,在此基础上逐渐扩充或增加器件,这样可简化硬件制作过程,提高效率。

☞ 跟我做 4——编写控制程序

首先实现 8 个发光二极管亮灭闪烁的显示效果,程序设计思路如下:

点亮→延时→熄灭→延时

源程序如下:

```
;****************** 霓虹灯控制程序 ******************
;程序名:霓虹灯控制程序 PM1_4_1.asm
;程序功能:控制霓虹灯闪烁显示
              ORG      0000H
START:  MOV      P1,#00H        ;点亮 8 个 LED
              ACALL    DELAY          ;调用延时子程序
              MOV      P1,#0FFH       ;熄灭 8 个 LED
              ACALL    DELAY          ;调用延时子程序
```

```
          SJMP      START
DELAY：    MOV       R3,♯0FFH              ;延时子程序
DEL2：     MOV       R4,♯0FFH
DEL1：     NOP
          DJNZ      R4,DEL1
          DJNZ      R3,DEL2
          RET                             ;子程序返回
          END
```

☞ 跟我做 5——软硬件联调

将硬件电路板和单片机开发系统连接好,进行以下操作:
(1) 输入源程序。
(2) 汇编源程序。
(3) 运行程序,观察 LED 显示效果。

✍ 小问答

问:LED 的闪烁频率与什么有关系? 如何计算软件延时时间?

答:LED 的闪烁频率与程序中调用的 DELAY 延时子程序的执行时间有关。要计算一段程序的执行时间,必须知道每一条指令的执行时间。这将涉及时钟周期、机器周期和指令周期。

☞ 基本概念——时钟周期、机器周期和指令周期

时钟周期 $T_{时钟}$ 是计算单片机运行时间的基本单位,它与单片机使用的晶振频率有关,若使用 6MHz 晶振,$f_{osc}=6\text{MHz}$,那么 $T_{时钟}=1/f_{osc}=1/6\text{MHz}=166.7\text{ns}$。

机器周期 $T_{机器}$ 是指 CPU 完成一个基本操作所需要的时间,如取指令操作、读数据操作等,一个机器周期包含 12 个时钟周期,$T_{机器}=12T_{时钟}=166.7\text{ns}\times12=2\mu\text{s}$。

指令周期是指执行一条指令所需要的时间,执行不同指令所需时间不同,一般需 $1\sim4$ 个 $T_{机器}$,在附录 A 指令表中给出了每条指令所需的机器周期数。

✍ 小问答

问:若使用 12MHz 的晶振,如何计算机器周期 $T_{机器}$?

答:$T_{机器}=12T_{时钟}=12\times(1/12000000)=1\mu\text{s}$。

☞ 跟我算——计算延时子程序 DELAY 的执行时间

下面是程序 PM1_4_1.asm 中给出的延时子程序 DELAY,它是一个典型的双重循环程序。

```
DELAY：   MOV       R3,♯0FFH
```

```
DEL2:    MOV    R4,♯0FFH ─┐
DEL1:    NOP                │ 内    外
         DJNZ   R4,DEL1 ─┘ 循    循
         DJNZ   R3,DEL2     环    环
         RET
```

查指令表可得到各条指令的执行时间,其中"MOV Rn,♯data"和"NOP"指令的执行时间都为 1 个机器周期;"DJNZ Rn,rel"指令的执行时间为 2 个机器周期。如果选择晶振频率为 6MHz,则 1 个机器周期为 $2\mu s$,2 个机器周期即为 $4\mu s$。

内循环共 255(0FFH)次,每循环一次将执行下面两条指令:

```
NOP                    ; 2μs
DJNZ   R4,DEL1         ; 4μs
```

则内循环的延时时间为 $255\times(2+4)=1530\mu s$。

外循环也为 255 次,每循环一次所执行的内容如下:

```
MOV   R4,♯0FFH   ; 2μs
1530μs 内循环     ; 1530μs
DJNZ  R3,DEL2    ; 4μs
```

外循环一次的时间为 $2\mu s+1530\mu s+4\mu s=1536\mu s$,共循环 255 次,另外,加上第一条指令"MOV R3,♯0FFH"和最后的子程序返回指令 RET 的执行时间,DELAY 延时子程序总的执行时间为:

$$2\mu s+(1530\mu s+2\mu s+4\mu s)\times255+2\mu s=391684\mu s$$

这是比较精确的计算方法,一般情况下常常忽略比较小的时间段,简化计算公式为:

$$1530\mu s\times255=390150\mu s\approx390ms$$

在延时时间要求不是十分精确的情况下,采用简化的计算方法估算时间是完全可以接受的。

☞ 跟我做 6——从 P1.0 到 P1.7 依次点亮 LED

依次循环点亮一个灯,使人们感觉到亮灯的位置在依次顺序移动,可产生一种动态显示效果。根据点亮灯的位置,要向 P1 口依次传送如下数据:

```
11111110B(FEH)──点亮 P1.0 连接的 LED        MOV   P1,♯0FEH
11111101B(FDH)──点亮 P1.1 连接的 LED        MOV   P1,♯0FDH
11111011B(FBH)──点亮 P1.2 连接的 LED        MOV   P1,♯0FBH
    ⋮                ⋮                           ⋮
01111111B(7FH)──点亮 P1.7 连接的 LED        MOV   P1,♯7FH
```

分析传送数据排列的规律可以发现,它们之间存在着后面传送的数据依次是前面传送数据左移一位的结果,因此可以用循环程序来实现这一传送过程。程序流程图如图 1.4.3 所示,源程序如下:

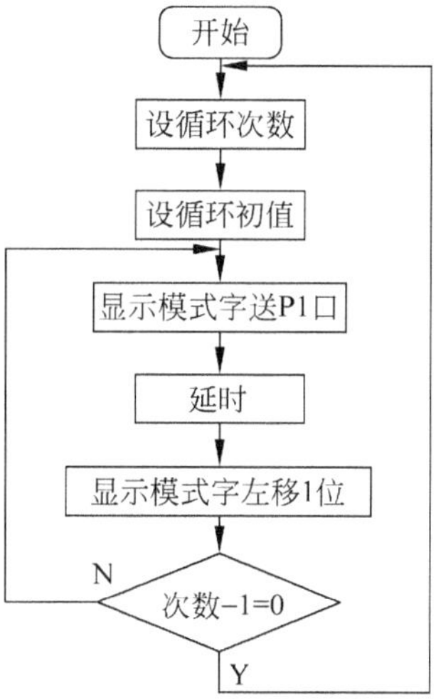

图 1.4.3　霓虹灯依次循环点亮流程图

```
; ************************** 霓虹灯循环点亮控制程序 **************************
; 程序名:霓虹灯循环点亮控制程序 PM1_4_2.asm
; 程序功能:依次循环点亮霓虹灯
            ORG     0000H
START:   MOV     R2,♯08H      ;设置循环次数
            MOV     A,♯0FEH      ;送显示模式字
NEXT:    MOV     P1,A          ;点亮连接 P1.0 的发光二极管
            ACALL  DELAY
            RL      A             ;左移一位,改变显示模式字
            DJNZ    R2,NEXT       ;循环次数减 1,不为零,继续点亮下面一个二极管
            SJMP    START         ;重复上述过程
            END
```

☞ **自己做 1——f_{osc} = 6MHz,将 DELAY 延时子程序执行时间修改为 1s**

✍ **小提示**

可以采用三重循环嵌套结构,内循环延时 1ms,第二层循环延时 10ms,第三层循环延时 1s。首先确定内循环中每条指令的执行时间,依据 1ms 计算出内循环的循环次数 N0;再分别确定出二、三层的循环次数 N1 和 N2。参考程序如下:

```
DELAY1S:    MOV  R0,♯N2      ;延时 1s
DEL2:       MOV  R1,♯N1      ;延时 10ms
DEL1:       MOV  R2,♯N0      ;延时 1ms
DEL0:       NOP
            DJNZ    R2,DEL0
            DJNZ    R1,DEL1
            DJNZ    R0,DEL2
            RET
```

☞ 小问答

问：如果在 DELAY1S 子程序的内循环中使用两个 NOP 指令,应如何修改内循环次数 N0?

答：依据内循指令的执行时间

```
NOP                    ; 2μs
NOP                    ; 2μs
DJNZ      R2,DEL0      ; 4μs
```

执行一次内循环的时间为 8μs,那么内循环次数 N0＝1000μs/8μs＝125。

问：若 f_{osc}＝12MHz,如何修改 1s 延时程序?

答：f_{osc}＝12MHz,$T_{机器}$＝1μs,内循环指令修改如下:

```
NOP                    ; 1μs
NOP                    ; 1μs
DJNZ      R2,DEL0      ; 2μs
```

执行一次内循环的时间为 4μs,内循环次数 N0＝1000μs/4μs＝250。

☞ 自己做 2——从右至左逐一点亮霓虹灯

☞ 小提示

逐一点亮就是点亮第一盏灯后保持不灭,再点亮第二盏灯,直至所有灯全部点亮。向 P1 口依次传送的数据为:11111110B、11111100B、11111000B、…、00000000B。可见,这些数据前后之间也依次存在着左移一位的规律。若采用"RL A"移位指令,当 A＝11111110B 时,左移后,A＝11111101B,显然不符合亮灯顺序要求,因此可以采用带进位的循环左移指令"RLC A"来实现。程序如下:

```
; ************************** 霓虹灯逐一点亮控制程序 **************************
;程序名:霓虹灯逐一点亮控制程序 PM1_4_3.asm
;程序功能:逐一循环点亮霓虹灯
          ORG       0000H
START:    MOV       R2,#08H      ;设置循环次数
          MOV       A,#0FEH      ;送显示模式字初值
NEXT:     MOV       P1,A         ;点亮 LED 发光二极管
          ACALL     DELAY
          CLR       C            ;清进位标志位
          RLC       A            ;带进位循环左移一位,改变显示模式字
          DJNZ      R2,NEXT      ;判断循环次数
          SJMP      START
          END
```

☞ 自己做 3——从左至右、从右至左同时逐一点亮霓虹灯

☞ 小提示

向 P1 口依次传送数据:01111110B、00111100B、00011000B、00000000B。可设法将

显示模式字的高低四位分别进行移位操作,然后再用逻辑"或"运算指令将它们合并起来。

☞ 自己做 4——任意模式控制霓虹灯显示

按 51H、38H、9FH、89H、62H、0E0H、32H、66H、90H、78H 顺序控制霓虹灯循环点亮,每一模式字显示 1s。

✍ 小提示

以上各显示模式字之间无任何变化规律,无法采用移位指令来修改控制模式字,甚至也难寻找其他算法来实现,遇到这种情况,可以采用查表程序来实现。参考程序如下:

```
; ************************* 霓虹灯控制程序 *************************
; 程序名:霓虹灯控制程序 PM1_4_4.asm
; 程序功能:采用查表法控制霓虹灯
            ORG       0000H
START:      MOV       DPTR,＃TABLE    ; 表首地址送数据指针 DPTR
            MOV       R3,＃10         ; 循环次数送 R3
            MOV       R4,＃00H        ; R4 清 0,从表首开始取数
NEXT:       MOV       A,R4
            MOVC      A,@A＋DPTR      ; 查表
            MOV       P1,A
            ACALL     DELAY1S
            INC       R4             ; 指向表中下一个数
            DJNZ      R3,NEXT        ; 修改并判断循环次数
            SJMP      START

TABLE:      DB 51H,38H,9FH,89H,62H,0E0H,32H,66H,90H,78H
            END
```

查表程序中的两个关键点:一是定义表格,二是查表指令的运用。

(1) 定义表格是指在"源程序"中用伪指令定义出一串常数的起始位置和排列顺序,如平方表、字形码、键码表等。在汇编时汇编程序将按照伪指令定义的位置和排列顺序自动将其存放在指定的存储单元中。所以在上面的查表程序中,用伪指令 DB 定义显示模式字的排列顺序和起始位置。定义格式为:

〔标号:〕DB 字节数据表

字节数据表可以由多个 8 位二进制字节数据组成,也可以是字符串或表达式。DB 表示将字节数据表中的数据从左到右依次存放在由符号地址 TABLE 起始的地址单元中。

(2) 指令表中提供了两条专门用于查表操作的查表指令:

```
MOVC      A,@A＋DPTR
MOVC      A,@A＋PC
```

其中,DPTR 直接用来存放表首地址,累加器 A 中的内容则用于修订每次的查表地址;PC 中存放该查表指令下一条指令的地址。采用哪条指令可以自行选择,若采用后者,注

意要考虑对表首地址的修订。

📖 项 目 小 结

本项目首先实现霓虹灯闪烁显示方式,接着采用移位指令实现霓虹灯依次顺序点亮、逐一点亮、任意模式点亮的显示方式,着重训练了单片机并行 I/O 口的应用、循环程序、查表程序和子程序的调试能力,详细介绍了软件延时时间的计算方法。

实训 1.5 点阵显示控制——编程方法训练 3

📖 训 练 目 的

通过制作 8×8 点阵式电子广告牌显示系统,熟悉单片机并行 I/O 端口的运用方法,提高查表指令及循环程序的运用与调试能力,学习绘制流程图,了解动态显示的编程方法。

☞ 做什么?——明确要完成的任务

利用单片机制作一个最简单的 LED 点阵电子广告牌,将一些特定的文字或图形以特定的方式显示出来。

☞ 跟我想——分析怎样利用单片机系统实现 LED 点阵显示

一般的 LED 显示屏是用许多发光二极管排成行与列构成点阵,点亮不同位置的发光二极管,就可以显示不同的图形或文字符号。在电子市场上,有专门的 LED 点阵模块产品,图 1.5.1 为 8×8 点阵模块,它有 64 个像素,可以显示一些较为简单的字符或图形。用 4 个模块组合成一个正方形,可以显示一个 16×16 点阵的汉字。要显示更为复杂的图形,或更多的汉字,则要用到更多的模块。

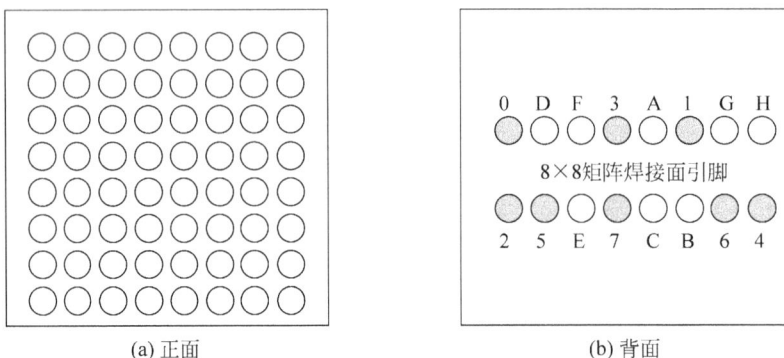

(a) 正面

(b) 背面

图 1.5.1 8×8 点阵 LED 的外观图

图 1.5.2 是 LED 模块内部结构等效电路,从图中可以看出,它有 8 行(Y0～Y7),
8 列(X0～X7),对外共有 16 个引脚,其中 8 根行线用数字 0～7 表示,8 根列线用字母
A～H 表示。图 1.5.1(b)为其实际引脚图。

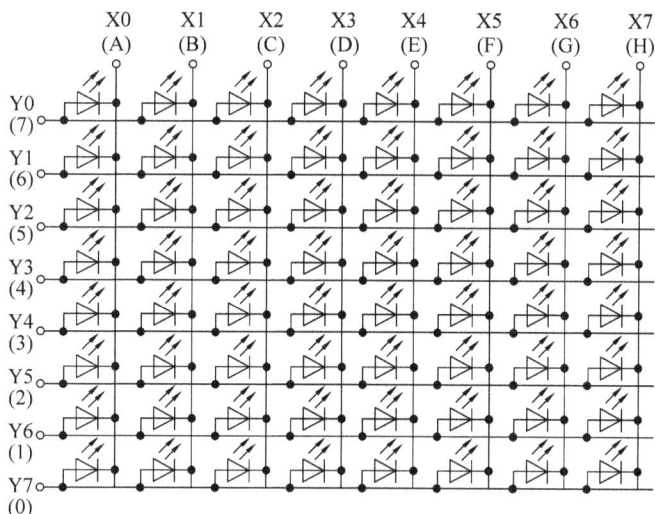

图 1.5.2　8×8 点阵的等效电路

点亮跨接在模块某行某列的二极管的条件是,对应的行为高电平,对应的列为低电
平,例如 Y7＝1,X7＝0 时,对应于右下角的 LED 发光。在很短的时间内依次点亮多个发光
二极管,则人们可以看到多个二极管发光,即可以看到显示的数字、字母或其他图形符号。

为使问题简单,项目中只控制一个模块。用单片机控制一个显示模块只需使用两个
并行端口,一个端口控制行线,一个端口控制列线。

☞ 跟我做 1——画出硬件电路图

电子广告牌电路图如图 1.5.3 所示。从图中可以看出,P1 口控制行线,P0 口控制
列线。

✍ 小知识 1

实际应用时,在每条 X 列线上或 Y 行线上需串接一个 300Ω 左右的限流电阻,如
图 1.5.3 所示。

✍ 小知识 2

89C51 单片机有 4 个 8 位并行 I/O 端口,在作为输出口使用时,P1、P2、P3 口都具有
一定的电流负载能力,无需外接上拉电阻就可以有高电平输出,而 P0 口由于采用漏极开
路电路,因此必须外接上拉电阻才能有高电平输出,如图 1.5.3 所示。为提高单片机端口
带负载的能力,通常在端口和外接负载之间增加一个缓冲驱动器。在图 1.5.3 中,P1 口
通过 74LS245 与 LED 连接,提高了 P1 口输出的电流,既保证了 LED 的亮度,又保护了
端口引脚。

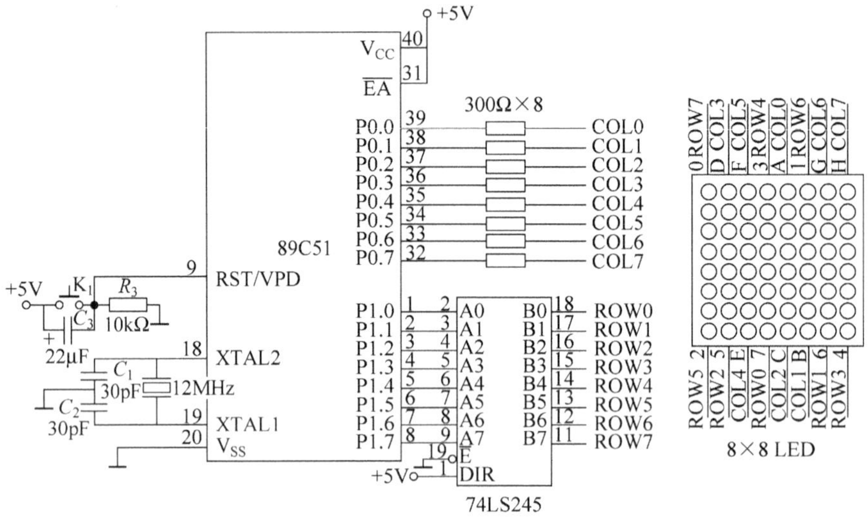

图 1.5.3   电子广告牌电路图

☞ **跟我做 2——准备器件**

电子广告牌电路器件清单如表 1.5.1 所示。

表 1.5.1   电子广告牌电路器件清单

元件名称	参 数	数量	元件名称	参 数	数量
IC 插座	DIP40	1	电阻	300Ω	8
IC 插座	DIP14	1	电阻	10kΩ	1
单片机	89C51	1	电解电容	22μF	1
晶体振荡器	12MHz	1	驱动器	74LS245	1
瓷片电容	20pF	1	8×8LED		1

☞ **跟我做 3——制作电路板**

采用万能板焊接或在实验箱上连接完成电路的制作，如图 1.5.4 所示。

图 1.5.4   硬件电路板

小技巧

如果电路引线较多并具有一定排列规律时,可以采用排线进行连接,这样,硬件电路的接线就比较清晰,利于检查电路。

☞ 跟我做 4——编写控制程序

点阵式显示有多种形式,例如,固定显示、闪烁显示、滚动显示、交替显示等,先从最简单的固定显示一个字符做起,在下面的例子中,完成一个"大"字的显示。

程序设计的思路为:由上到下或由下至上首先选中 8×8LED 的某一行,然后通过查表指令得到这一行要点亮状态所对应的字形码,将其送到列控制端口;延时约 1ms 后,选中下一行,再传送该行对应的显示状态字形码;延时后再重复上述过程直至 8 行均显示一遍,时间约为 8ms;然后再从第一行开始循环显示。利用视觉驻留现象,人们看到的是一个稳定的图形。

源程序如下:

```
;*********************** 点阵显示控制程序 ***********************
;程序名:点阵显示控制程序 PM1_5_1.asm
;程序功能:固定显示"大"字
              ROW    EQU  30H          ;定义行选择单元地址
              DOT    EQU  31H          ;定义字形码表地址修正单元 DOT 地址
              ORG    0000H
              AJMP   ONE_DISP
              ORG    0030H
ONE_DISP:     MOV    DPTR,#TAB         ;定义字形码表首地址
START:        MOV    ROW,#01H          ;送显示行初值
              MOV    DOT,#00H          ;送查表地址修正初值
              MOV    R7,#08H           ;设置扫描显示行数
NEXT_COL:     MOV    A,ROW             ;显示行选择值送 A
              MOV    P1,A              ;选中某一显示行
              RL     A                 ;修改显示行选择值
              MOV    ROW,A             ;更新行选单元内容,为选下一行作准备
              MOV    A,DOT             ;查表地址修正值送 A
              MOVC   A,@A+DPTR         ;查表得行显示字形码
              MOV    P0,A              ;显示字形码送 P0 口
              LCALL  DELAY_1MS
              INC    DOT               ;查表地址修正值加 1,为取下一个字形码作准备
              DJNZ   R7,NEXT_COL       ;判断 8 行显示是否全部结束
              SJMP   START             ;重复显示过程
TAB:          DB     0F7H,0F7H,80H,0F7H,0EBH,0DDH,0BEH,0FFH   ;"大"字字形码表
;*********************** 延时子程序 DELAY_1MS ***********************
;子程序名:延时子程序 DELAY_1MS
;子程序功能:时钟频率为 12MHz,延时 1ms
DELAY_1MS:    MOV    R4,#250           ;循环次数
D0:           NOP                      ;空操作,占用 1 个机器周期
              NOP                      ;空操作,占用 1 个机器周期
```

```
DJNZ      R4,D0              ;循环次数判断
RET                          ;子程序返回
END                          ;伪指令,程序结束
```

✍ 小提示

（1）EQU 和 ORG、END 一样,都属于伪指令,汇编时不会产生可执行的目标代码。EQU 放在源程序的开头部分,用来定义符号。"ROW EQU 30H"表示将符号 ROW 定义为 30H,在自动汇编时,只要在后面的程序中出现符号 ROW 都会自动用 30H 来替代。这样做的目的是既满足人们习惯使用带有特定含义的英文符号以便于编写和阅读程序,又可保证汇编程序能读懂源程序而进行自动汇编。

（2）编制程序时,为了使程序编写得更加有条理,设计者通常先将程序编写的总体思路和程序结构用流程图的形式描述出来。在此基础上,再来编制相应的主程序、子程序及选择合适的指令,这样在编制程序时就更加清晰和流畅了。特别是作为初学者,预先构思编程思路并将其用流程图的形式描述出来将更有利于编程能力的提高。在还不具备先绘制流程图的能力之前,可以先尝试根据前面已经给出的源程序反推出与其对应的流程图,以后再逐步训练先绘制流程图,再编写源程序的能力。图 1.5.5 给出逐行扫描显示过程的示意图,在此基础上结合程序 PM1_5_1.asm 绘制出流程图,参考流程如图 1.5.6 所示。

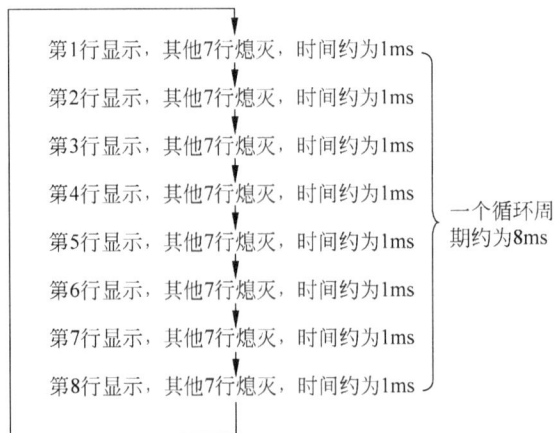

图 1.5.5 8 行扫描显示过程示意图

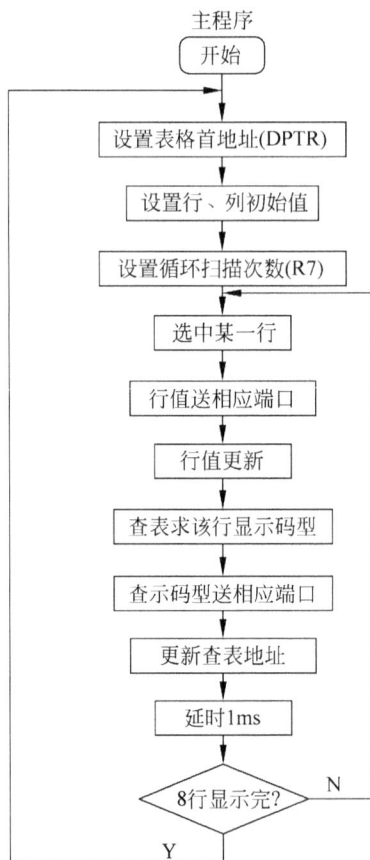

图 1.5.6 电子广告牌主程序流程图

（3）汇编程序可以根据伪指令 DB 的指示，自动将显示状态字形码表中各字节数据从左至右依次存放在标号 TAB 所指定的 ROM 地址单元中，如表 1.5.2 所示。

TAB:DB　0F7H,0F7H,80H,0F7H,0EBH,0DDH,0BEH,0FFH

表 1.5.2　DB 指令定义的表格

ROM 地址	数据	ROM 地址	数据
TAB	F7	TAB+4	EB
TAB+1	F7	TAB+5	DD
TAB+2	80	TAB+6	BE
TAB+3	F7	TAB+7	FF

表格中的内容是根据显示字形"大"的状态字形码编排出来的，如图 1.5.7 所示。

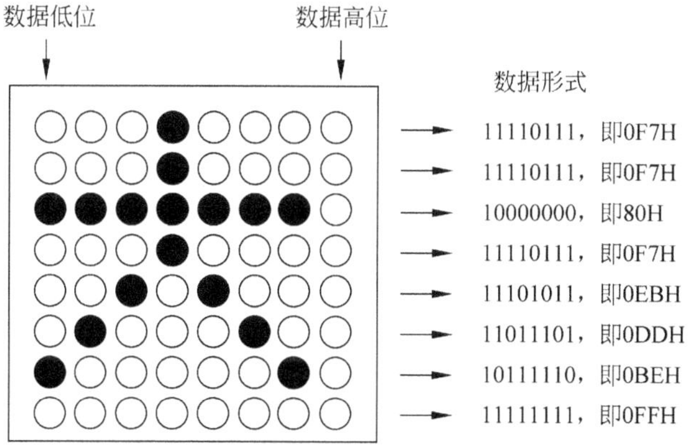

图 1.5.7　"大"字显示字形码示意图

✍ **小问答**

问：若将主程序中的指令"SJMP START"改为"SJMP ＄"指令，将会出现什么现象？

答：根据程序分析可能出现的现象，再通过操作调试来检验分析是否正确。

问：若要显示"天"字，如何修改状态字形码表格？

答：汉字一般为 16×16 点阵，这里只是显示简单汉字，只需修改 TAB 中的内容即可。

☞ **跟我做 5——软硬件联调**

将焊接好的硬件电路板与单片机开发系统、计算机连接好，进行以下操作：

（1）输入源程序。

（2）汇编源程序。

（3）运行程序，LED 将显示"大"字。

（4）修改程序中的表格，运行程序显示"天"字。

☞ 功能扩展 1——8×8LED 滚动显示一个汉字

程序 PM1_5_1.asm 已实现了显示一个固定汉字的功能,而实际中经常看到广告牌以滚动的方式显示字符或图形,即字符或图形先从一个方向出现,滚动显示到另一个方向消失,并不断重复该显示过程。只要在 PM1_5_1.asm 固定显示程序的基础上进行一些修改,就能使其具有完成"大"字从右向左滚动显示的功能。源程序如下:

```
; *********************** 汉字显示程序 ***********************
; 程序名:汉字显示程序 PM1_5_2.asm
; 程序功能:滚动显示一个"大"字
                ROW    EQU   30H          ; 定义行选择单元地址
                DOT    EQU   31H          ; 定义字形码表地址修正单元 DOT 地址
                ORG    0000H
                AJMP   MAIN
                ORG    0030H
MAIN:           MOV    DPTR,#TAB          ; 定义字形码表首地址
                MOV    R5,#15             ; 设置滚动显示屏数
START:          MOV    R6,#250            ; 设置一屏字符循环显示次数
ONE_CHAR:MOV    ROW,#01H          ; 送显示行初值
                MOV    DOT,#00H           ; 送查表地址修正初值
                MOV    R7,#08H            ; 设置扫描显示行数
NEXT_COL: MOV   A,ROW              ; 显示行选择值送 A
                MOV    P1,A               ; 选中某一显示行
                RL     A                  ; 修改显示行选择值
                MOV    ROW,A              ; 更新行选单元内容,为选下一行作准备
                MOV    A,DOT              ; 查表地址修正值送 A
                MOVC   A,@A+DPTR          ; 查表得行显示字形码
                MOV    P0,A               ; 显示字形码送 P0 口
                LCALL  DELAY_1MS          ; 延时
                INC    DOT                ; 查表地址修正值加 1,为取下一个字形码作准备
                DJNZ   R7,NEXT_COL        ; 判断 8 行显示是否全部结束
                DJNZ   R6,ONE_CHAR        ; 屏显示次数到否? 若未到则继续重复单屏显示
                MOV    A,DPL              ; 一屏显示完更新查表首地址
                ADD    A,#8               ; A+8→A
                MOV    DPL,A              ; A→DPL
                MOV    A,DPH              ; DPH→A
                ADDC   A,#0               ; A+CY→A
                MOV    DPH,A              ; A→DPH
                DJNZ   R5,START           ; 15 屏显示完否? 未完则继续下一屏的扫描显示
                LJMP   MAIN               ; 全部显示完,则重新开始
                ...
                END
TAB:            DB     0FFH,0FFH,7FH,0FFH,0FFH,0FFH,7FH,0FFH    ; 第 1 屏的显示字形码
                DB     0FFH,0FFH,3FH,0FFH,0FFH,7FH,0BFH,0FFH    ; 第 2 屏的显示字形码
                DB     0FFH,0FFH,3FH,0FFH,0FFH,0BH,0DFH,0FFH    ; 第 3 屏的显示字形码
                DB     7FH,7FH,0FH,7FH,0BFH,0DFH,0EFH,0FFH      ; 第 4 屏的显示字形码
                DB     0BFH,0BFH,03H,0DFH,5FH,0EFH,0FEH,0FFH    ; 第 5 屏的显示字形码
                DB     0BFH,0BFH,07H,0DFH,0AFH,77H,0FBH,0FFH    ; 第 6 屏的显示字形码
```

```
DB      0EFH,0EFH,01H,0EFH,0D7H,0BBH,7DH,0FFH    ;第7屏的显示字形码
DB      0F7H,0F7H,80H,0F7H,0EBH,0DDH,0BEH,0FFH   ;第8屏的显示字形码
DB      0FBH,0FDH,0C0H,0FBH,0F5H,0EEH,0DFH,0FFH   ;第9屏的显示字形码
DB      0FDH,0FDH,0D0H,0FDH,0FAH,0F7H,0EFH,0FFH   ;第10屏的显示字形码
DB      0FEH,0FEH,0F0H,0FEH,0FDH,0FBH,0F7H,0FFH   ;第11屏的显示字形码
DB      0FFH,0FFH,0F7H,0FFH,0FEH,0FDH,0FBH,0FFH   ;第12屏的显示字形码
DB      0FFH,0FFH,0F3H,0FFH,0FFH,0FEH,0FDH,0FFH   ;第13屏的显示字形码
DB      0FFH,0FFH,0F1H,0FFH,0FFH,0FFH,0FEH,0FFH   ;第14屏的显示字形码
DB      0FFH,0FFH,0FFH,0FFH,0FFH,0FFH,0FFH,0FFH   ;第15屏的显示字形码
END
```

✍ 小提示

程序中除了最后一条指令"LJMP MAIN"可实现无限循环外,主程序内部共有3重循环嵌套,自内而外分别由寄存器 R7、R6、R5 来控制循环次数,掌握这三重循环程序的结构特点以及各循环的作用,是理解本程序的关键。最内层的循环次数 R7＝8,是8行轮流显示的控制次数;那么,另外两层循环具有什么作用呢? 先来分析这个题目的显示要求,用 8×8LED 滚动显示一个字符实际上就是多屏图形的循环显示,这里要特别注意两个问题:第一要根据滚动显示的特点确定出每一屏显示图形8个字形码的数据组成;第二要确定每一屏图形显示的保持时间。

对于第一个问题来说,为实现"大"字从右向左滚动的显示效果,第一屏显示的图形应该是只有"大"字最左边一列,如图 1.5.8(a)所示,根据这个图形可以得到第一屏图形的8个显示字形码,以此类推可以得到所有屏的显示字形码。图 1.5.8 中列出了前4屏显

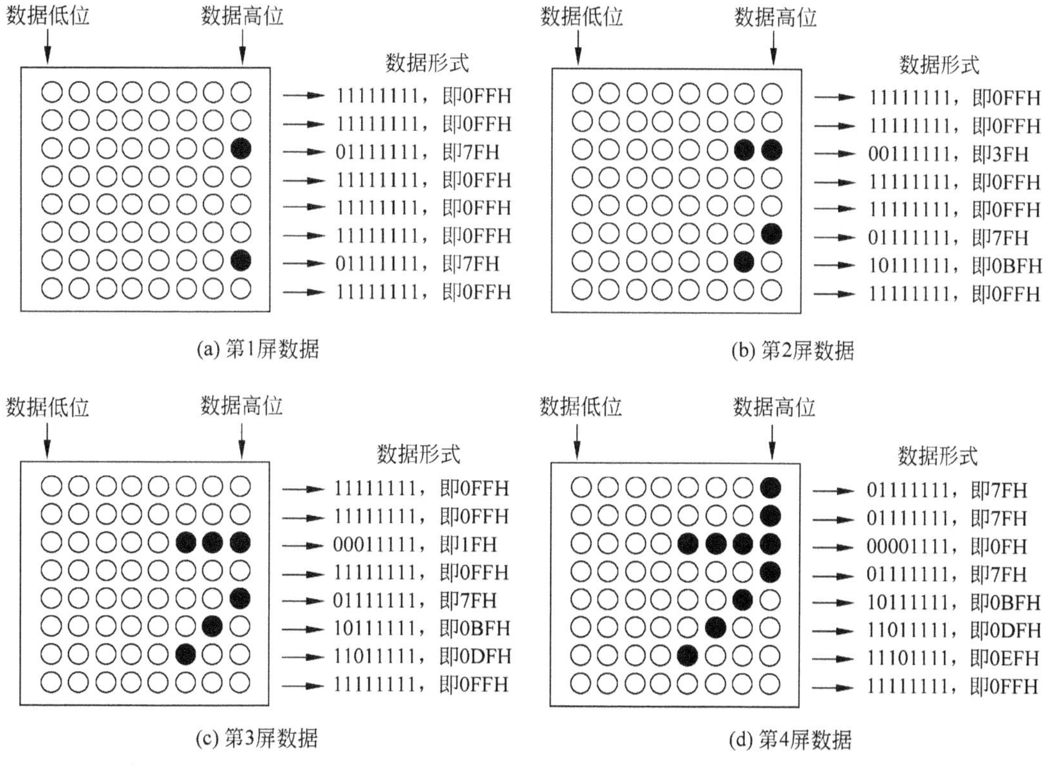

(a) 第1屏数据

(b) 第2屏数据

(c) 第3屏数据

(d) 第4屏数据

图 1.5.8 "大"字滚动显示前4屏图形示意图

示的图形及相应的显示字形码,要实现一幅从右向左的滚动显示效果,需要 15 屏显示字形码。在程序中采用伪指令 DB 以表格的形式将各屏的显示字形码依次存放于由符号地址 TAB 开始的单元中。

主程序

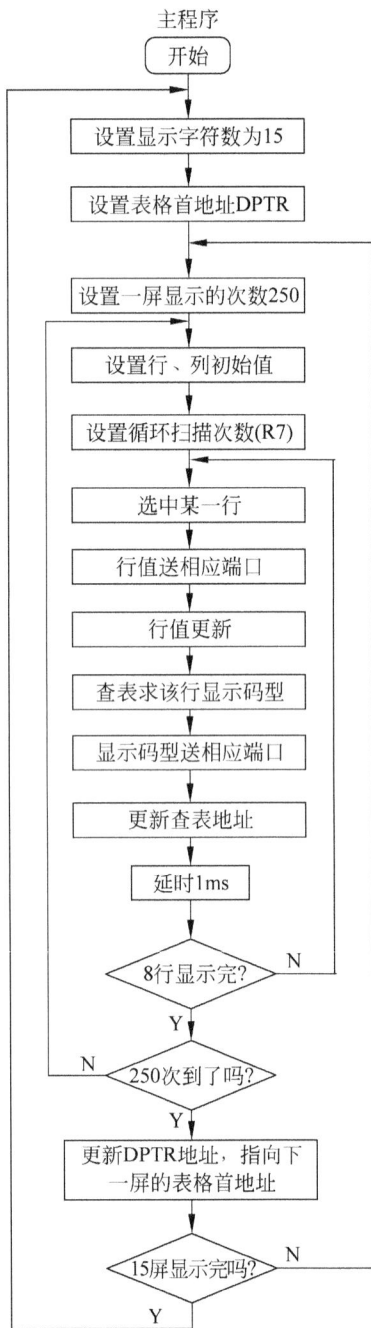

对于每一屏图形应该显示多长时间来说,将决定于滚动显示时间的快慢。但每屏图形的交替变换时间必须要大于人眼视觉的驻留时间,否则眼睛将无法辨识。在程序 PM1_5_1.asm 中,显示一个固定图形时,8 行都扫描一遍的时间约 8ms,在滚动显示程序中,一屏图形重复显示了 250 次,即一屏的显示时间约为 $250 \times 8ms = 2s$。因此,若改变 R6 中的初始值,就将改变滚动显示速度的快慢。

要让"大"字由右至左滚动显示一遍,从"大"字出现开始到"大"字消失为止共需要 15 屏显示才能完成,所以 R5 的初始值被设置为 15,它控制着显示屏数。

✍ 小问答

问:程序中每屏图形的显示字形是如何被变换的?

答:它是通过修改"MOVC A,@A＋DPTR"查表指令中 DPTR 内的表首地址来实现的。从主程序中的表格首地址 TAB 开始,每 8 个字形码数据对应一屏,当每一屏显示结束后,将 DPTR 内所确定的表首地址＋8 修正,修正程序如下:

```
MOV     A,DPL
ADD     A,#8
MOV     DPL,A
MOV     A,DPH
ADDC    A,#0
MOV     DPH,A
```

由于在 MCS-51 系列单片机指令系统中,没有16 位的加法指令,所以只有分为低 8 位和高 8 位两部分来分步完成。在高 8 位加法时,使用带进位加法指令 ADDC 的目的只是为了保证低 8 位相加后的进位不被丢失。

✍ 小练习

根据程序 PM1_5_2.asm 和图 1.5.9 所提供的主程序参考流程图,绘制出便于理解和编程使用的流程图。

图 1.5.9　程序 PM1_5_2.asm 主程序流程图

☞ 功能扩展 2——8×8LED 交替显示多个字符

前面已经实现了一个字符的两种显示方式,那么如何实现多个字符的交替显示呢?就以交替显示"大"、"小"、"上"、"下"4 个汉字为例,能否根据显示要求预先绘制出流程图,再依据流程图编制出应用程序呢? 试试看,也许你编写的程序会更好,然后将编制好的程序与下列参考程序进行对照。

✍ 小提示

交替显示多个汉字与程序 PM1_5_2. asm 并没有本质上的区别,关键在于对前面已经实现单一字符固定显示和滚动显示过程的充分理解,并根据显示要求对主程序 PM1_5_2. asm 和相应的显示字形码表格进行修改。

(1) 修改 R5 初始值

```
MOV    R5,#04    ;设置交替显示字符个数
```

(2) 修改显示字形码表格内容

```
TAB: DB  0F7H,0F7H,80H,0F7H,0EBH,0DDH,0BEH,0FFH    ;"大"字显示字形码
     DB  …                                          ;"小"字显示字形码
     DB  …                                          ;"上"字显示字形码
     DB  …                                          ;"下"字显示字形码
```

✍ 小问答

问:能用 8×8LED 滚动显示多个字符吗?

答:再进一步修改程序是能够实现的。

问:用 8×8LED 能显示较为复杂的字符或图形吗?

答:由于 8×8LED 只有 64 个点,即 64 个像素,所以一般不能用来显示较复杂的字符或图形。在实际应用中,可根据显示需求对硬件电路进行扩展,采用 2 片、4 片或更多片 8×8LED 组合起来,构成更多像素的显示屏幕。

☞ 自己做——用 4 片 8×8LED 组成 16×16LED 显示屏

✍ 小提示

4 片 8×8LED 与单片机的接口参考电路如图 1.5.10 所示。

📖 项 目 小 结

本项目涉及 LED 电子显示屏控制的基本原理,从最简单的单个字符固定显示到多个字符的交替显示。重点训练单片机并行 I/O 口、查表指令的实际应用和循环程序结构的编程与调试能力。从分析程序入手反推出流程图,首先理解流程图与程序之间内在的对应关系,再将编程思路先物化为流程图,然后以此为基础编制出源程序,逐步提高编程能力。

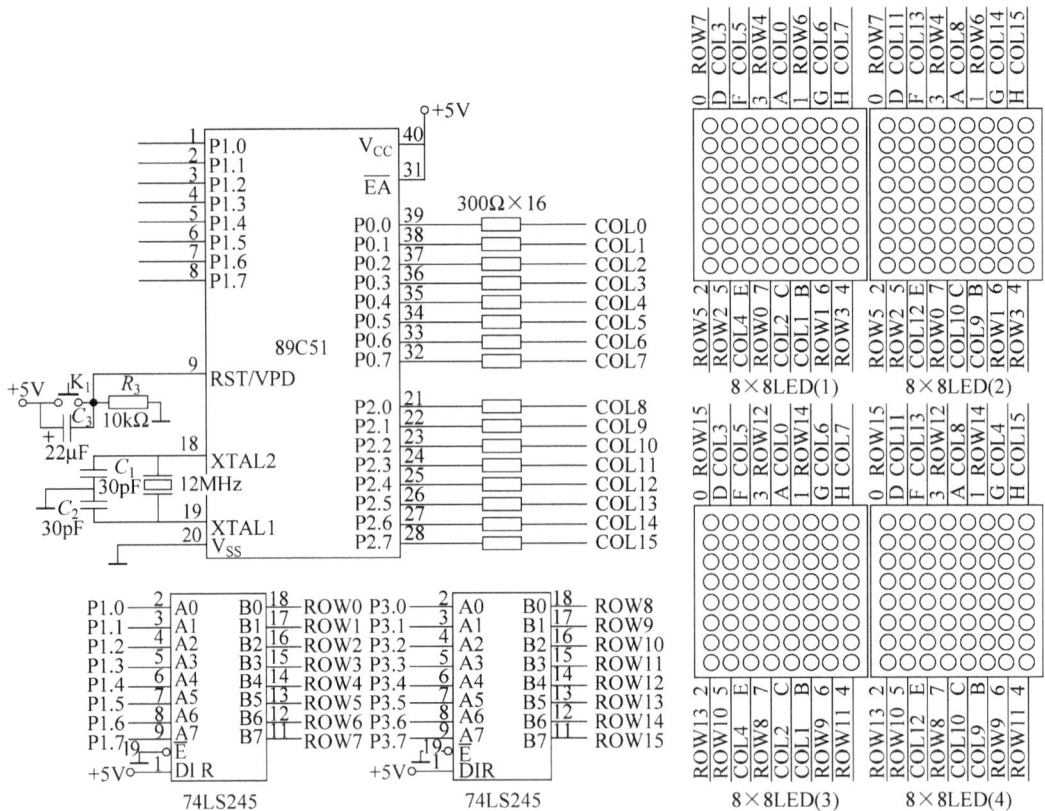

图 1.5.10 4 片 8×8LED 组成 16×16LED 的单片机接口参考电路

实训 1.6 数码管显示控制——编程方法训练 4

📖 训练目的

通过用单片机控制数码管的静态显示、固定扫描显示与移动显示，学会数码管的使用方法，进一步熟悉单片机并行接口的使用，学会串行接口的使用，学会编写与调试更复杂的程序。

☞ 做什么？——明确要完成的任务

在日常生活中，可以看到采用八段 LED 数码管构成的显示屏。这里主要完成利用单片机控制数码管，实现静态显示与动态扫描移动显示。

☞ **跟我学——认识八段 LED 数码管**

八段 LED 数码管如图 1.6.1 所示,由 8 个发光二极管组合成的"字段",可用于显示数字 0～9 和部分简单字符。

数码管外部引脚如图 1.6.2 所示,可分为"共阳极"和"共阴极"两种结构。

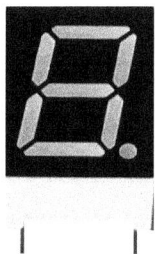

图 1.6.1　LED 数码管

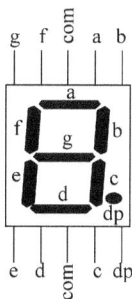

图 1.6.2　LED 数码管引脚图

共阳极内部连接如图 1.6.3(a)所示,是将 8 个发光二极管的阳极连接在一起,作为公共控制端(com),接高电平;阴极作为"段"控制端,当某段控制端为低电平时,该端对应的发光二极管导通并点亮。通过点亮不同的段,可显示出各种数字或字符。如显示数字 1 时,b、c 两端接低电平,其他各端接高电平。

共阴极内部连线如图 1.6.3(b)所示,是将 8 个发光二极管的阴极连接在一起,作为公共控制端(com),接低电平(接地),阳极作为"段"控制端。当某段控制段为高电平时该段对应的二极管导通并点亮。

✍ **小问答**

问:如何测试数码管的结构是共阳极还是共阴极?

答:根据图 1.6.3,通过判断任意段与公共端连接的二极管的极性就可以判断出共阳极还是共阴极数码管。

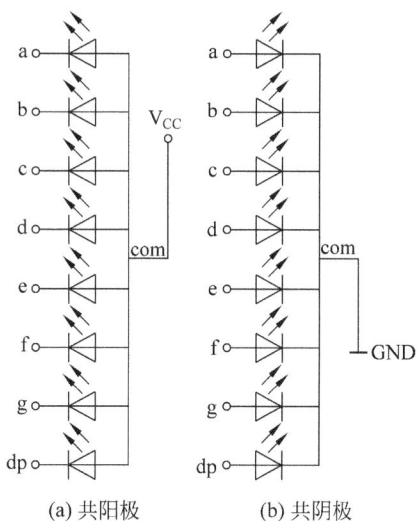

(a) 共阳极　　(b) 共阴极

图 1.6.3　数码管结构图

☞ **跟我做 1——用单片机控制一个数码管依次显示数字 0～9**

(1) 电路设计与制作

用单片机控制一个数码管工作的电路如图 1.6.4 所示,它与实训 1.4 的电路图类似,只是将图 1.4.1 中的 8 个二极管改接数码管的 8 个段控制端。图中采用的是共阳极数码管。如果是共阴极数码管,则将 com 端接地,电路板的制作参照前面的实训。

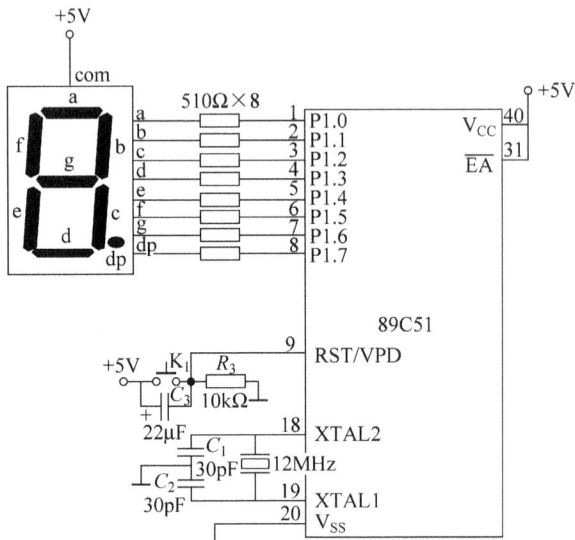

图 1.6.4   单片机控制一个数码管电路

数码管控制电路器件清单如表 1.6.1 所示。

表 1.6.1   数码管控制电路器件清单

元件名称	参　　数	数量	元件名称	参　　数	数量
IC 插座	DIP40	1	电阻	510Ω	8
单片机	89C51	1	电阻	470Ω	1
晶体振荡器	12MHz	1	电解电容	22μF	1
7 段 LED		1	瓷片电容	20pF	1

✍ 小提示

因为只控制一个数码管,选择采取一直点亮各段的静态显示方式。这种显示方式可在较小的电流驱动下获得较高的显示亮度,且占用 CPU 时间少,编程简单,便于显示和控制。

(2) 编写数码管依次显示数字"0~9"的程序

✍ 小问答

问:在图 1.6.4 所示电路中,若将 00H 送至单片机的 P1 口,数码管上会显示"0"吗?

答:不会,因为电路中单片机 P1 口的 P1.0、…、P1.7 依次与共阳极数码管的 a、…、f、dp 端相连接,数码管的公共端接 +5V,如果要显示数字"0",则数码管的 a、b、c、d、e、f 6 个段应点亮,其他段熄灭,需向 P1 口传送数据 00111111B(3FH),该数据就是与字符"0"相对应的显示字形编码,表 1.6.2 中分别列出共阳、共阴极数码管的显示字形编码。

表1.6.2　数码管字形编码表

显示字符	共阳极数码管									共阴极数码管								
	dp	g	f	e	d	c	b	a	字形码	dp	g	f	e	d	c	b	a	字形码
0	1	1	0	0	0	0	0	0	C0H	0	0	1	1	1	1	1	1	3FH
1	1	1	1	1	1	0	0	1	F9H	0	0	0	0	0	1	1	0	06H
2	1	0	1	0	0	1	0	0	A4H	0	1	0	1	1	0	1	1	5BH
3	1	0	1	1	0	0	0	0	B0H	0	1	0	0	1	1	1	1	4FH
4	1	0	0	1	1	0	0	1	99H	0	1	1	0	0	1	1	0	66H
5	1	0	0	1	0	0	1	0	92H	0	1	1	0	1	1	0	1	6DH
6	1	0	0	0	0	0	1	0	82H	0	1	1	1	1	1	0	1	7DH
7	1	1	1	1	1	0	0	0	F8H	0	0	0	0	0	1	1	1	07H
8	1	0	0	0	0	0	0	0	80H	0	1	1	1	1	1	1	1	7FH
9	1	0	0	1	0	0	0	0	90H	0	1	1	0	1	1	1	1	6FH
A	1	0	0	0	1	0	0	0	88H	0	1	1	1	0	1	1	1	77H
B	1	0	0	0	0	0	1	1	83H	0	1	1	1	1	1	0	0	7CH
C	1	1	0	0	0	1	1	0	C6H	0	0	1	1	1	0	0	1	39H
D	1	0	1	0	0	0	0	1	A1H	0	1	0	1	1	1	1	0	5EH
E	1	0	0	0	0	1	1	0	86H	0	1	1	1	1	0	0	1	79H
F	1	0	0	0	1	1	1	0	8EH	0	1	1	1	0	0	0	1	71H
H	1	0	0	0	1	0	0	1	89H	0	1	1	1	0	1	1	0	76H
L	1	1	0	0	0	1	1	1	C7H	0	0	1	1	1	0	0	0	38H
P	1	0	0	0	1	1	0	0	8CH	0	1	1	1	0	0	1	1	73H
R	1	1	0	0	1	1	1	0	CEH	0	0	1	1	0	0	0	1	31H
U	1	1	0	0	0	0	0	1	C1H	0	0	1	1	1	1	1	0	3EH
Y	1	0	0	1	0	0	0	1	91H	0	1	1	0	1	1	1	0	6EH
—	1	0	1	1	1	1	1	1	BFH	0	1	0	0	0	0	0	0	40H
.	0	1	1	1	1	1	1	1	7FH	1	0	0	0	0	0	0	0	80H
熄灭	1	1	1	1	1	1	1	1	FFH	0	0	0	0	0	0	0	0	00H

数码管依次显示数字"0"～"9"参考程序如下：

```
;********************* 一位数码管显示程序 *********************
;程序名：数码管显示程序 PM1_6_1.asm
;程序功能：在一个数码管上依次显示数字"0"～"9"
              ORG      0000H
DISP:         MOV      A,#00H              ;从0开始显示
              MOV      DPTR,#TAB           ;DPTR指向字形码表首地址
              MOV      R7,#10              ;共10个数字
LOOP:         MOV      B,A
              MOVC     A,@A+DPTR
              MOV      P1,A                ;送显示字形码
              ACALL    DELAY               ;延时
              MOV      A,B
```

```
            INC      A                                        ；修正显示数字
            DJNZ     R7,LOOP
            SJMP     DISP
DELAY：    …
TAB：      DB       0C0H,0F9H,0A4H,0B0H,99H  ；"0"～"9"共阳极字形码
            DB       92H,82H,0F8H,80H,90H
            END
```

☞ 跟我做 2——用单片机控制两个 LED 数码管，依次显示数字"00"～"99"

（1）电路设计与制作

控制两个数码管可采用动态显示方式。在图 1.6.4 的基础之上，再增加一个共阳极 LED 数码管，用 P2 口控制位选，用 P1 口控制段选。

（2）编写两个数码管依次显示数字"00"～"99"的程序

程序如下：

```
；********************** 二位数码管显示程序 **********************
；程序名：二位数码管显示程序 PM1_6_2.asm
；程序功能：在两个数码管上依次显示数字"00"～"99"，P2 口连接 LED 的位选，P1 口连接 LED
；的段选
            ORG      0000H
START：    MOV      P2,#00H              ；灭显示
            MOV      DPTR,#TABLE        ；确定字形码表首地址
            MOV      R2,#00H              ；送显示数据初值，从 00 开始显示
NEXT：     MOV      A,R2                 ；将被显示的数据拆分
            MOV      B,#10
            DIV      AB                   ；高位在 A 中，低位在 B 中
            MOV      A,@A+DPTR          ；查表取高位显示字形码
            MOV      P1,A                 ；显示高位
            MOV      P2,#80H
            ACALL    DELAY               ；延时
            MOV      A,B
            MOV      A,@A+DPTR          ；取低位显示字形码
            MOV      P2,#00H
            MOV      P1,A                 ；显示低位
            MOV      P2,#40H
            ACALL    DELAY               ；延时
            MOV      A,R2
            ADD      A,#01H              ；显示数值加 1，直至 99
            DA       A
            MOV      R2,A
            CJNE     R2,#00,NEXT         ；判断显示是否结束
            SJMP     START
DELAY：    …
TABLE：    DB       0C0H,0F9H,0A4H,0B0H,99H   ；"0"～"9"共阳极字形码
            DB       92H,82H,0F8H,80H,90H
            END
```

✍ 小提示

两位被显示的数据也可用逻辑运算指令将其拆分成高、低两个显示数据,或在程序的开始就预先将被显示数据的个位和十位分别存放于不同的寄存器中,例如用 R1 存放十位,用 R0 存放个位。

☞ 跟我做 3——用单片机控制 6 个 LED 数码管固定显示"012345"

（1）电路设计与制作

若采用静态显示方式控制 6 个数码管,则需要单片机提供 6 个 8 位并行 I/O 口,需要对单片机 I/O 口进行扩展,这将大大增加硬件电路的复杂性及硬件成本。鉴于此,采用图 1.6.5 所示的动态显示电路连接方式。图中将各位共阳极数码管相应的段选控制端并联在一起,仅用一个 P1 口控制,用八同相三态缓冲器/线驱动器 74LS245 驱动,将各位数码管的公共端,也称为"位选端"由 P2 口控制,用六反相驱动器 74LS04 驱动。

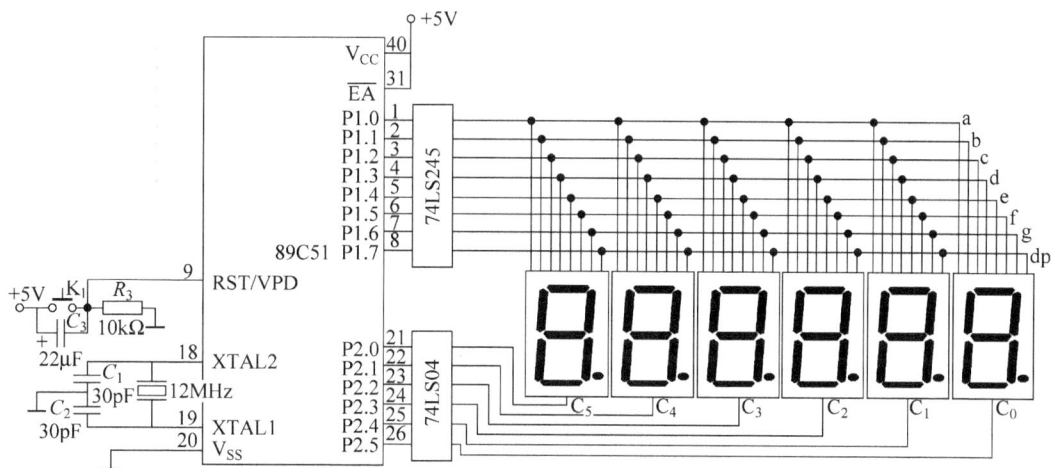

图 1.6.5　六位数码管动态显示电路

✍ 小问答

问:什么是动态显示方式?

答:动态显示就是一种按位轮流点亮各位数码管的显示方式,即在某一时段,只让其中一位数码管"位选端"有效,并送出相应的字形显示编码。此时,其他位的数码管因"位选端"无效而都处于熄灭状态;下一时段按顺序选通另外一位数码管,并送出相应的字形显示编码,依此规律循环下去,即可使各位数码管分别间断地显示出相应的字符,动态显示也称为扫描显示方式。

问:在动态显示方式下,由于每个数码管都是间断地显示某一字符,那么人们看到的字符是在不断地闪烁吗?

答:由于人的眼睛存在"视觉驻留效应",只要能保证每位数码管显示间断的时间间隔小于眼睛的驻留时间,就可以给人一种连续显示的视觉效果。

问：数码管动态显示方式与静态显示方式相比有什么差别？

答：在显示位数较多时，动态显示方式可节省 I/O 接口资源，硬件电路比静态显示方式简单，但其显示的亮度低于静态显示方式。由于 CPU 要不断地依次运行扫描显示程序，将占用 CPU 更多的时间。若显示位数较少，采用静态显示方式更加简便。

（2）编写在 6 个数码管上固定显示"012345"6 个数字的软件流程

为了在 6 个数码管上同时显示"012345"6 个数字，可在内部 RAM 中开辟一个显示缓冲区，依次存放所要显示的数据。例如，把它们预先分别存放到内部 RAM 的 30H～35H 单元中，存放格式如下：

单元地址：30H　　　31H　　　32H　　　33H　　　34H　　　35H

单元内容：00H　　　01H　　　02H　　　03H　　　04H　　　05H

也可以把要显示的数据以压缩 BCD 码的形式存放到 30H～32H 三个单元中，存放格式如下：

单元地址：30H　　　31H　　　32H

单元内容：01H　　　23H　　　45H

下面就以压缩 BCD 码的形式存放被显示数据为例编制动态显示控制程序，流程如图 1.6.6 所示。

（3）编写在 6 个数码管上固定显示"012345"6 个数字的程序

程序如下：

```
; ******************************* 多位数码管显示程序 *******************************
; 程序名：程序 PM1_6_3.asm
; 程序功能：在 6 个数码管上稳定地显示"012345"
; 入口参数：要显示的数据 0,1,2,3,4,5 以压缩 BCD 码的形式存放在内部 RAM 30H～32H 单
; 元中
            ORG     0000H
            ZERO    EQU  00H
            PSEN    EQU  03H
START:      MOV     R5,#ZERO        ;设置延时初值
            MOV     R0,#30H         ;显示单元首地址送 R0
            MOV     R3,# PSEN       ;确定循环显示次数
            MOV     R4,#0FEH        ;确定显示位码初值
DIS:        MOV     A,@R0           ;取显示单元内容
            SWAP    A
            ANL     A,#0FH          ;取低位显示内容
            MOV     DPTR,#TAB
            MOVC    A,@A+DPTR       ;查表,取显示字符
            MOV     P1,A            ;显示字符送 P1 口
            MOV     A,R4
            MOV     P2,A            ;显示位送 P2 口
HERE0:      DJNZ    R5,HERE0        ;显示延时
            RL      A               ;显示位左移
            MOV     R4,A
            MOV     A,@R0
            ANL     A,#0FH          ;取显示内容高位
```

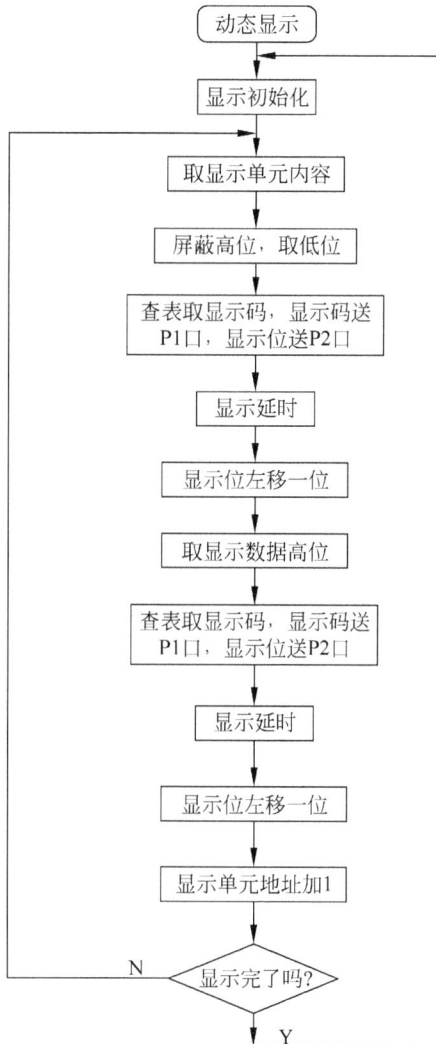

图 1.6.6　在 6 个数码管上稳定显示"012345"动态显示流程

```
        MOV     DPTR,＃TAB
        MOVC    A,@A＋DPTR
        MOV     P1,A
        MOV     A,R4
        MOV     P2,A            ;显示高位数据
        RL      A               ;显示位左移
        MOV     R4,A
HERE1:  DJNZ    R5,HERE1        ;显示延时
        INC     R0              ;显示单元地址加 1
        DJNZ    R3,DIS0         ;循环显示
        SJMP    START
TAB:    DB      0C0H,0F9H,0A4H,0B0H,99H,92H,82H,0F8H   ;共阳极显示字形编码表
        DB      80H,90H,88H,83H,0C0H,0A1H,86H,8EH
```

☞ 跟我做 4——在图 1.6.4 硬件电路基础上控制 6 个 LED 数码管移动显示字符 HELLO

在 6 个数码管上移动显示"HELLO"字样,显示过程如图 1.6.7 所示。只要能依次显示出 6 屏不同的内容,就可以达到移动显示的效果。

可见,第 1 屏显示的前 6 位数据为"××××××H",第 2 屏显示的 6 位数据为"××××HE",以此类推,第 6 屏显示数据为"H E L L O ×"。将所有在显示屏上将要出现的显示字符按顺序排列为如下格式:

××××××H E L L O ×　　　　;×表示无显示
──────
第1屏显示
　　第 2 屏显示

────
第 6 屏显示

					H	第1屏
				H	E	第2屏
			H	E	L	第3屏
		H	E	L	L	第4屏
	H	E	L	L	O	第5屏
H	E	L	L	O		第6屏
					H	第1屏

图 1.6.7　移动显示过程

如果把与以上 11 个显示数据相对应的显示字形编码,按上面的排列顺序存放在存储器中,并设显示单元首地址为 LED,那么第 1 屏显示字形编码的首地址就设置为 LED,第 2 屏显示码的首地址为 LED+1,第 3 屏显示码的首地址为 LED+2,以此类推,可以得到第 i 屏显示码的首地址为 LED+i-1。共阳极显示 HELLO 的字形编码分别为 89H、86H、0C7H、0C7H、0C0H。

根据上面分析,编写出如下程序:

```
; ************************ 6 位数码管移动显示程序 ************************
; 程序名:移动显示程序 PM1_6_4.asm
; 程序功能:在 6 个数码管上移动显示"HELLO"
            ORG       0000H
START:      MOV       R4,#06H        ;显示屏数
            MOV       R6,#100        ;每屏扫描显示次数
            MOV       DPTR,#LED      ;显示码首地址
NEXT1:      ACALL     SCANLED        ;第 1 屏扫描一次
            DJNZ      R6,NEXT1       ;判断扫描次数是否满 100 次,若不满,继续扫描
            INC       DPTR           ;数据指针加 1,准备扫描下一屏
            DJNZ      R4,NEXT1       ;判断是否显示完所有屏
            SJMP      START
; ************************ 扫描显示程序 ************************
; 子程序名:SCANLED
; 功能:对 6 个数码管扫描显示一次
; 入口参数:DPTR
SCANLED:    PUSH      DPH
            PUSH      DPL
            MOV       R5,#06H
            MOV       R7,#0FEH
NEXT:       CLR       A
            MOVC      A,@A+DPTR
```

```
                MOV      P1,A
                MOV      A,R7
                MOV      P2,A
                RL       A
                MOV      R7,A
                ACALL    DELAY
                INC      DPTR
                DJNZ     R5,NEXT
                POP      DPL
                POP      DPH
                RET
        DELAY:  MOV      R2,#10
                DJNZ     R2,$
                RET
        LED:    DB       0FFH,0FFH,0FFH,0FFH,0FFH,89H,86H,0C7H   ;6 屏显示字形码
                DB       0C7H,0C0H,0FFH
                END
```

☞ 跟我做 5——采用串行口控制一个数码管显示

（1）电路设计与制作

电路如图 1.6.8 所示。电路中,在单片机与数码管之间连接了一个串入并出移位寄存器 74LS164。串行数据从单片机串行输出口 P3.0(RXD)加至 74LS164 的串行输入端,在单片机 P3.1(TXD)输出的时钟脉冲控制下,8 位并行数据从并行输出端 $Q_0 \sim Q_7$ 输出,控制数码管显示。

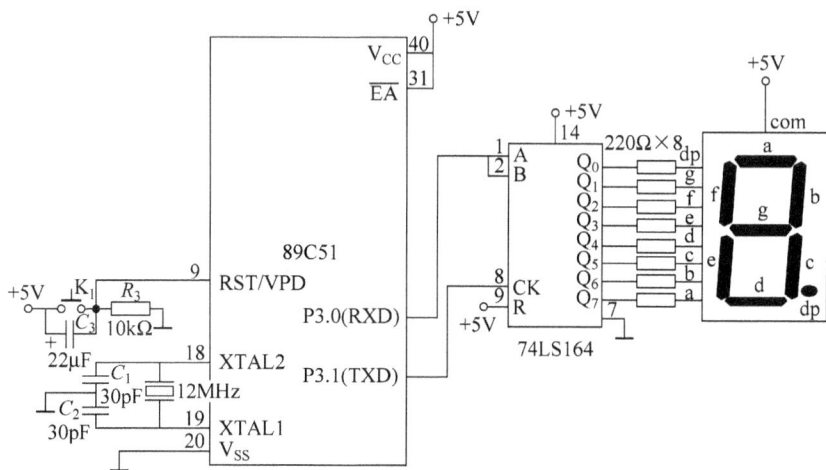

图 1.6.8　利用串口控制一个 LED 显示

✍ 小提示

51 单片机的串行口工作在方式 0 时,其功能就是一个波特率固定为 $f_{osc}/12$ 的同步移位寄存器。串行数据由 RXD(P3.0)端输入或输出,同步移位脉冲由 TXD(P3.1)端输

出。在通过串行口向外发送显示数据时,运行"MOV SBUF,♯DATA"指令,串行口可将 8 位 DATA 数据从最低位开始,以 $f_{osc}/12$ 的波特率从 RXD 引脚逐位输出。数据发送完毕,它可自动将标志位 TI 置 1。因此,在程序中可以用中断或查询方法来判断显示数据发送是否完成,若已完成则继续发送下一个显示数据。

(2) 编写在数码管上依次显示 8 个数字的程序

程序如下:

```
; ************************ 8 位数码管显示程序 ************************
; 程序名:8 位数码管显示程序 PM1_6_5.asm
; 程序功能:在数码管上依次显示 8 个数
; 入口参数:在内存 20H 处存放 8 个 0~9 任意排列的整数
            ORG      0000H
DISP:       MOV      R0,♯20H        ;确定数据存放起始单元地址
            MOV      R2,♯8          ;确定数据长度
AGIN:       MOV      A,@R0          ;取第一个数送 A
            MOV      DPTR,♯TAB      ;取表头地址送 DPTR
            MOVC     A,@A+DPTR      ;查数据
            MOV      SBUF,A         ;送段码
            JNB      TI,$           ;判断是否发送完毕
            CLR      TI             ;清标志位
            ACALL    DELAY          ;显示延时
            INC      R0             ;地址指针加 1
            DJNZ     R2,AGIN        ;判断显示到否
            SJMP     $
TAB:        DB       0C0H,0F9H,0A4H,0B0H,99H
            DB       92H,82H,0F8H,80H,90H
            END
```

✍ 小提示

由于串行输出的数据是低位在先,高位在后,而 74LS164 的移位过程是由 $Q_0 \rightarrow Q_7$,因此,74LS164 的高位输出 Q_7 应与数码管的 a 端相连,以此类推。

很显然,利用串口扩展并行 I/O 口,可节约并行 I/O 口线,但它必须占用一个串行口资源,所以该方法只有在不使用串行口进行串行通信的情况下才能使用。

☞ **自己做——采用串行口控制 6 个 LED 显示**

在图 1.6.8 的基础上,将 1 个 LED 显示扩展为 6 个 LED 显示,并编制出显示程序。在内部 RAM 的 20H~25H 单元中存放 6 个 0~9 之间的整数,将其稳定地显示在 6 个 LED 上。

✍ 小提示

多个 74LS164 连接时,要将各芯片的时钟输入 CLK 端连接在一起,即所有 74LS164 在同一个时钟下工作。将前一个 74LS164 的 Q_7 输出端接后一个 74LS164 的数据输入端 A、B。

📖 项 目 小 结

本项目涉及数码管显示的基本原理,从最简单的单个数码管固定显示到多个数码管的动态显示以及利用串行口显示。项目进一步训练单片机并行I/O口的应用能力,查表指令的实际应用和循环程序结构的编程与调试能力,同时训练串行口的应用能力。

实训 1.7　音乐盒控制——定时器资源使用

📖 训 练 目 的

用单片机制作一个能演奏美妙音乐的电路,通过这一有趣的项目制作,巩固定时器和键盘的运用技能,增进对单片机应用产品制作过程的了解。

☞ 做什么?——明确要完成的任务

如何让单片机控制的电路发出符合演奏要求的音符呢? 如果做到按不同的键能根据音阶发出不同的声音,一个简单的电子演奏乐器就制作完成了。若预先将几首动听的歌曲以程序的形式保存在存储器中,再通过按键进行点播,利用单片机的I/O口外接一个发声器件,当程序运行时它能发出相应的声音,若配上一个美观的外壳,一个实用的音乐盒就制作完成了。

☞ 怎么做?

这是一个受控对象与前面实训有所不同的系统。硬件方面相对比较简单,完全可以采用实训1.2电路,将图1.2.2中的发光二极管换成可以发声的器件即可。为获得更大的音频输出功率,可以考虑在P1.0与发声器件之间连接一个功放电路。软件方面是通过编程产生一个频率可以根据需要变化的脉冲信号,以获得不同的音阶与音调。

✍ 小问答

问:什么是音阶和音调? 怎么样才能让单片机控制电路发出不同的音阶和音调?

答:音阶就是人们通常唱出的1、2、3、4、5、6、7(DO-RE-MI-FA-SO-LA-SI),它是7个频率之间满足某种数学关系由低到高排列的自然音,一旦确定某一个音比如1(DO)的频率,其他音的频率也就确定了,若由12个音组成,还可产生半音阶。而音调是指声音的高低,由声音的频率来决定,确定某一个音比如1(DO)的频率,就确定了音调。通过改变单片机输出脉冲高低电平的保持时间和频率,就可以得到音阶和调节不同的音调。

☞ 跟我做 1——电路制作

电路如图1.7.1所示,由P1.0口控制一个LM386功率放大器,经功率放大器控制发声器件蜂鸣器。当 P1.0 口输出为低电平时,功率放大器导通,蜂鸣器通电;当 P1.0 口输出为高电平时,功率放大器截止,蜂鸣器断电。通过连续不断周期性地改变 P1.0 口的高、低电平,就会产生一定频率的矩形波,蜂鸣器就能发出一定频率的声音,若再配合延时程序控制高、低电平的持续时间,就能改变音调。

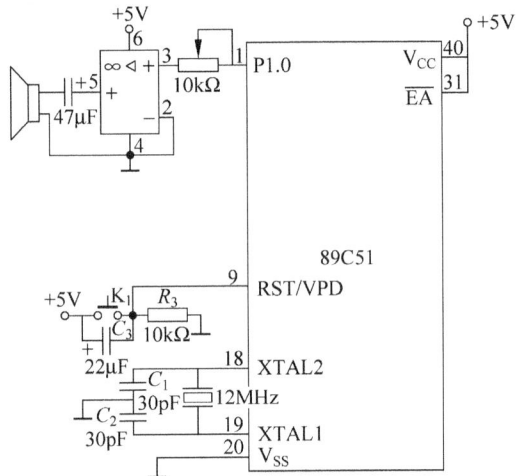

图 1.7.1   单片机演奏音乐硬件电路示意图

表 1.7.1 提供了元件清单,制作好的硬件电路板如图 1.7.2 所示。图中,右面的圆形器件即为蜂鸣器,8 个引脚的 IC 为功放电路。

表 1.7.1   单片机演奏音乐电路器件清单

元件名称	参　数	数量	元件名称	参　数	数量
IC 插座	DIP40	1	功放	LM386	1
单片机	89C51	1	蜂鸣器	无源式	1
晶体振荡器	12MHz	1	电阻	1kΩ	2
瓷片电容	22pF	2	电阻	200Ω	1
按键		1	电解电容	47μF	1
IC 插座	DIP8	1			

图 1.7.2   单片机控制的音乐盒电路板示意图

☞ 跟我做 2——音阶及节拍程序设计

在完成硬件电路制作的基础上,接下来要调试出音节,首先应考虑产生 1、2、3、4、5、6、7 基本音阶的软件设计。

在前面的训练中已经编制过通过软件延时或定时器延时的方式在某一端口线输出方波的程序,如果只是让蜂鸣器发出声音,直接引用前面的程序就可以了。但现在是让单片机控制的电路能唱歌,所以还需增加一点下面的辅助工作。

1. 产生音阶

首先要设法确定出与音阶相对应的脉冲频率。比如,发出 200Hz 的音频,其周期为 1/200s,即 5ms,只要 P1.0 引脚输出的高电平或低电平的持续时间分别为 2.5ms,就能发出 200Hz 的音频。可以编写一个延时 20μs 的子程序,用工作寄存器 R3 存放调用的次数,当 R3＝2500/20＝125(7DH)时,就可以发出 200Hz 的音频。调整 R3 中的数值,就可以得到不同的音频。20μs 延时子程序 DEL20 如下:

```
DEL20： MOV     R4,＃05H
DEL：   NOP
        DJNZ    R4,    DEL
        DJNZ    R3,    DEL20
        RET
```

要发出 200Hz 的音符,R3＝125(7DH),延时 2500μs 程序如下:

```
DEL2500：MOV     R3,＃125
         ACALL   DEL2500
         SJMP    $
```

表 1.7.2 给出了几种不同音调下与 7 个音阶相对应的频率。根据不同音阶对应的频率,可以确定出 R3 中的值。

现在能编出让单片机控制电路在不同音调下发出 1、2、3、4、5、6、7 音阶的子程序吗?

表 1.7.2 单片机演奏音乐各音节频率

音调 音阶	频率/Hz	音调 音阶	频率/Hz	音调 音阶	频率/Hz
低 1 DO	262	中 1DO	523	高 1 DO	1046
低 2 RE	294	中 2RE	587	高 2 RE	1175
低 3 MI	330	中 3M	659	高 3 M	1318
低 4 FA	349	中 4FA	698	高 4 FA	1397
低 5 SO	392	中 5SO	784	高 5 SO	1568
低 6 LA	440	中 6LA	880	高 6 LA	1760
低 7 SI	494	中 7SI	988	高 7 SI	1967

由表 1.7.2 可知,中音 1(DO)频率为 523Hz,周期为 1/523s,即 1.91ms。所以,P1.0 引脚输出的高电平或低电平的持续时间应该为 1.91ms/2＝0.96ms。前面已经编写了延时 20μs 的子程序 DEL20,那么 R3 的取值为 0.96ms/20μs＝48＝30H;中音 2(RE)的频

率为 587Hz，可计算出的 R3 值为 2BH；以此类推，可得到 R3 值与各音阶之间的对照表，如表 1.7.3 所示。

表 1.7.3　音阶、频率、R3 内容对照表

音调 音阶	频率/Hz	R3	音调 音阶	频率/Hz	R3
中 1 DO	523	30H	中 5 SO	784	20H
中 2 RE	587	2BH	中 6 LA	880	1CH
中 3 MI	659	26H	中 7 SI	988	19H
中 4 FA	698	24H	高 1 DO	1046	18H

不同音阶对应的延时程序参数都已确定出来，现在就开始尝试通过按键来获得电子琴的效果吧。用单片机的 P3.0 端口外接一个按键，当键按下时单片机就发出中音 DO 的音阶，参考程序如下：

```
            ORG     0000H
MAIN：      JB      P3.0,$
            MOV     R7,#255
LOOP：      SETB    P1.0
            MOV     R3,#30H
            ACALL   DEL20
            CLR     P1.0
            MOV     R3,#30H
            ACALL   DEL20
            DJNZ    R7,LOOP
            SJMP    MAIN
DEL：       MOV     R4,#05H
DEL4：      NOP
            DJNZ    R4,DEL4
            DJNZ    R3,DEL
            RET
            END
```

在这段程序中，DO 的音阶是由 R3 的内容决定的，而声音时间的长短是由 R7 的内容决定的，在乐曲里它将取决于乐曲的节拍。

2. 确定节拍

节拍是反映一首乐曲节奏特征最重要的标志。例如，1 拍、2 拍、1/2 拍、1/4 拍等。要准确地演奏出一首曲子，必须要准确地控制乐曲的节奏，即每一音阶的持续时间。如果一首曲子的节奏为每分钟 94 拍，那么一拍就为 $60/94 = 0.64s$。

✍ 小问答

问：选择 12MHz 晶振，用定时器 T0 能直接获得 0.64s 的定时吗？

答：不能，因为它的最大定时时间不会超过 65ms。所以，要获得 0.64s 延时，可先利用定时器 T0 产生 10ms 定时，然后用中断方式对定时时间到进行计数，通过计数次数来控制延时时间的长短，也可以通过软件查询方式对定时时间到进行计数。

例如,产生 1/4 拍的延时时间为 0.16s,相应的计数次数应为 16(10H);产生 3 拍的延时时间为 1.92s,相应的计数次数为 192(C0H)。在编制音乐程序时,只要根据乐谱中每一音阶的节拍要求确定出计数次数,再调用 T0 定时子程序,就能按节拍演奏乐曲了。

现在将前面发中音 DO 的程序改写成发音节奏为 1 拍的程序:

```
            ORG     0000H
            AJMP    MAIN
            ORG     000BH
            AJMP    CONT
            ORG     0100H
MAIN:       JB      P3.0,$
            MOV     TMOD,#01H
            MOV     TH0,#0DBH
            MOV     TL0,#0FFH
            MOV     IE,#82H
            SETB    TR0
            MOV     20H,#00H
LOOP:       SETB    P1.0
            MOV     R3,#30H
            ACALL   DEL20
            CLR     P1.0
            MOV     R3,#30H
            ACALL   DEL20
            MOV     A,20H
            CJNE    A,#40H,LOOP
            SJMP    MAIN
DEL:        MOV     R4,#05H
DEL4:       NOP
            DJNZ    R4,DEL4
            DJNZ    R3,DEL
            RET
CONT:       INC     20H
            MOV     TH0,#0DBH
            MOV     TL0,#0FFH
            RETI
            END
```

✎ **小问答**

问:若要将中音 DO 的节拍变为 2 拍,上面的程序要如何修改呢?

答:只要把“CJNE A,#40H,LOOP”中的“#40H”改为“#80H”即可。

☞ **跟我做 3——编制歌曲谱表**

现在就以图 1.7.3 所示乐曲为例编制对应的谱表。

1. 确定音阶

每首乐曲都有一个基准音调,《八月桂花遍地开》是降 E(1=E♭)调,采用调音用的音

八月桂花遍地开

江西民歌

图 1.7.3 《八月桂花遍地开》的歌谱

笛能准确地确定出中音 DO 的音调,再通过调整脉冲的频率让蜂鸣器发出的声音接近乐曲的音调。根据已调好的频率值计算出与之对应的周期 T,$T/2$ 就是软件延时的时间。每 $T/2$ 将 I/O 口 P1.0 的输出状态取反一次,就能得到所需的音调。但这里不要求去调试音调,只要按表 1.7.2 查出相应音阶的频率即可。

该首曲子的第一句包括高音 DO(i),中音 LA(6),中音 SO(5)等。以高音 DO 为例,经查表其频率为 1046Hz,那么它的周期为 $1/1046\mathrm{s} = 956\mu\mathrm{s}$,也就是每隔 $478\mu\mathrm{s}$,都要对

I/O 口 P1.0 输出的电平状态取反一次。可修改 DEL 延时程序中 R3 的内容,如表 1.7.3 所示,R3＝18H 时,可发出高音 DO;R3＝1CH 时,可发中音 LA;同理可得到其他不同音阶对应的 R3 常数值。所以乐谱中第一句各音阶对应 R3 常数排列顺序是 18H,1CH, 20H,1CH,18H,20H,1CH,18H,1CH,20H,1CH,18H,20H。

2. 确定节拍

设此曲的节奏为每分钟 94 拍,那么一拍就是 60/94＝0.64 秒。以定时器 T0 产生 10ms 定时为基准,采用中断计数方式,让计数次数 $m \times 10ms$＝节拍时间。设置一个单元用来存放计数次数 m,如,1/4 拍,节拍时间为 0.16s,相应的计数次数 m＝0.16s/10ms＝ 10H,以此类推,表 1.7.4 中给出了各种节拍所对应的计数此数,也称为节拍常数。

表 1.7.4　节拍与节拍常数 M 对照表

节　　拍	节拍常数	节　　拍	节拍常数
1/4 拍	10H	1 又 1/4 拍	50H
2/4 拍	20H	1 又 1/2 拍	60H
3/4 拍	30H	2 拍	80H
4/4 拍	40H		

与乐谱中第一句各音阶节拍对应的节拍常数排列顺序是 30H,10H,40H,10H,10H, 10H,10H,40H,20H,20H,20H,20H,80H。

3. 编制谱表

乐曲由作曲家将各种音阶按照某种音律进行创造性地组合而成,编写程序时不可能对每一个音阶和节拍都用立即寻址或直接寻址指令来提供相应的音阶常数和节拍常数。为了简化程序,在编程中将与每一音阶对应的音阶常数和节拍常数作为一组,再按乐曲中音阶的排列顺序将各组参数排列成表格。然后在程序中用查表指令依次查出与每一个音阶所对应的音阶常数和节拍常数,此常数将作为控制音阶和节拍子程序的基本参数,根据这一参数就能产生具有特定音阶和节拍的声音,从而达到乐曲所要表现的音乐效果。

上述乐谱中的音阶常数排列顺序是 18H,1CH,20H,1CH,18H,20H,1CH,18H, 1CH,20H,1CH,18H,20H;节拍常数排列顺序是 30H,10H,40H,10H,10H,10H, 10H,40H,20H,20H,20H,20H,80H。

那么对应音阶常数和节拍常数组谱表排列顺序是:

```
DAT:DB 18H, 30H, 1CH, 10H, 20H, 40H, 1CH, 10H
    DB 18H, 10H, 20H, 10H, 1CH, 10H, 18H, 40H
    DB 1CH, 20H, 20H, 20H, 1CH, 20H, 18H, 20H
    DB 20H, 80H, 0FFH
```

此外,还可增加结束符、休止符等代码,例如,用代码 00H 表示曲子终了;用 FFH 表示停顿效果等。

☞ **跟我做 4——绘制流程图**

资源分配：寄存器 R2、R4 用于存放软件延时时间常数；R3 用于存放音阶常数，R6 用于存放音阶频率；R7 用于存放节拍常数，资源分配如表 1.7.5 所示。

表 1.7.5 单片机内部资源分配表

单片机	说　明	单片机	说　明
R3	暂存音阶常数	R6	存放音阶常数
T0	产生 10ms 定时	R7	存放节拍常数
20H	存放 10ms 定时中断的次数	R2、R4	改变延时时间

节拍长短控制：用定时器 T0 产生 10ms 的基准定时，用 20H 单元作为中断计数单元，记录定时器 T0 产生 10ms 定时中断的次数，通过比较 20H 单元的计数值与节拍常数来控制节拍时间的长短。

程序流程如图 1.7.4 所示。

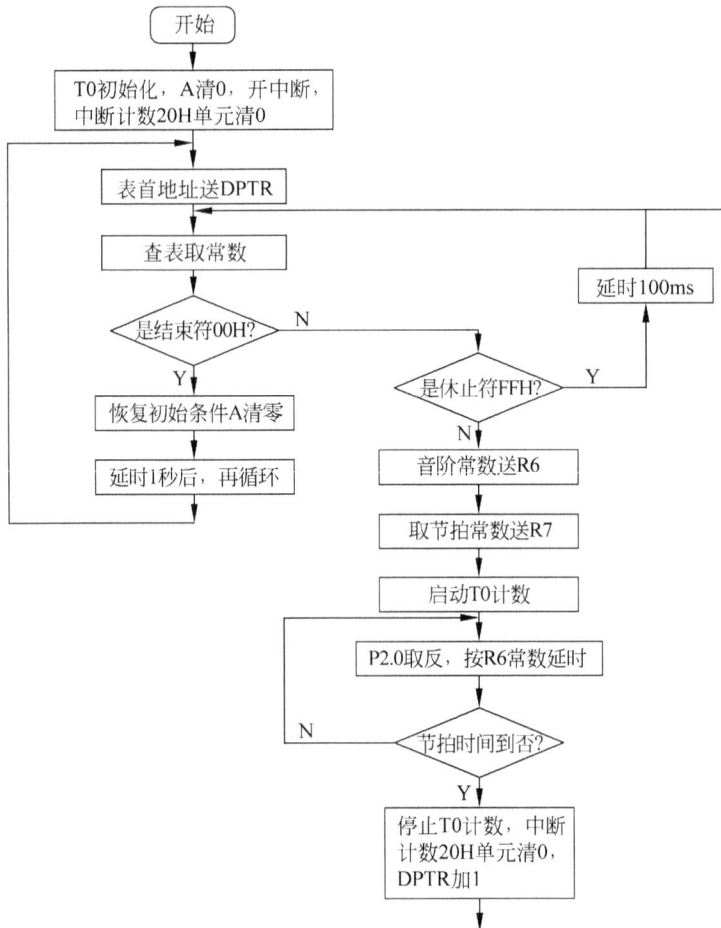

图 1.7.4 乐谱程序流程图

☞ 跟我做 5——源程序设计

根据流程图和表 1.7.5 给出的单片机内部资源分配图以及《八月桂花遍地开》的歌谱,可以编写出源程序。

```
;　**************************** 电子音乐程序 ****************************
;程序名:电子音乐程序 PM1_7_1.asm
;程序功能:连续播放《八月桂花遍地开》乐曲
;采用定时器 T0 定时方式 1
            ORG       0000H
            LJMP      START
            ORG       000BH
            AJMP      CONT
            ORG       0100H
START:      MOV       SP,#50H
            MOV       TH0,#0DBH
            MOV       TL0,#0FFH
            MOV       TMOD,#01H
            MOV       IE,#82H
MUSIC0:     MOV       DPTR,#DAT        ;表首地址送 DPTR
            MOV       20H,#00H         ;中断计数单元清 0
MUSIC1:     CLR       A
            MOVC      A,@A+DPTR        ;查表取音阶常数
            JZ        END0             ;是结束符?
            CJNE      A,#0FFH,MUSIC5   ;是休止符?
            LJMP      MUSIC3           ;产生 100ms 停顿
MUSIC5:     NOP
            MOV       R6,A             ;音阶常数送 R6
            INC       DPTR             ;DPTR+1
            MOV       A,#0
            MOVC      A,@A+DPTR        ;取节拍常数送 R7
            MOV       R7,A
            SETB      TR0              ;启动定时器 T0
MUSIC2:     NOP
            CPL       P1.0             ;输出电平取反
            MOV       A,  R6
            MOV       R3,A             ;音阶常数送 R3
            LCALL     DEL20
            MOV       A,  R7           ;节拍常数送 A
            CJNE      A,20H,MUSIC2     ;节拍时间到否?
            MOV       20H,#00H         ;为取下一音阶常数作准备
            INC       DPTR
            LJMP      MUSIC1
MUSIC3:     NOP                        ;休止 100ms
            CLR       TR0
            MOV       R2,  #14H         ;R2=20
MUSIC4:     NOP
```

```
        MOV     R3，＃250            ；R3＝250
        LCALL   DEL20
        DJNZ    R2，MUSIC4
        INC     DPTR                ；为取下一音阶常数作准备
        LJMP    MUSIC1
END0：   MOV     R2，＃200            ；歌曲结束,延时1s后继续
MUSIC6：MOV      R3，＃250
        LCALL   DEL20
        DJNZ    R2,MUSIC6
        LJMP    MUSIC0
DEL：    MOV     R4,＃05H
DEL4：   NOP
        DJNZ    R4,DEL4
        DJNZ    R3,DEL
        RET
CONT：   INC     20H                 ；计数单元内容＋1
        MOV     TH0,＃0DBH           ；重新送10ms定时初值
        MOV     TL0，＃0FFH
        RETI
DAT：
DB 18H,30H,1CH,10H,20H,40H,1CH,10H       ；谱表
DB 18H,10H,20H,10H,1CH,10H,18H,40H
DB 1CH,20H,20H,20H,1CH,20H,18H,20H
DB 20H,80H,0FFH,20H,30H,1CH,10H,18H
DB 20H,15H,20H,1CH,20H,20H,20H,26H
DB 40H,20H,20H,2BH,20H,26H,20H,20H
DB 20H,30H,80H,0FFH,20H,20H,1CH,10H
DB 18H,10H,20H,20H,26H,20H,2BH,20H
DB 30H,20H,2BH,40H,20H,20H,1CH,10H
DB 18H,10H,20H,20H,26H,20H,2BH,20H
DB 30H,20H,2BH,40H,20H,30H,1CH,10H
DB 18H,20H,15H,20H,1CH,20H,20H,20H
DB 26H,40H,20H,20H,2BH,20H,26H,20H
DB 20H,20H,30H,80H,20H,30H,1CH,10H
DB 20H,10H,1CH,10H,20H,20H,26H,20H
DB 2BH,20H,30H,20H,2BH,40H,20H,15H
DB 1FH,05H,20H,10H,1CH,10H,20H,20H
DB 26H,20H,2BH,20H,30H,20H,2BH,40H
DB 20H,30H,1CH,10H,18H,20H,15H,20H
DB 1CH,20H,20H,20H,26H,40H,20H,20H
DB 2BH,20H,26H,20H,20H,20H,30H,30H
DB 20H,30H,1CH,10H,18H,40H,1CH,20H
DB 20H,20H,26H,40H,13H,60H,18H,20H
DB 15H,40H,13H,40H,18H,80H,00H
END
```

☞ **跟我做 6——软硬件调试**

（1）按照图 1.7.2 连接硬件电路。
（2）输入源程序。
（3）汇编源程序。
（4）调试和纠错。
（5）将调试好的程序下载至 89C51 芯片中，脱机运行。
这样，一个由单片机控制的音乐电路就制作完成了！

☞ **功能扩展 1**

在单片机自动演奏乐曲电路设计的基础上，增加一个按键，当键按下时才开始播放音乐。在此基础上可制作一个音乐门铃或音乐盒。

☞ **功能扩展 2**

在扩展 1 的基础上，将按键改成▲和▼两个按键，编写 3～5 首所喜欢的歌曲程序，通过按键上下选取想要播放的乐曲。

☞ **功能扩展 3**

扩展 4×4 的行列式按键，每个按键代表不同的音阶，一个简易的电子琴就完成了，怎么样？用自己制作的乐器演奏一首美妙的乐曲吧！

📖 **项　目　小　结**

项目中涉及资源分配、I/O 口、中断与定时/计数器应用、多种程序结构和编程技巧。通过简单发声应用电路的设计，从想要做什么→怎么做→如何能做得更好这一进阶式的思考方法，逐步形成将复杂问题由大化小，层层分析和设计，再由小到大进行组合，最后形成具有复杂功能产品的设计与制作能力。为利用单片机进行一些具有音乐功能的产品设计和制作奠定基础。

实训 1.8　交通灯控制——中断资源使用

📖 **训　练　目　的**

通过制作与调试单片机交通灯显示与控制系统，进一步熟悉单片机内部的硬件资源，学会单片机中可编程定时器的使用、学会中断技术的使用，提高综合程序调试能力。

☞ **做什么？——明确要完成的任务**

交通灯的各种指示模式就是用红、绿、黄三种颜色的信号灯按照特定的时间和规律进行显示，在特殊情况下还能进行应急处理。常见的交通灯显示状态如表 1.8.1 所示。

表 1.8.1   交通灯显示状态表

信号灯显示状态						状 态 说 明
东西方向（简称 A 方向）			南北方向（简称 B 方向）			
红灯	黄灯	绿灯	红灯	黄灯	绿灯	
灭	灭	亮	亮	灭	灭	A 方向通行，B 方向禁行
灭	灭	闪烁	亮	灭	灭	A 方向警告，B 方向禁行
灭	亮	灭	亮	灭	灭	A 方向警告，B 方向禁行
亮	灭	灭	灭	灭	亮	A 方向禁行，B 方向通行
亮	灭	灭	灭	灭	闪烁	A 方向禁行，B 方向警告
亮	灭	灭	灭	亮	灭	A 方向禁行，B 方向警告

这里要完成的任务是：利用单片机制作一个能实现上述各种交通灯显示状态要求的控制系统。

☞ **跟我想——分析怎样用单片机系统实现模拟控制**

此项任务涉及定时控制东南西北 4 个方向上的 12 盏交通信号灯，出现特殊情况时，能及时调整交通灯指示状态。

采用 12 个 LED 发光二极管模拟红、黄、绿交通灯，用单片机的 P1 口控制发光二极管的亮灭状态。而单片机的 P1 口只有 8 个控制端，如何控制 12 个二极管的亮灭呢？

观察表 1.8.1 不难发现，在不考虑左转弯行驶车辆的情况下，东、西两个方向的信号灯显示状态是一样的，所以，对应两个方向上的 6 个发光二极管只用 P1 口的 3 根 I/O 口线控制即可。同样道理，南、北方向上的 6 个发光二极管可用 P1 口的另外 3 根 I/O 口线。当 I/O 口线输出高电平时，对应的交通灯灭；反之，当 I/O 口线输出低电平时，对应的交通灯亮。各控制口线的分配以及控制状态如表 1.8.2 所示。

表 1.8.2   交通灯控制口线分配及控制状态表

P1.5	P1.4	P1.3	P1.2	P1.1	P1.0	P1 端口数据	状 态 说 明
A 红灯	A 黄灯	A 绿灯	B 红灯	B 黄灯	B 绿灯		
1	1	0	0	1	1	F3H	状态 1：A 通行，B 禁行
1	1	0、1 交替变换	0	1	1		状态 2：A 绿灯闪，B 禁行
1	0	1	0	1	1	EBH	状态 3：A 警告，B 禁行
0	1	1	1	1	0	DEH	状态 4：A 禁行，B 通行
0	1	1	1	1	0、1 交替变换		状态 5：A 禁行，B 绿灯闪
0	1	1	1	0	1	DDH	状态 6：A 禁行，B 警告

☞ 跟我做 1——画出硬件电路图

根据以上分析,可以采用如图 1.8.1 所示的简单连接方法。

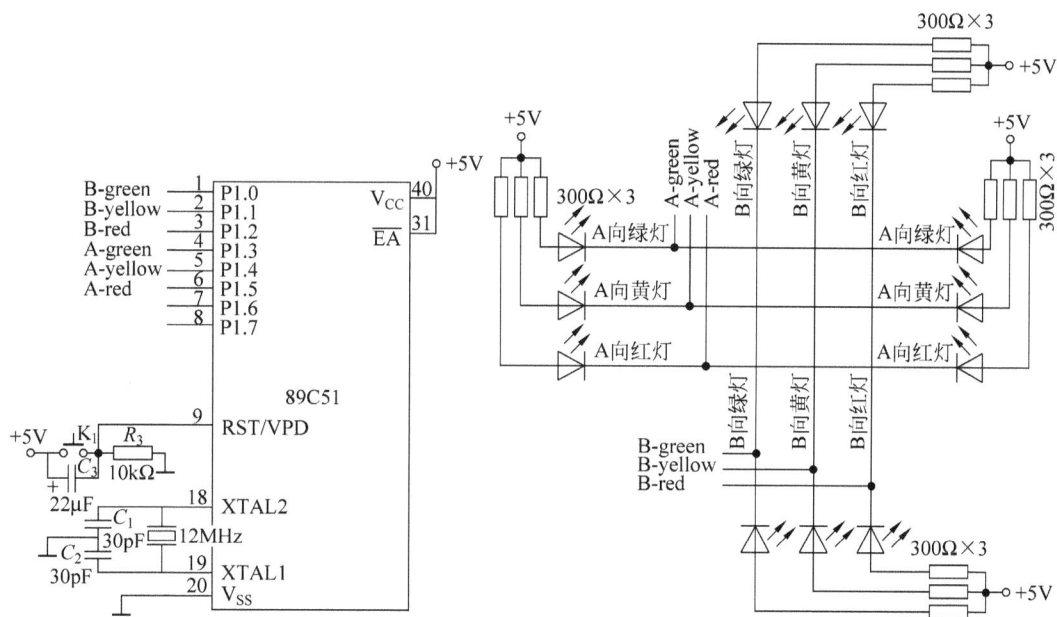

图 1.8.1 交通灯模拟控制系统电路图

☞ 跟我做 2——准备器件

交通灯模拟控制电路器件清单如表 1.8.3 所示。

表 1.8.3 交通灯模拟控制电路器件清单

元件名称	参 数	数量	元件名称	参 数	数量
IC 插座	DIP40	1	电阻	10kΩ	1
单片机	8951	1	电解电容	22μF	1
晶体振荡器	12MHz	1	按钮开关		1
瓷片电容	22pF	2	电阻	300Ω	12
发光二极管		12			

☞ 跟我做 3——制作电路板

采用万能板焊接电路元器件,如图 1.8.2 所示。

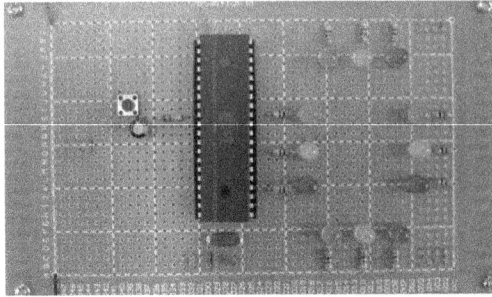

图 1.8.2 交通灯模拟控制硬件电路板

☞ **小技巧**

当电路引线较多且具有一定排列规律时,可采用排线连接,这样硬件电路结构比较清晰,利于连接和检查电路。

☞ **小技巧**

为了与实际交通灯更加接近,可分别选择红、绿、黄三种颜色的发光二极管,在电路制作时分别置于模拟十字路口对应的位置上。

☞ **跟我做 4——编写交通灯控制程序**

程序设计的思路为:由主程序负责向 P1 口发送交通灯显示数据,用寄存器 R2 存放调用 0.5s 延时子程序的次数,只要修改调用次数就可获得不同的延时时间。延时子程序采用定时器 T1,工作方式 1 实现 50ms 定时,用寄存器 R3 存放循环次数,循环 10 次便可获得 0.5s 的延时。主程序流程图如图 1.8.3 所示。

交通灯模拟控制系统参考程序如下:

```
; ************************* 交通灯控制程序 *************************
; 程序名:交通灯控制程序 PM1_8_1.asm
; 程序功能:交通灯模拟显示
            ORG       0000H
            AJMP      MAIN
            ORG       0100H
MAIN:       MOV       P1,#0F3H         ; A 绿灯放行,B 红灯禁止
            MOV       R2,#6EH          ; 置 0.5s 循环次数 110 次
DISP1:      ACALL     DELAY_500MS      ; 调用 0.5s 延时子程序
            DJNZ      R2,DISP1         ; 55s 延时
            MOV       R2,#06           ; 置 A 绿灯闪烁循环次数
WARN1:      CPL       P1.3             ; A 绿灯闪烁
            ACALL     DELAY_500MS
            DJNZ      R2,WARN1         ; A 绿灯闪烁 3 次
            MOV       P1,#0EBH         ; A 黄灯警告,B 红灯禁止
            MOV       R2,#04H          ; 置 0.5s 循环次数
YEL1:       ACALL     DELAY_500MS
```

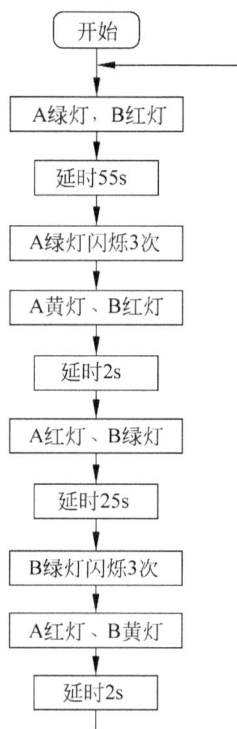

图 1.8.3　交通灯模拟控制系统主程序流程图

```
            DJNZ      R2,YEL1        ；延时 2s
            MOV       P1,#0DEH       ；A 红灯,B 绿灯
            MOV       R2,#32H        ；置 0.5s 循环次数
DISP2：     ACALL     DELAY_500MS
            DJNZ      R2,DISP2       ；延时 25s
            MOV       R2,#06H        ；置 B 绿灯闪烁循环次数
WARN2：     CPL       P1.0           ；B 绿灯闪烁
            ACALL     DELAY_500MS
            DJNZ      R2,WARN2       ；B 绿灯闪烁 3 次
            MOV       P1,#0DDH       ；A 红灯,B 黄灯
            MOV       R2,#04H        ；置 0.5s 循环次数
YEL2：      ACALL     DELAY_500MS
            DJNZ      R2,YEL2        ；延时 2s
            AJMP      MAIN           ；交通灯循环显示
; ************************ 延时子程序 DELAY_500MS ************************
;子程序名：    延时程序 DELAY_500MS
;子程序功能：  定时器 T1,方式 1,当时钟频率为 12MHz 时,延时 0.5s
DELAY_500MS：MOV       R3,#0AH
            MOV       TMOD,#10H
            MOV       TH1,#3CH
            MOV       TL1,#0B0H
            SETB      TR1
LP1：       JBC       TF1,LP2
            SJMP      LP1
```

```
LP2:          MOV      TH1,#3CH
              MOV      TL1,#0B0H
              DJNZ     R3,LP1
              RET
              END
```

✍ 小提示

（1）主程序是按照表 1.8.2 中指示灯的状态，对东西南北 4 个方向上的交通运行指示灯状态进行控制，采用无限循环程序结构。子程序 DELAY_500MS 可产生约 0.5s 的延时时间，每种交通灯显示状态的持续时间是以调用子程序 DELAY_500MS 的次数来实现的。各状态持续时间如表 1.8.4 所示。A 通行、B 禁行交通灯指示状态的持续时间为 55s，可由以下指令实现：

```
        MOV      P1,#0F3H            ;A 绿灯通行,B 红灯禁止
        MOV      R2,#6EH            ;置 0.5s 循环次数 110 次
DISP1:  ACALL    DELAY_500MS        ;调用 0.5s 延时子程序
        DJNZ     R2,DISP1           ;55s 不到继续循环
```

其中，R2 的内容为循环调用延时子程序的次数，对应交通灯状态持续时间为 $110\times0.5=55s$，其他显示状态持续的时间只是 R2 的赋值有所不同。

表 1.8.4　交通灯状态及持续时间表

P1 端口数据	交通灯状态	持续时间	各方向通行时间
F3H	状态 1：A 通行,B 禁行	55s	A 方向：60s
P1.3 位 0、1 交替变化	状态 2：A 绿灯闪,B 禁行	闪烁三次,共 3s	
EBH	状态 3：A 警告,B 禁行	2s	
DEH	状态 4：A 禁行,B 通行	25s	B 方向：30s
P1.0 位 0、1 交替变化	状态 5：A 禁行,B 绿灯闪	闪烁三次,共 3s	
DDH	状态 6：A 禁行,B 警告	2s	

（2）用单片机内部的定时器 T1 实现延时，实施步骤如下。

第一步：对 TMOD 赋值，确定工作方式，如图 1.8.4 所示。

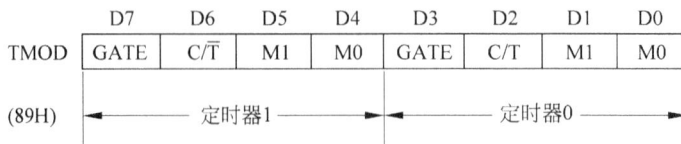

	D7	D6	D5	D4	D3	D2	D1	D0
TMOD	GATE	C/$\overline{\text{T}}$	M1	M0	GATE	C/T	M1	M0
(89H)	◄———	定时器1		———►	◄———	定时器0		———►

图 1.8.4　寄存器 TMOD 格式

TMOD 的高 4 位是控制定时/计数器 T1 的，当 GATE＝0 时，通过"SETB TR1"指令即可启动定时/计数器工作；C/$\overline{\text{T}}$＝0 时，T1 被设置为定时工作方式。

✍ 小问答

问：采用 $f_0=12\text{MHz}$ 的晶振，用 T1 延时 500ms，定时器工作方式是如何确定的？

答：一个机器周期为 $1\mu s$，根据定时器计数次数 $N\times1\mu s=50000\mu s$ 可算出计数次数 $N=50000$。如表 1.8.5 所示，选择方式 1 最合适，其计数长度是 $M=2^{16}=65536$。

表 1.8.5　定时器方式选择

M1	M0	工作方式	功能说明
0	0	方式 0	13 位计数器
0	1	方式 1	16 位计数器
1	0	方式 2	自动再装入 8 位计数器
1	1	方式 3	定时器 0：分成两个 8 位计数器 定时器 1：停止计数

因此，可得到定时器 T1，工作在方式 1，作定时器使用，并且用软件启动运行的 TMOD 赋值为 10H。

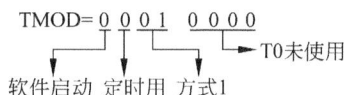

```
TMOD=0 0 0 1  0 0 0 0
              └────► T0未使用
  软件启动 定时用 方式1
```

第二步：预置定时器初值 X，将初始值写入 TH1、TL1 中。

初始值 $X=$ 最大计数值 $M-$ 计数次数 N

在方式 1 中，定时器 T1 的最大计数值 M 为 65536，而定时 50ms 需要完成 50000 次计数。由此可计算出计数器的初始值。

初始值 $X=M-N=65536-50000=15536\text{D}=3\text{CB0H}$

所以在子程序 DELAY_500MS 中确定计数器初值的指令为：

```
MOV    TH1,#3CH
MOV    TL1,#0B0H
```

✍ 小问答

问：若要实现 500ms 或更长时间的定时，应怎样编写程序？

答：采用循环程序结构。在子程序 DELAY_500MS 中，将定时器定时过程循环 10 次即可实现 500ms 的延时。

第三步：启动定时/计数器工作，当 GATE＝0 时，只要用"SETB bit"指令将 TCON 寄存器中的启动位 TR0 或 TR1 置"1"即可，使用"CLR bit"指令可停止定时器工作。

交通模拟控制系统延时子程序流程如图 1.8.5 所示。

✍ 小问答

问：在 DELAY_500MS 延时子程序中，若要获得 5s 的延时，应如何修改程序？

答：只要将程序中 R3 计数器重复定时工作的循环次数修改为 100 即可。

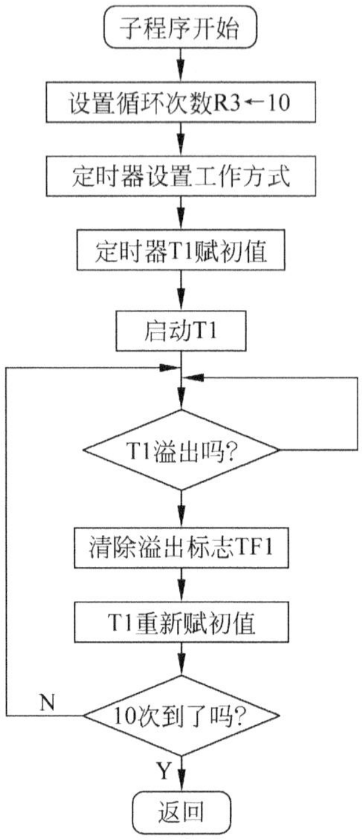

图 1.8.5　交通模拟控制系统延时子程序流程图

☞ 跟我做 5——软硬件联调

将硬件电路板和单片机开发系统连接好,进行以下操作:

(1) 输入源程序。

(2) 汇编源程序。

(3) 运行程序,观察发光二极管是否按预定交通信号灯变化规律显示。

(4) 若显示状态不正确,可以用断点运行方式查看问题具体出在哪里。

(5) 为更快地调试程序,可将各种状态的显示延时时间参数设得短一些。待程序运行无误后,再将参数值恢复原状态。

☞ 功能扩展——紧急状态下交通灯管理

功能说明如下:在紧急情况下,禁止所有方向的车辆通行,各方向上的信号灯状态都变成红色。

要实现该功能,可在原理图 1.8.2 的基础上在单片机 P3.2 外部"中断源"$\overline{\text{INT0}}$ 端添加一个开关 S_1,利用它将交通灯切换到全部显示红灯状态,如图 1.8.6 所示。

在正常交通运行情况下,开关 S_1 处于常开状态,P3.2 引脚为高电平;当有紧急情况

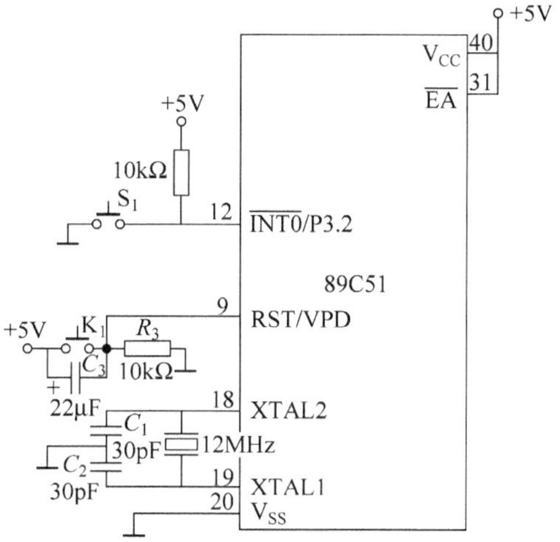

图 1.8.6 外部中断 $\overline{INT0}$ 连接电路

出现时,只要按下开关 S_1,P3.2 引脚就变为低电平,单片机接收到低电平信号后便转入执行紧急情况处理程序。

程序设计的思路为:在主程序的开始部分增加中断管理初始化指令,分别设置好与中断有关的 IE、IP、TCON 寄存器。在运行正常交通灯显示管理程序时,若接收到来自 P3.2 引脚的外部中断请求信号,程序将自动转入执行中断服务子程序。中断服务子程序的功能就是点亮所有的红灯,让各方向上的普通车辆处于禁止通行状态,当再次按下开关 S_1 时将返回主程序继续保持正常运行状态。

主程序修改如下:

```
; *************************** 中断控制交通灯程序 ***************************
; 程序名:交通灯中断控制程序 PM1_8_2.asm
; 程序功能:紧急情况下控制交通灯显示
            ORG      0000H
            AJMP     MAIN
            ORG      0003H
            AJMP     EMER          ; 指向中断子程序
            ORG      0100H
MAIN:       MOV      TCON,#00H     ; 置外部中断 0、1 为电平触发
            MOV      IE,#81H       ; 开 CPU 中断,开外中断 0
DISP:       MOV      P1,#0F3H
            MOV      R2,#6EH
DISP1:      ACALL    DELAY_500MS
            DJNZ     R2,DISP1
            MOV      R2,#06
WARN1:      …
            AJMP     DISP
DELAY_500MS:…
            RET
; *********************** 中断服务子程序 EMER ***********************
; 中断服务子程序名:EMER
```

```
;程序功能：使A、B方向交通灯均变为红灯
EMER：      CLR      EA
            PUSH     P1              ;P1口数据压栈保护
            PUSH     02H
            PUSH     03H
            PUSH     TH1             ;TH1压栈保护
            PUSH     TL1             ;TL1压栈保护
            MOV      P1,#0DBH        ;A、B道均为红灯
            ACALL    DELAY_500MS
            ACALL    DELAY_500MS
DELAY0：    JB       P3.2,DELAY0     ;判断开关是否按下？
            JNB      P3.2,$          ;按键是否松开？
            POP      TL1             ;弹栈恢复现场
            POP      TH1
            POP      03H
            POP      02H
            POP      P1
            SETB     EA
            RETI     ;返回主程序
```

✍ **小提示**

(1)"中断源"是指能向 CPU 发出中断请求的来源,在 89C51 单片机中,共有 5 个中断源,它们都可以向 CPU 发出中断请求信号。

两个外部中断源：$\overline{INT0}$——外部中断 0 请求,由 P3.2 输入,低电平或者下降沿有效。

$\overline{INT1}$——外部中断 1 请求,由 P3.3 输入。

三个内部中断源：TF0——定时器 T0 溢出中断请求。

TF1——定时器 T1 溢出中断请求。

RI 或 TI——串行中断请求。

(2)如果同一时刻有两个以上的中断请求信号,让 CPU 将接受优先级别最高的中断请求。

(3)外部中断源$\overline{INT0}$可采用两种信号方式向 CPU 发出中断请求,它们分别是"低电平"或"下降沿"。这完全由 TCON 寄存器中 IT0 位的状态来决定,如图 1.8.7 所示。

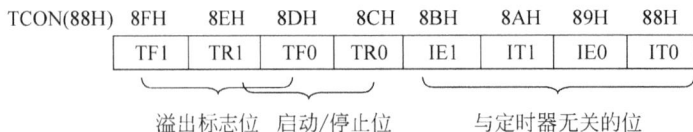

TCON(88H)	8FH	8EH	8DH	8CH	8BH	8AH	89H	88H
	TF1	TR1	TF0	TR0	IE1	IT1	IE0	IT0

溢出标志位   启动/停止位   与定时器无关的位

图 1.8.7   寄存器 TCON 格式

通过"MOV TCON,#00H"指令将 IT0 置"0",则外部中断 INT0 为低电平触发。在这种方式下,CPU 中断响应后一定要设法撤销$\overline{INT0}$引脚上的低电平中断请求信号,否则将因再次申请中断而导致错误,这就是为什么 S1 开关要选择触点式按键的原因。

(4)CPU 接受中断请求后,并不是直接转到中断服务子程序 EMER,而是先转到相

应的中断源入口 0003H,在入口处再通过另外一条跳转指令才能转到中断服务子程序
EMER。中断源与中断入口地址的对应关系如下:

中断源	入口地址
外部中断$\overline{INT0}$	0003H
定时器 T0 中断	000BH
外部中断 INT1	0013H
定时器 T1 中断	001BH
串行口中断	0023H

(5) 在中断服务子程序中,如果用到在主程序中已经使用过的寄存器等资源时,一定
要注意保护该资源中原有的信息,这里称为保护现场,例如在子程序 EMER 中用的一系
列 PUSH 指令就是用来保护现场的。在执行返回指令 RETI 之前,还要用 POP 指令恢
复现场,程序 PM1-8-2. asm 中断服务程序流程如图 1.8.8 所示。

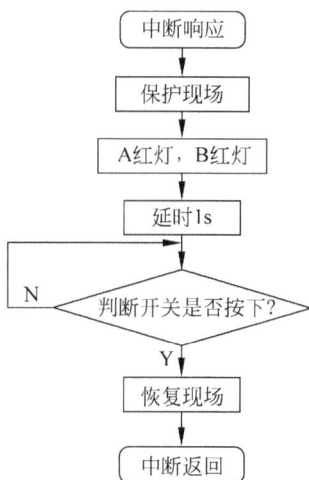

图 1.8.8　程序 PM1_8_2. asm 中断服务程序流程图

✍ **小问答**

问:在中断服务子程序 EMER 中,"PUSH 02H"和"PUSH 03H"指令分别是保护哪
个寄存器的? 为什么要保护?

答:02H、03H 分别是 0 区寄存器 R2、R3 的地址,上述两条指令是保护 R2、R3 中的
内容。在主程序中,R2 用于存放调用 0.5s 子程序 DELAY_500MS 的次数,R3 用于存放
子程序内部的循环次数。

问:在中断服务子程序 EMER 中,指令"MOV IE,♯data"中的 data 值是如何确定出
来的?

答:该值是依据中断允许控制字中各控制位的作用和所选用的中断源确定出来的,
如图 1.8.9 所示。其中 1 表示允许中断,0 表示禁止中断。允许外部中断源$\overline{INT0}$向 CPU
提出中断请求,所以控制字 data=10000001B=81H。

EA	×	×	ES	ET1	EX1	ET0	EX0

- INT0中断允许控制位
- T0中断允许控制位
- INT1中断允许控制位
- T1中断允许控制位
- 串口中断允许控制位

中断总允许控制位

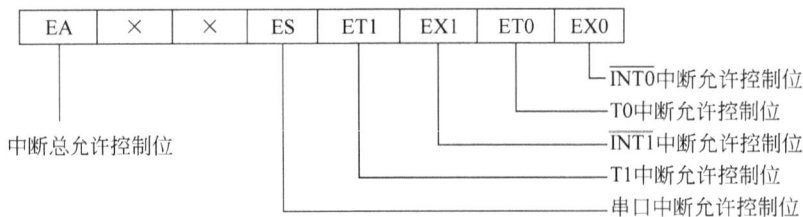

图 1.8.9　寄存器 IE 格式

✍ 小常识

观察实际交通灯的变化规律,会发现与这里所模拟的交通灯显示过程还是有些差别的。例如,有左右方向的转向指示灯、有专为行人通行的指示灯,有些还配备了数字显示倒计时指示和违犯交通规则的拍照装置。

✍ 小提示

在运用了中断技术的程序结构中,调试程序时,可将断点分别设置在中断入口处、子程序内部和中断返回处等观测点,然后通过观察程序是否运行到断点所在的位置来判断程序运行控制过程是否正确。

☞ 自己做——独立完成增加具有倒计时显示功能的交通灯模拟控制系统

✍ 小提示

将前面训练过的数码管显示电路应用到交通指示电路中就能完成这个扩展项目了,不想动手试一试吗?

📖 项目小结

本项目通过单片机控制 12 只红、绿、黄三色发光二极管,模拟了十字交叉路口交通灯的控制过程,其中涉及单片机定时/计数器、中断技术的运用,重点训练了针对定时/计数器和中断的编成方法与步骤;依托程序设计,循序渐进地训练了程序综合分析与调试能力。

第 2 篇

接口应用篇——单片机接口应用技术与器件的集成

实训 2.1 简易秒表——LED 数码管显示接口技术应用

📖 训 练 目 的

通过简易秒表的制作,进一步熟悉 LED 数码管与单片机的接口方式以及定时/计数器、中断技术的综合应用,并学会简易键盘的使用。

☞ 做什么?——明确要完成的任务

键盘是单片机应用系统中最常用的输入设备,用它输入数据或命令。显示器件是单片机应用系统最常见的输出设备,用它显示单片机输出的视觉信息。本实训制作的简易秒表,利用按键构成键盘实现秒表的启动、停止与复位,利用 LED 数码管显示时间。

☞ 跟我想——分析怎样用单片机实现任务

这项任务需要解决如下问题:一是如何运用单片机实现计时;二是如何显示时间;三是是如何利用按键实施对秒表的控制。

为此,可以采用单片机内部定时器 T0 或 T1 的定时时间作为时钟计时的基准,通过启动与停止定时器工作实现计时。为使问题简单,先用两个数码管动态显示时间,时间范围为 $0 \sim 60s$,用三个独立式按键实现秒表的启动、停止和复位功能。

☞ 跟我做 1——画出硬件电路图

根据以上分析,采用如图 2.1.1 所示的连接方法。

电路中采用 P0 口输出并联控制两个数码管的 8 个段选控制端,用 P2.0、P2.1 分别控制两个 LED 数码管的位选控制端。这是典型的动态显示电路接法,LED 采用共阳极数码管,三个按键采用独立式键盘接法,两个按键连接到外部中断 $\overline{INT0}$、$\overline{INT1}$ 的输入引脚 P3.2 和 P3.3,第 3 个按键接到定时器 1 的外部脉冲输入引脚 P3.5。以中断方式实现

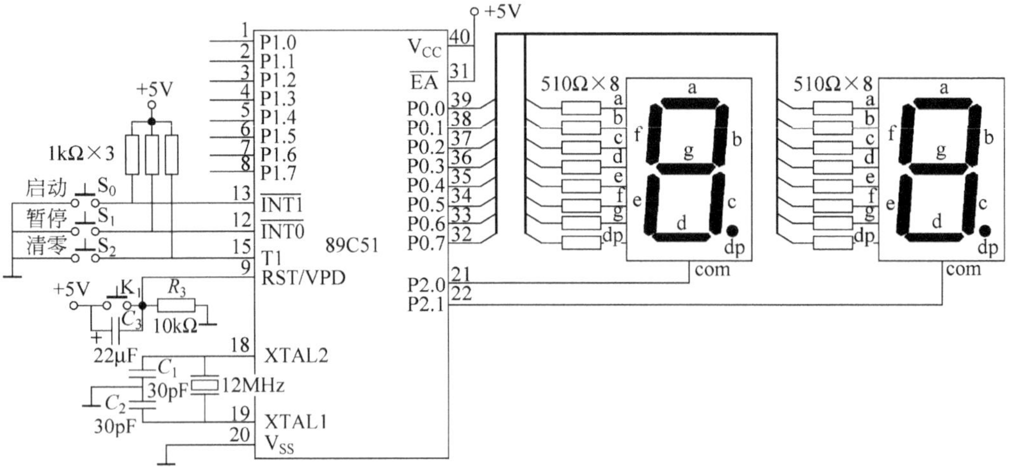

图 2.1.1　秒表电路原理图

键盘输入状态的扫描,其中按键 1 为启动按钮,按键 2 为停止按钮,按键 3 为清零按钮。

☞ **小问答**

问:为什么在图 2.1.1 中的 P3.2、P3.3、P3.4 引脚外接按键时都要接一个上拉电阻?

答:它是为了保证引脚外接的按键在未按下时,作为灌电流负载一直保持引脚为高电平。

☞ **跟我做 2——准备器件并完成硬件电路制作**

秒表电路器件清单如表 2.1.1 所示。

表 2.1.1　秒表电路器件清单

元件名称	参　数	数量	元件名称	参　数	数量
IC 插座	DIP40	1	按键	—	3
单片机	89C51	1	电阻	1kΩ	3
晶体振荡器	6MHz 或 12MHz	1	电阻	470Ω	1
瓷片电容	20pF	2	电解电容	22μF	1
数码管	HS-5101BS2	2	电阻	200Ω	2

采用万能板焊接元器件制作电路板。

☞ **跟我做 3——编写控制程序**

程序设计的思路为:在设计较复杂的程序时,要先根据设计的总体要求划分出各功能程序模块,分别确定主程序、子程序及中断服务程序结构;并对各程序模块占用的单片机资源进行统一调配,对各模块间的逻辑关系进行细化,优化程序结构,设计出各模块程序结构流程图。最后依据流程图编制具体程序。因此,这里将整个程序划分为主程序、键盘扫描程序、秒计时程序三大模块。其中主程序除完成初始化外主要由动态显示程序构成,秒计时程序由定时器中断服务子程序构成,键盘扫描程序也由中断服务子程序来实现。

定时器 T1 设为 8 位的计数方式 2,中断源 INT0、INT1 和 T1 均允许中断,各按键的处理通过相应的中断子程序来完成;2 位 LED 显示的时间由显示缓冲区 31H、30H 单元中的数据决定。动态显示每位的持续时间为 1ms,采用软件延时。1 秒钟的定时采用定时器 T0,方式 1 来实现,每 50ms 中断一次,每中断一次计数单元 21H 内容加 1;若计满 20 次,秒计数单元 20H 内容加 1;20H 单元中的数据采用压缩 BCD 码按十进制计数,将该单元中的数据拆成个位和十位两个十进制数据后分别送至显示缓冲区的 30H、31H 单元。

根据设计思路绘制程序流程图,参考流程如图 2.1.2 所示。

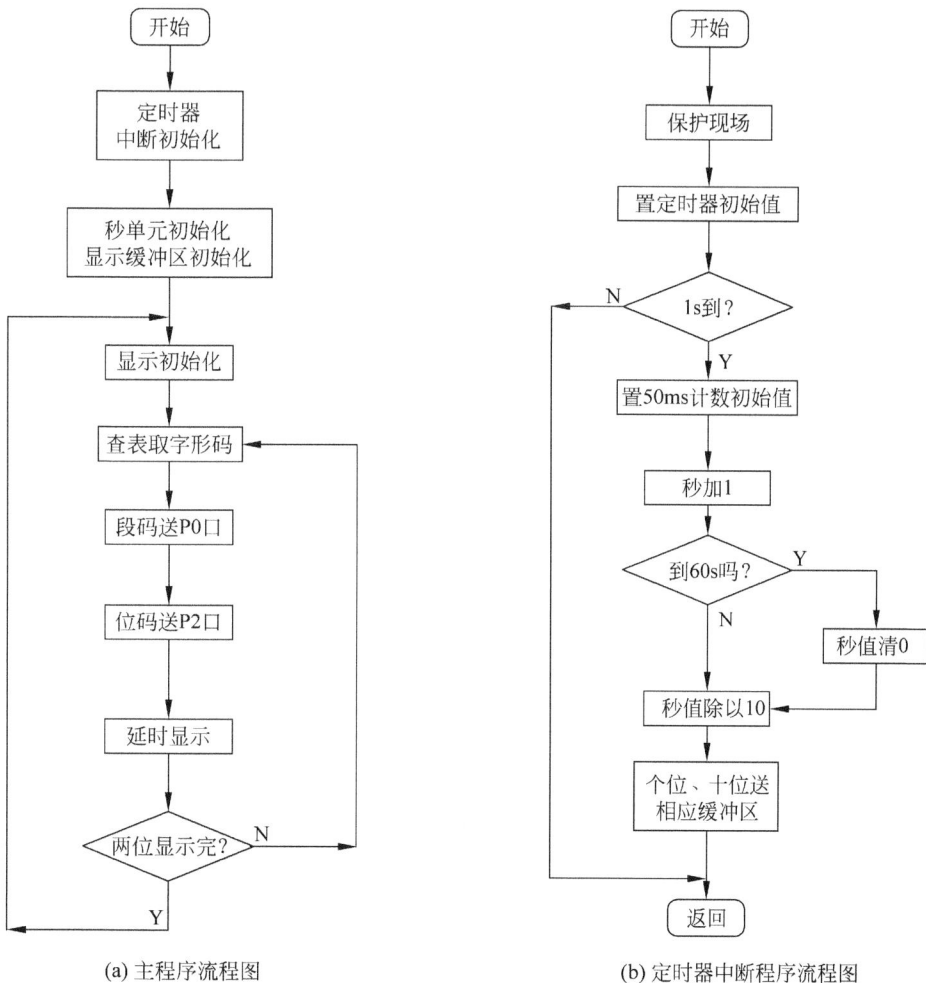

(a) 主程序流程图　　　　(b) 定时器中断程序流程图

图 2.1.2　秒表程序设计流程图

为便于对占用资源的总体调配,现列出秒表程序所占用单片机存储资源分配,如表 2.1.2 所示。

表 2.1.2　内存分配

地址分配	用　途	初始值
20H	秒计数单元 SEC	00H
21H	50ms 重复次数单元 MSEC	14H
30H	秒个位显示缓冲区	00H
31H	秒十位显示缓冲区	00H

按流程图编程思路编制源程序:

```
; *************************** 秒表程序 ***************************
; 程序名: 秒表程序 PM2_1_1.asm
; 程序功能: 秒表启动、显示、暂停和清零功能
            SEC     EQU 20H
            MSEC    EQU 21H
            ORG     0000H
            AJMP    MAIN
            ORG     0003H
            AJMP    KE1                ; 转定时器暂停程序
            ORG     000BH
            AJMP    CONT               ; 转秒值刷新暂停程序
            ORG     0013H
            AJMP    KE0                ; 转定时器启动程序
            ORG     001BH
            AJMP    KE2                ; 转秒表清零程序
MAIN:       MOV     TMOD,#61H          ; T0 方式 1 定时,T1 方式 2 计数
            MOV     TH0,#3CH           ; T0 初值
            MOV     TL0,#0B0H
            MOV     TH1,#0FFH          ; T1 初值
            MOV     TL1,#0FFH
            MOV     SEC,#00H           ; 秒计数单元初值
            MOV     MSEC,#14H          ; 50ms 计数单元初值
            MOV     SP,#3FH            ; 堆栈指针初值
            MOV     30H,#00H           ; 显示缓冲单元清零
            MOV     31H,#00H
            MOV     IE,#8FH            ; 允许中断
AGIN:       LCALL   DISP
            SJMP    AGIN
; ********************* 显示子程序 DISP *********************
DISP:       MOV     R2,#02H            ; LED 显示位数送 R2
            MOV     R1,#00H            ; 设定显示数值
            MOV     R4,#02H            ; 从最右端 LED 开始显示
            MOV     R0,#30H            ; 显示缓冲区首地址送 R0
            MOV     A,@R0              ; 秒显示内容送 A
            MOV     DPTR,#TAB          ; 字形表首址
DISP1:      MOVC    A,@A+DPTR          ; 查表取字形码
```

```
              MOV      P0,A                        ;字形码送 P0 口
              MOV      A,R4                        ;取位选控制字
              MOV      P2,A                        ;送 P2 口
              DJNZ     R1,$                        ;延时 1ms
              DJNZ     R1,$
              RR       A                           ;位选移位
              MOV      R4,A                        ;保存位选控制字
              INC      R0                          ;取下一位缓冲区显示数据
              MOV      A,@R0
              DJNZ     R2,DISP1                    ;位扫描次数判断
              RET
TAB:          DB       0C0H,F9H,0A4H,0B0H,99H      ;共阳极 LED 显示字形表
              DB       92H,82H,0F8H,80H,90H
;*********************** 按键 0 中断服务子程序 KE0 ***********************
KE0:          SETB     TR0                         ;启动定时器 0,开始计时
              SETB     TR1                         ;启动定时器 1
              RETI                                 ;中断返回
;*********************** 按键 1 中断服务子程序 KE1 ***********************
KE1:          CLR      TR0                         ;关闭定时器 T0,暂停计时
              RETI                                 ;中断返回
;*********************** 按键 2 中断服务子程序 KE2 ***********************
KE2:          CLR      TR0                         ;关闭定时器 T0,暂停计时
              MOV      SEC,#00H                    ;秒计数值清零
              MOV      30H,#00H                    ;秒显示缓冲区清零
              MOV      31H,#00H
              RETI
;*********************** 定时器中断服务子程序 CONT ***********************
;程序功能:秒计数值、显示缓冲区内容刷新
;入口参数:秒计数单元 SEC
;出口参数:秒单元 SEC;显示缓冲区 30H、31H
CONT:         PUSH     ACC                         ;保护现场
              MOV      TH0,#3CH                    ;重置定时器 T1 初值
              MOV      TL0,#0B0H
              DJNZ     MSEC,EXIT                   ;判断 1 秒到否
              MOV      MSEC,#14H                   ;到 1 秒,重置 50ms 计数初值
              INC      SEC                         ;秒单元计数值加 1
              CJNE     SEC,#60,CHAI                ;判断 60s 到否
              MOV      SEC,#00                     ;秒计数单元清 0
CHAI:         MOV      A,SEC                       ;秒计数单元内容拆分
              MOV      B,#10
              DIV      AB
              MOV      31H,A                       ;十位送显示缓冲区 31H
              MOV      30H,B                       ;个位送显示缓冲区 30H
EXIT:         POP      ACC                         ;恢复现场
              RETI                                 ;中断返回
              END
```

☞ **跟我做 4——软硬件联调**

（1）输入源程序。

（2）汇编源程序。

（3）先调试主程序，实现基本的显示功能，当无键按下时，将一直显示初值"00"。然后再分别调试 4 个中断服务子程序，当按键 KE0 按下时，程序将会进入对应按键 0 的中断服务程序，启动各定时器开始计时。这时若在 CONT 中断服务子程序中设置断点，全速运行程序后将会停在断点处，表明程序运行状态正确；当按键 KE1 按下时，停止定时器工作，秒表显示内容保持不变；当按键 KE2 按下时，停止定时器工作，秒表显示清零；最后将各模块联调实现全部功能。

（4）将调试好的程序固化至 89C51 芯片中，脱机运行。

至此，一个由单片机控制的秒表就制作完成了。调试过程中若出现故障，应根据故障现象分析排查，直至正确为止。

☞ **功能扩展 1——实用秒表设计**

前面所设计的秒表只能显示两位整数，如果要记录 100m 跨栏 12:88 秒的成绩则必须需再增加两个数码管来显示小数位。

现在用四位 LED 数码管制作带小数显示的秒表，前二位显示整数部分，后二位显示小数部分。用三个按键分别实现秒表的启动、停止及清零功能。选择四联 LED 数码管，其硬件连接比较简单，引脚如图 2.1.3 所示。

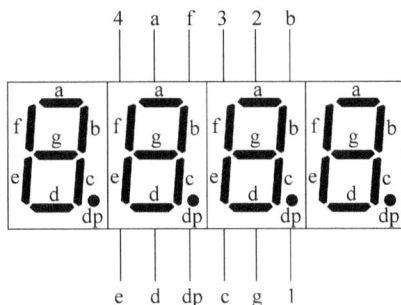

✍ **小提示**

图 2.1.3　四联数码管引脚图

（1）分别由 P2.0～P2.3 四条线控制四位 LED 数码管。

（2）增加显示缓冲单元，如表 2.1.3 所示。

表 2.1.3　实用秒表设计内存分配

地址分配	用　　途	初始化值
20H	0.××秒计数单元	00H
22H	秒计数单元	00H
30H	0.××秒低位显示缓冲区	00H
31H	0.××秒高位显示缓冲区	00H
32H	秒个位显示缓冲区	00H
33H	秒十位显示缓冲区	00H

🖎 **小问答**

问：能否在简易秒表程序基础上做些必要的修改来实现实用秒表的程序控制要求？

答：可以修改简易秒表主程序中初始化指令及 DISP 显示位数、显示起始位；在定时中断子程序 CONT 中增加 0.×× 计数单元、判断 0.01s 到否、0.×× 秒计数及显示内容拆分程序，即用两个数码管分时显示秒、百分之一秒。

用万能板焊接完成实用秒表电路板的制作，并进行软硬件联调。

☞ **功能扩展 2——数字钟设计**

如果增加数码管的数目或增加显示内容拆分程序，还可将秒表扩展成可以显示时、分、秒的数字钟或带日历的数字钟。

📖 **项 目 小 结**

本实训完成了实用秒表的设计、制作及功能扩展训练，涉及单片机定时器技术、中断技术、LED 数码管显示接口技术及独立式键盘技术的应用。由此提高了操作者掌握中断程序的编程与调试技巧及对单片机应用系统综合设计与调试的能力，为后续完成相对复杂的综合应用项目奠定了基础。

实训 2.2　密码锁——键盘接口技术应用

📖 **训 练 目 的**

通过密码锁的制作，进一步熟悉单片机键盘接口和显示器接口技术，掌握独立式和矩阵式两种不同键盘结构下的程序设计思路和步骤。

☞ **做什么？——明确要完成的任务**

在一些智能门控管理系统中，需要输入正确的密码才可以开锁。基于单片机控制下的密码锁硬件电路包括三个部分：按键、数码显示和电控开锁驱动电路，三者状态的对应关系如表 2.2.1 所示。

表 2.2.1　简易密码锁状态表

按键输入状态	数码显示信息	锁驱动状态
无密码输入	—	锁定
与设定值相同	P	打开
与设定值不同	E	锁定

设计一个一位简易密码锁，其基本功能如下：输入一位密码，为 0～3 之间的数字，密

码输入正确显示字符"P"约 3 秒钟,并通过 P3.0 端口将锁打开,否则显示字符"E"约 3 秒钟,锁继续保持锁定状态,等待密码的再次输入。

☞ **跟我想——分析怎样用单片机构建控制电路**

根据题目要求,用一位数码管即可显示,采用静态连接方式。4 个数字键通过 P0 口的低 4 位 P0.0~P0.3 来连接,设 P0.0 表示 0 数字键、P0.1 表示 1 数字键、P0.2 表示 2 数字键、P0.3 表示 3 数字键。锁的开、关电路用 P3.0 控制一个发光二极管替代,发光二极管亮表示锁打开,灭表示锁定。

☞ **跟我做 1——画出硬件电路图**

根据以上分析,采用图 2.2.1 所示连接电路。

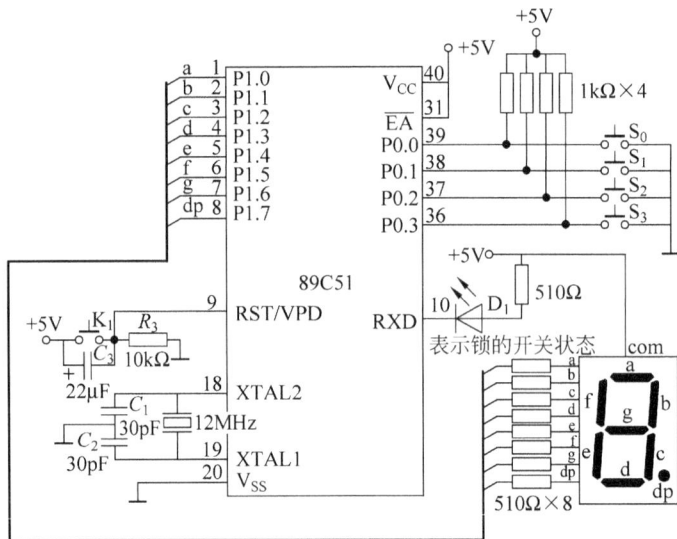

图 2.2.1　简易密码锁电路示意图

✍ **小问答**

问:如果加在数码管各段的限流电阻相同,静态与动态两种显示方式中,哪一种显示方式消耗电流大一些?

答:静态显示方式中被点亮的字段始终处于通电状态,而动态显示方式中被点亮的字段处于间断性地通、断状态。因此静态显示消耗的电流大些,显示亮度稍强。

☞ **跟我做 2——准备器件并完成硬件电路制作**

器件清单如表 2.2.2 所示。

表 2.2.2　简易密码锁电路器件清单

元件名称	参　数	数量	元件名称	参　数	数量
插座	DIP40	1	电源	直流+5V	1
单片机	89C51	1	电阻	10kΩ	2
晶体振荡器	12MHz	1	电解电容	22μF	1
瓷片电容	22pF	2	按钮开关		5
LED 数码管	HS-5101BS2	1	电阻	1kΩ/510Ω	4/2

采用万能板焊接完成电路板制作。

☞ 跟我做 3——编写控制程序

程序设计的思路为：主程序主要负责按键输入密码比较、正确与错误显示处理。设初始显示符号为"一"。当按数字键后,若与预先设定的密码相同则显示"P"3 秒钟,打开锁,等待下一次密码输入。否则显示"E"3 秒钟,保持锁定状态并等待下一次密码输入。参考流程如图 2.2.2 所示。

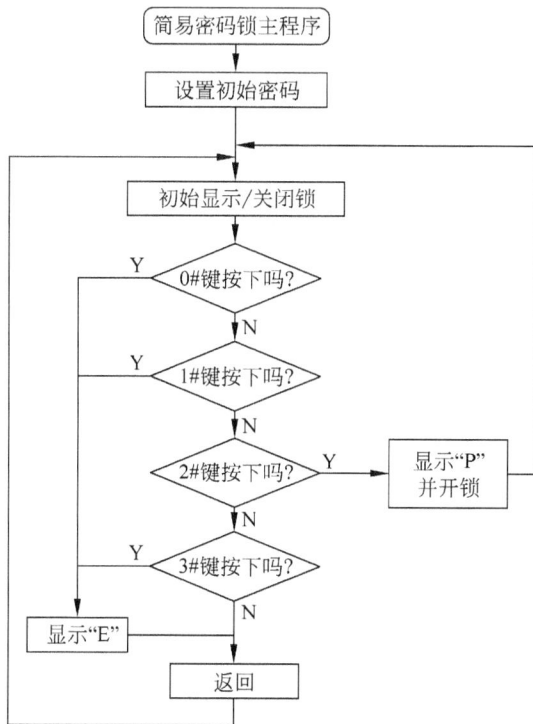

图 2.2.2　简易密码锁流程图

按流程图编制源程序如下：

```
; *********************** 简易密码锁控制程序 ***********************
; 程序名：简易密码锁 PM2_2_1.asm
```

```
; 程序功能：判断一位输入密码，若密码正确则显示"P"并开锁，否则显示"E"，密码锁继续保持关
; 闭状态
              PSD    EQU    21H           ; 密码单元地址，设初始密码为 2
              ORG    0000H
              AJMP   MAIN
              ORG    0100H
MAIN：        MOV    SP,#3FH
              MOV    P0,#0FFH              ; 准备输入数据
              MOV    PSD,#02              ; 预设密码为 2
MAIN1：       SETB   P3.0                 ; 锁关闭
              MOV    P1,#0BFH             ; 设置显示初始符号"—"
; ******************** 按键输入号码比较 ********************
KEY：         MOV    A,P0                 ; 读取 P0 口状态
KEY0：        JB     ACC.0,KEY1           ; 若 ACC.0=P0.0=1,表示无键输入，继续检测
              LJMP   ERR                  ; 下一个按键；否则密码错误转 ERR 处理
KEY1：        JB     ACC.1,KEY2
              LJMP   ERR
KEY2：        JB     ACC.2,KEY3
              LJMP   PASS                 ; 2 数字键按下，密码正确转 PASS 处理
KEY3：        JB     ACC.3,KEY
; ******************** 密码错误的处理 ********************
ERR：         SETB   P3.0                 ; 密码不正确，锁继续关闭
              MOV    P1,#86H              ; 显示"E"
              LCALL  DELAY1S              ; 延时 3s
              LCALL  DELAY1S
              LCALL  DELAY1S
              LJMP   MAIN1
; ******************** 密码正确的处理 ********************
PASS：        MOV    P1,#8CH              ; 密码正确，显示"P"
              LCALL  DELAY1S              ; 延时 3s
              LCALL  DELAY1S
              LCALL  DELAY1S
              CLR    P3.0                 ; 开锁
              LJMP   MAIN1
; ******************** 延时 1s 子程序 DELAY1S ********************
DELAY1S：…
              RET
              END
```

✍ 小提示

(1) 独立式按键接法中，每个按键都单独占用一根 I/O 口线，在前面的实训中已经采用，优点是软件结构简单，适用于按键数目比较少的应用场合，按键较多时就不适用了。

(2) 图 2.2.1 中 P0 口外接的上拉电阻是保证按键断开时，I/O 端口为高电平。因此按键输入为低电平有效。当 I/O 口线内部有上拉电阻时，外电路可不接上拉电阻。

✍ 小问答

问：独立式按键输入可采用直接查询方式或中断方式进行处理，请问在前面的秒表实训项目中是采用什么处理方式？

答：在秒表制作项目中采用中断处理方式,而这里采用逐位直接查询方式。

问：在程序 PM2_2_1.asm 中,用 4 个独立式按键分别代表 0、1、2、3 可组成 4 种密码,还能组成更多的密码吗?

答：能,若用 4 个按键的输入状态分别代表 4 位二进制数,可组成 16 种密码,若再增加对按键输入顺序的判断还能组成 384 种密码,但需要修改密码的设置与识别程序才能实现,这样就更安全了。

☞ 跟我做 4——软硬件联调

(1) 输入源程序。

(2) 汇编源程序。

(3) 运行程序,观察初始显示符号"—"是否正确。

(4) 用指令设置密码,分别按下各数字键,根据二极管的亮灭判断结果是否正确。

☞ 功能扩展 1——具有 0～9 十个数字按键的密码锁

电子密码锁有 0～9 十个数字键,这样密码的数量就更多、更安全了。但按键数量较多时,用独立式按键就不合适了,可采用图 2.2.3 所示的 4×4 矩阵式结构,按键数量可扩展到 16 个。

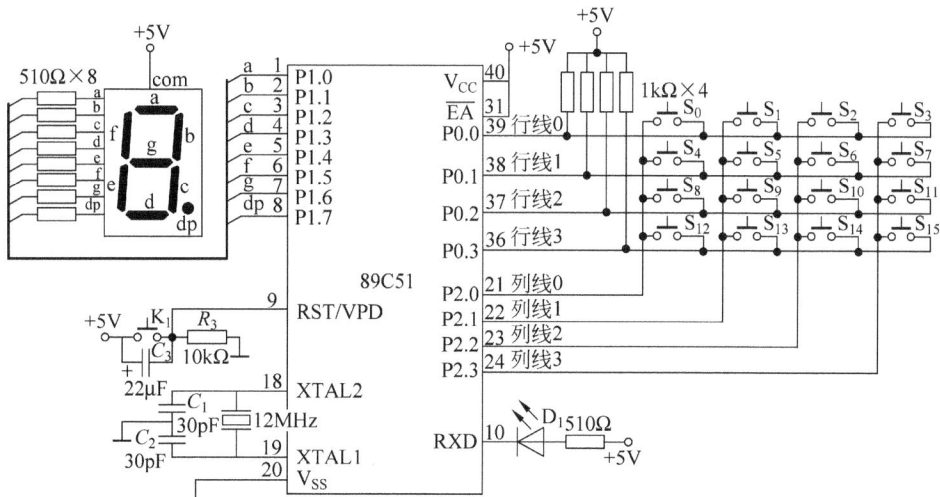

图 2.2.3 矩阵式按键构成的密码锁电路图

✎ 小问答

问：在图 2.2.3 所示连接 16 个按键的矩阵式电路接法中,需占用几个单片机 I/O 端口? 每个端口需提供几条线?

答：占用两个单片机端口,分别是 P0.0～P0.3 和 P2.0～P2.3。每个端口需连接

4 条线,其中 P0.0～P0.3 称为矩阵电路的行线,P2.0～P2.3 称为矩阵电路的列线。因此,这种按键的接法也称为行列式按键。

✍ 小资料

按键的机械抖动可采用图 2.2.4 所示的硬件电路来消除,而当按键数量较多时,应采用软件方法进行去抖。

软件去抖的编程思路为:在检测到有键按下时,先执行 10ms 的延时程序,然后再重新检测该键是否仍然按下以确认该键按下不是因抖动引起。同理,在检测到该键释放时,也采用先延时再判断的方法消除抖动的影响。

✍ 小问答

问:矩阵式按键电路中按键号是如何确定的?

答:矩阵式按键的行号、列号、按键号码如图 2.2.5 所示,每个按键号恰好是与该键相连行的行首号 0、4、8、12 与列号 0、1、2、3 之和。

例如,按键号 6＝行首号 4＋列号 2。

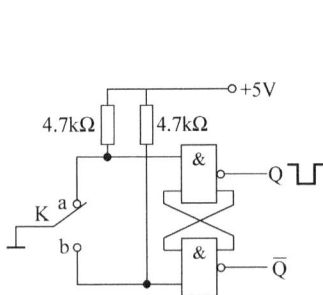

图 2.2.4 按键去抖电路

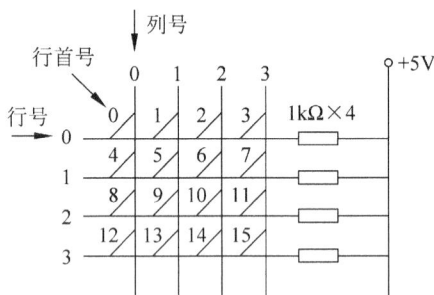

图 2.2.5 矩阵式按键行号、列号与按键号示意图

☞ 跟我做 5——编写控制程序

编程设计的思路为:矩阵式按键控制密码锁应用程序编写的关键是如何根据 P0 口输入信号的状态判断是否有键输入及按键号的计算。判断是否有键输入可先用指令将 P2 口的 P2.0～P2.3 设置为低电平,然后用指令判断 P0.0～P0.3 这 4 个端线中是否有低电平输入,若有则表明有键输入;可采用逐列、逐行扫描的方法来判断是哪个键输入,例如,只将第 0 列设置为低电平,再逐行判断哪一行是低电平,查出后将该行的“行首号”与对应为低电平的“列号”相加即可获得“按键号”。否则继续将第 1 列设置为低电平,再逐行扫描,以此类推。参考流程如图 2.2.6 所示。

源程序参考如下:

```
; ********************** 矩阵式密码锁控制程序 **********************
;程序名:矩阵密码锁程序 PM2_2_2.asm
;程序功能:判断 0～9 一位密码输入,若密码正确显示“P”并开锁,否则显示“E”,密码锁继续
;关闭
```

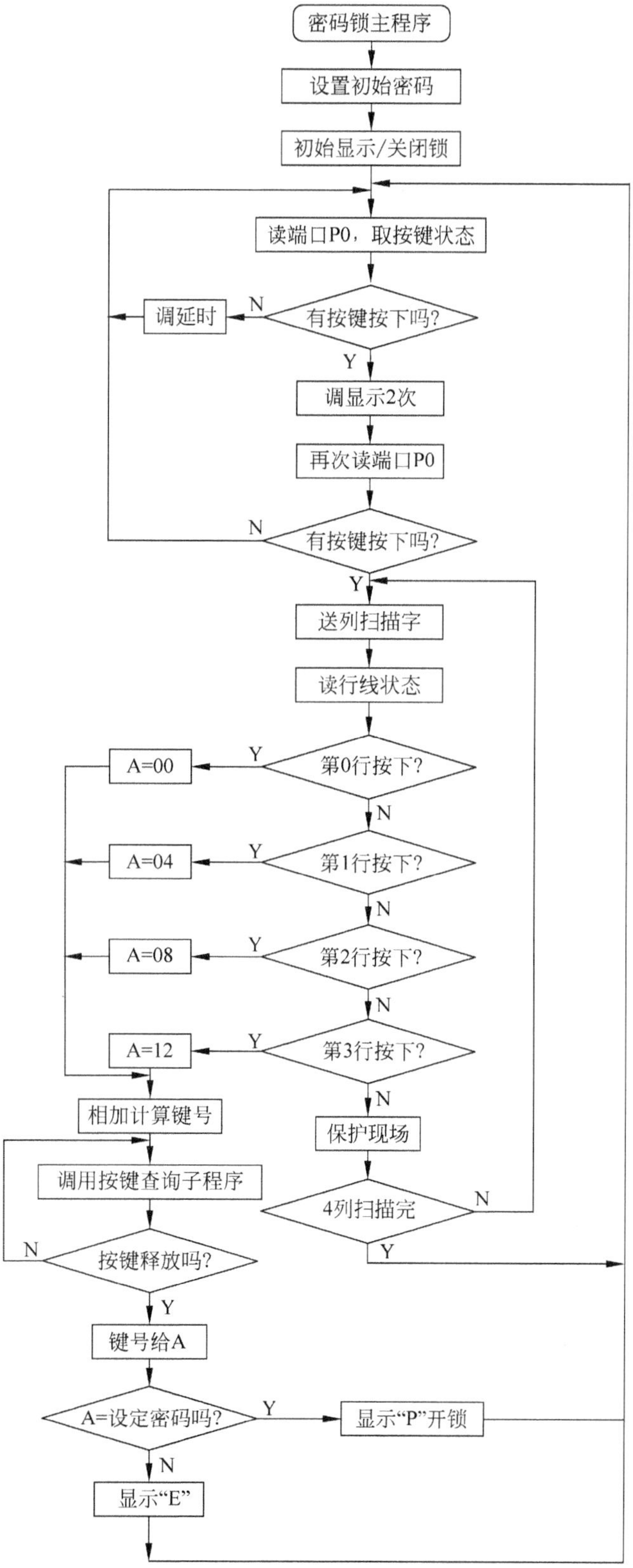

图 2.2.6　矩阵式按键密码锁控制程序流程图

```
                PSD     EQU     21H         ;存放密码单元地址
                ORG     0000H
                AJMP    MAIN
                ORG     0100H
MAIN：          MOV     SP,♯3FH
                MOV     P0,♯0FFH            ;设置 P0 为输入口
                MOV     PSD,♯02             ;用软件设置密码为 2
MAIN1：         SETB    P3.0                ;锁关闭
                MOV     P1,♯0BFH            ;设置显示初始状态为"—"
; ************************* 键盘查询与确定键号程序 *************************
KEY：           ACALL   KS                  ;调用按键状态查询子程序
                JNZ     K1                  ;判断是否有键按下,若 A≠0,说明有键按下
                AJMP    KEY                 ;若无键按下则继续查询
K1：            ACALL   DELAY100MS          ;调用延时程序消除按键机械抖动
                ACALL   KS                  ;再次调用按键状态查询子程序
                JNZ     K2                  ;若 A≠0,说明确实有键按下,继续查询键号
                AJMP    KEY                 ;否则是因抖动引起,返回继续查询按键状态
K2：            MOV     R3,♯0FEH            ;设列扫描字初值为"0FE",从第 0 列开始逐列扫描
                MOV     R4,♯00              ;设置列号初始值为"00"
K3：            MOV     A,R3                ;取列扫描字
                MOV     P2,A                ;列扫描字送至 P2 口
                MOV     A,P0                ;读入 P0 口键盘行线状态
                ANL     A,♯0FH              ;屏蔽无关的高 4 位状态
L0：            JB      ACC.0,L1            ;第 0 行有键按下吗? 若 ACC.0=0,说明有键按下
                MOV     A,♯00H              ;将第 0 行首号"00"送 A
                AJMP    LK                  ;转至键号计算程序
L1：            JB      ACC.1,L2            ;第 1 行有键按下吗? 若 ACC.1=0,说明有键按下
                MOV     A,♯04H              ;将第 1 行首号"04"送 A
                AJMP    LK
L2：            JB      ACC.2,L3            ;第 2 行有键按下吗?
                MOV     A,♯08H              ;将第 2 行首号"08"送 A
                AJMP    LK
L3：            JB      ACC.3,NEXT          ;第 3 行有键按下吗? 若该列无键按下,则扫描下
                                            ;一列
                MOV     A,♯0CH              ;将第 3 行首号"12"送 A
LK：            ADD     A,R4                ;按键号=行首号(A)+列号(R4)
                PUSH    ACC                 ;进栈暂存按键号
K4：            ACALL   KS                  ;等待按键释放
                JNZ     K4
                ACALL   DELAY100MS
                ACALL   KS
                JNZ     K4
                POP     ACC                 ;出栈取出按键号送 A
                AJMP    PR                  ;转至密码识别与处理程序
NEXT：          INC     R4                  ;列号加 1
                MOV     A,R3                ;列扫描字送 A
                JNB     ACC.3,KEY           ;判断 4 列都扫描完了吗?
                RL      A                   ;若未扫描完,将列扫描字左移
                MOV     R3,A                ;列扫描字送 R3,为扫描下一列做准备
```

```
            AJMP      K3                      ;循环继续扫描下一列
; ********************* 键盘密码识别与处理程序 *********************
PR:         CJNE      A,PSD,ERR
PASS:       CLR       P3.0                    ;密码正确,开锁
            MOV       P1,#8CH                 ;显示"P"
            LCALL     DELAY1S                 ;延时 3s
            LCALL     DELAY1S
            LCALL     DELAY1S
            LJMP      MAIN1                   ;返回初始状态
ERR:        MOV       P1,#86H                 ;密码不正确,显示"E"
            LCALL     DELAY1S                 ;延时 3s
            LCALL     DELAY1S
            LCALL     DELAY1S
            LJMP      MAIN1                   ;返回初始状态
; ********************* 按键查询子程序 *********************
;功能:查询按键状态
;出口参数:A
KS:         MOV       A,#00H
            MOV       P2,A                    ;将列线 P2.0~P2.3 设置为低电平
            NOP
            MOV       A,P0                    ;读行线按键输入状态
            CPL       A                       ;取反
            ANL       A,#0FH                  ;屏蔽与按键无关的高 4 位,有任意键按下时,A≠0
            RET
; ********************* 延时 1s 子程序 DELAY1S *********************
;子程序名:DELAY1S
;功能:延时 1 秒钟
DELAY1S:…
            RET
; ****************** 延时 100ms 子程序 DELAY100MS ******************
;子程序名:DELAY100ms
;功能:延时 100ms
DELAY100MS:…
            RET
            END
```

✍ **小提示**

在矩阵式键盘中,行、列线分别连接到按键开关的两端,行线通过上拉电阻接+5V。当无键按下时,行线始终处于高电平状态;当有键按下时,与该键两端相连的行与列线被接通,此时,行线的电平状态将由与之相连的列线电平状态来决定,这是识别按键是否按下的关键。

✍ **小问答**

问:能在程序 PM2_2_2.asm 中指出与下列步骤对应的程序或指令吗?

(1) 判别有无键按下。

(2) 用键盘扫描法取得闭合键的列号和行首号。

(3) 用计算法得到键值。

（4）判断闭合键是否释放。

（5）识别密码。

答：（1）在程序 PM2_2_2.asm 中，调用 KS 子程序，根据出口 A 中的数值是否为 0 来判断有无键按下。

（2）在标号 KEY 开始的程序中用 R4 保存列号，每列扫描完毕将列号加 1；逐行扫描时用直接传送指令给出行首号，例如，用"MOV A，♯04H"指令给出第 1 行首号为 04H。

（3）在标号 LK 处，用"ADD A，R4"指令计算键号，按键号＝行首号（A）＋列号（R4）。

（4）在标号 K4 处判断按键是否释放。

（5）在标号 PR 处用"CJNE A，PSD，ERR"指令判断密码是否正确。

问：能将 PM2_2_2.asm 中的密码改成两位数吗？

答：能，将存放密码单元 21H 中的内容改成两位数字，再读取两次输入按键号，然后进行比较即可。例如，设 PSD＝21H＝♯58H，只要第一次读取的按键号是 5，第二次读取的按键号是 8 就将锁打开。程序一旦固化到单片机内部程序存储器中，就不便修改了，除非修改程序后再重新固化程序。

☞ **功能扩展 2——实用密码锁**

在一些楼宇或小区的电子门锁中，密码位数一般都在 4 位以上，并用 4 位 LED 显示输入的密码。

✍ **小提示**

参照实训 1.6 中的跟我做 4，修改硬件显示电路，将 1 个 LED 改为 4 个 LED 显示，通过串行口输出显示 4 位密码；将 4 位密码分别存在 20H、21H 单元中；修改标号 PR 处的密码识别与显示程序。

📖 **项 目 小 结**

本项目通过简易密码锁的制作并逐步扩展其功能，涉及独立式和矩阵式两种键盘接口电路不同的编程方法和步骤，进一步训练了单片机键盘接口技术和显示器接口技术的运用能力。通过键盘与显示器件的综合应用，使操作者初步具备针对多功能管理系统的综合编程能力，为设计和制作多功能的仪器仪表奠定了基础。

实训 2.3 波形发生器——D/A 接口技术应用

📖 **训 练 目 的**

通过制作简易波形发生器，学会 D/A 转换芯片在单片机应用系统中的硬件接口技术与编程方法。

☞ 做什么？——明确要完成的任务

在电子设备中,经常要产生如图 2.3.1 所示示波器屏幕显示的锯齿波或其他波形。产生各种波形的方法很多。该任务是利用 AT89C51 单片机与数模转换芯片 DAC0832 组成波形发生器硬件系统,编制应用程序产生矩齿波信号。通过软件调整波形设定参数,用示波器观察输出波形的幅值、周期及频率的变化。

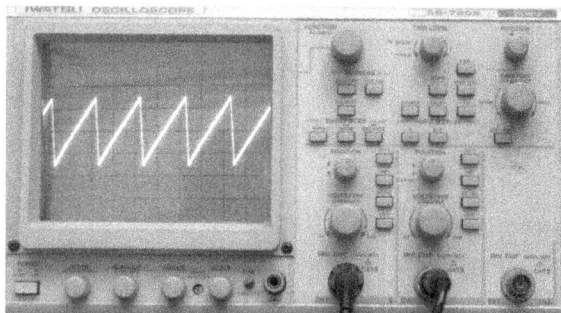

图 2.3.1　信号发生器波形

☞ 跟我想——分析怎样用单片机完成制作任务

任一种模拟周期信号,都可以转换为有规律的数字信号或者说有一组数字信号与之相对应。如果将某钟波形对应的一个周期的数字信号预先存储在存储器中,将它取出并通过数模转换电路转换为模拟信号,便能得到所需要的波形。而对于一些比较简单的波形,则可以利用单片机内部定时/计数器直接产生。例如,利用 P0 口输出一个由小到大不断递增的二进制数输送到数模转换器,每输出一个数据后都进行一个短暂的延时,这样在数模转换器 DAC0832 的输出端就可得到一个近乎线性递增的电流,将电流转换为电压并送至示波器。当二进制数达到预定的最大值后,再重新回到最小值,不断重复上述过程,在示波器上就能观察到一个连续变化的矩齿波。若每输出一个最小值,延时 1/2 周期后,再输出一个最大值,然后不断重复这一过程即可产生方波。

☞ 跟我学——熟悉器件

若要完成单片机与 DAC0832 芯片间的正确接线与编程,必须对芯片的功能及使用方法有所了解。

（1）功能：双列直插式 DAC0832 如图 2.3.2 所示,它能将 8 位二进制输入信号 $DI_7 \sim DI_0$ 转变为模拟电流信号 I_{out1} 输出；分辨率为 8 位,转换时间为 $1\mu s$,满量程误差为 $\pm 1LSB$,输入逻辑电平与 TTL 兼容。

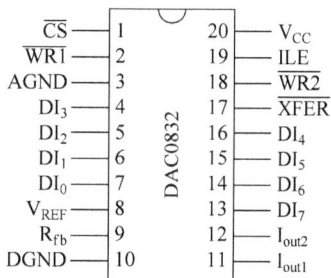

图 2.3.2　DAC0832 引脚图

（2）三种使用方式：直通使用方式、单缓冲使用方式、双缓冲使用方式。

直通使用方式：如图 2.3.3 所示，如若预先将 ILE 接高电平，$\overline{CS}$、$\overline{WR1}$、$\overline{WR2}$、$\overline{XFER}$ 接数字地，只要有 8 位二进制数字信号送至 $DI_7 \sim DI_0$ 输入端，在 I_{out1} 输出端就可直接得到对应的模拟电流信号。

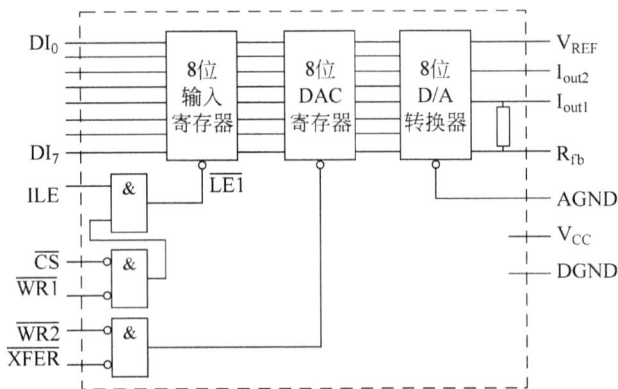

图 2.3.3　DAC0832 内部结构图

单缓冲使用方式：将前面两个寄存器中一个接成直通方式，另一个作为锁存方式。例如，将 $\overline{WR2}$ 和 $\overline{XFER}$ 接地，让 DAC 寄存器处于直通方式，而输入寄存器工作在锁存方式，由单片机进行控制。可预先将 ILE（19 脚）接高电平，单片机 P2 口的某一端接 $\overline{CS}$（1 脚），单片机 $\overline{WR}$ 端接 $\overline{WR1}$（2 脚）。只要通过一条"MOVX @DPTR，A"指令，就能让 $\overline{CS}$ 和 $\overline{WR1}$ 控制端有效，使输入寄存器工作在直通状态，并将累加器 A 中的数据送至 D/A 转换器。

双缓冲使用方式：让前面两个寄存器都工作在锁存方式，分别由单片机进行控制。通过指令把要转换的二进制数送至第一级输入寄存器后，让 $\overline{CS}$ 有效，锁存数据。然后再通过指令让 $\overline{XFER}$ 有效，将数据锁存在第二级 DAC 寄存器并送至 D/A 转换。也可在不同时刻分别把要转换的数据存入不同的 D/A 转换芯片的输入寄存器中，然后再用同一条指令发出 $\overline{XFER}$ 控制信号让多个芯片同步进行 D/A 转换。

三种使用方式中，直通使用方式最为便捷，但易受干扰，而后两种使用方式都具有缓冲功能，抗干扰能力强，其中双缓冲使用方式可用于多路转换通道的同步转换控制。在波形信号发生器硬件系统中可采用直通使用方式，只要使用一条"MOV direct，A"传送指令就能将要转换的数据送至 D/A 转换器。为提高抗干扰能力，也可采用单缓冲使用方式。

了解这种专用芯片的功能及使用方法对如何接线、采用什么方式及怎样用指令实现控制都有帮助。

☞ **跟我做 1——设计硬件电路**

图 2.3.4 为单片机与 DAC0832 芯片按直通使用方式接线的原理示意图。在 DAC0832 的输出端直接与运放 LM358 连接，将电流信号转换成电压信号输出，输出电压的幅值为 $V_{out} = -(D/256) \times V_{REF}$。例如，输入的 8 位二进制数为 40H（01000000B），输出电压

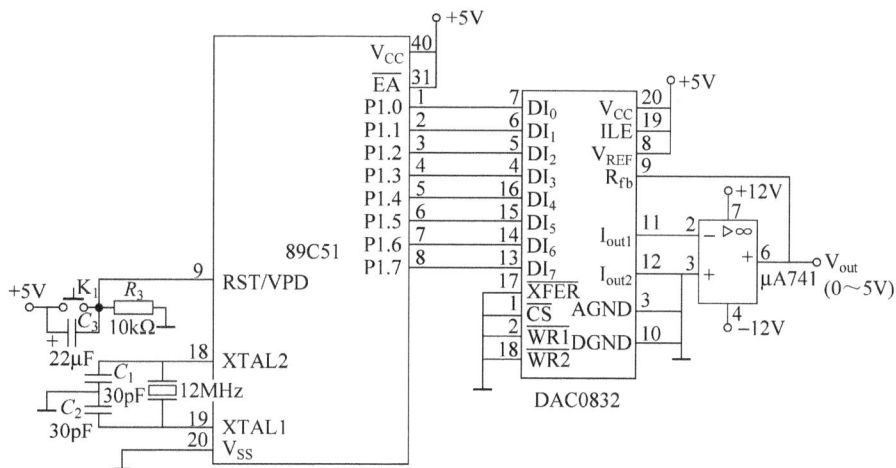

图 2.3.4　直通使用方式接线图

$V_{out} = -(64/256) \times 5V = -1.25V$，只用一条"MOV P1,♯40H"指令即可完成。

在实际应用中，P1 口资源常被用于开关量的控制，所以一般不用做数据总线使用，因此采用 P0 口和 P2 口来实现单片机与 DAC0832 芯片间的单缓冲使用连接方式，如图 2.3.5 所示。

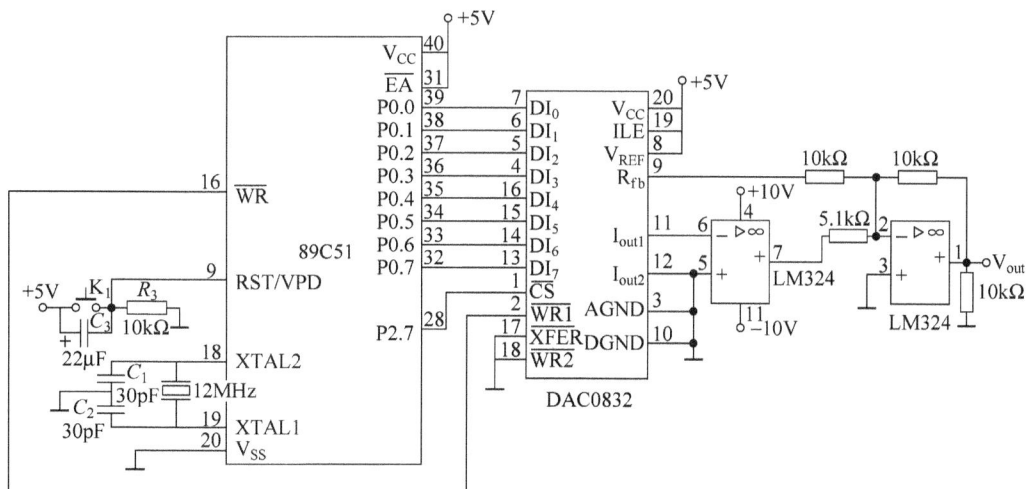

图 2.3.5　单缓冲使用方式接线图

✎ **小问答**

问：采用"MOV P0,♯data"指令能实现单片机与 DAC0832 间的数据传送吗？

答：不行，即使再增加一条"MOV P2,♯data"指令也不行，因为仍无法发出 $\overline{\text{WR}}$ 控制信号。应采用"MOVX @DPTR,A"指令，如果熟悉该指令的功能及操作过程，就能确定出指令中数据指针 DPTR 的内容。图中采用两级运放可得到 0～+5V 的输出电压值，集成四运放 LM324 引脚如图 2.3.6 所示，采用双电压供电。

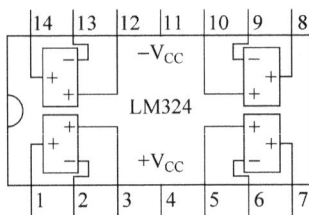

图 2.3.6　集成运放 LM324 引脚图

☞ 跟我做 2——准备器件并完成硬件电路制作

器件清单如表 2.3.1 所示。

表 2.3.1　波形发生器电路器件清单

元件名称	参　数	数量	元件名称	参　数	数量
IC 插座	DIP40	1	电阻	10kΩ	1
单片机	89C51	1	电阻	5.1kΩ	1
晶体振荡器	12MHz	1	电解电容	22μF	2
瓷片电容	22pF	2	可变电阻	10kΩ	3
集成运放	LM324	1	IC 插座	DIP20	1
数/模转换器	DAC0832	1	IC 插座	DIP14	1

采用万能板焊接完成电路制作。

电路焊接完成后,编写一段简短的测试程序,观察测试程序的运行结果。在编写测试程序时,一定要结合所设计硬件电路所应有的功能,通过运行相关的指令,观察这些功能是否已经具备,以此来判断硬件电路是否正确。

该项目的硬件功能是将单片机输出的二进制数转换为模拟电压输出,因此,输入二进制数为 00H 时,输出电压应为最小 0V;输入二进制数为 FFH 时,输出电压应为最大 +5V。可通过指令分别将大小不同的二进制数送至单片机的输出端,然后用电压表测量运放输出端电压幅值的变化,测试程序如下:

```
ORG     0000H
MOV     DPTR, #7FFFH
MOV     A,    #00H
MOVX    @DPTR,A          ;观察电压输出值
MOV     A,    #70H
MOVX    @DPTR,A          ;观察电压输出值
MOV     A,    #0FFH
MOVX    @DPTR,A          ;观察电压输出值
END
```

单步运行测试程序,观察输出电压幅值的变化,若单片机输出的二进制数在 00H～FFH 范围内由小到大变化时,输出电压也将在 0～5V 范围内按照由小到大的规律变化,

否则将存在某些故障,如单片机与 DAC0832 间的硬件接线错、DAC0832 与集成运放电路接线错、指令 DPTR 的地址错等,可逐一排查故障,直至电路正确为止。

☞ 跟我做 3——编制应用程序

锯齿波编程的设计思路为:先输出二进制最小值 00H,然后按+1 规律递增,当输出数据达到最大值 FFH 时,再回到 00H 重复这一过程,程序流程图如图 2.3.7 所示。

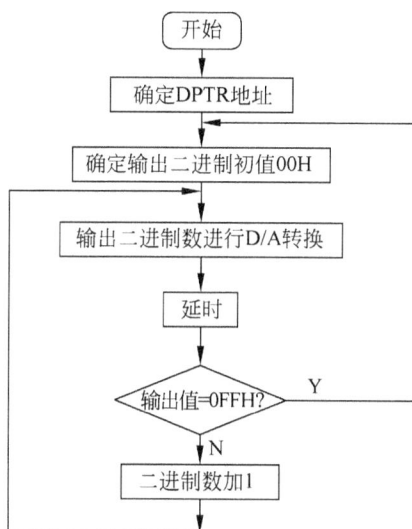

图 2.3.7　锯齿波程序流程图

```
; ***************************** 锯齿波程序 *****************************
; 程序名:锯齿波程序 PM2_3_1.asm
; 程序功能:产生锯齿波信号输出
            ORG      0000H
            AJMP     START
START:      MOV      DPTR,#7FFFH        ;输入寄存器地址
AA:         MOV      A,#00H             ;送转换初值
BB:         MOVX     @DPTR,A            ;DA 转换
            NOP                         ;延时
            NOP
            CJNE     A,#0FFH,CC         ;判断最大值到否
            SJMP     AA
CC:         INC      A
            AJMP     BB
            END
```

✍ 小问答

问:如何改变锯齿波的周期和幅值?

答:改变延时时间可改变波形周期,改变输出二进制的最大值,使其在 00H~0FFH

之间变化即可改变波形的幅值。

如果把产生波形输出的二进制数据以表格的形式预先存放在程序存储器中,再通过查表指令按顺序依次取出送至 D/A 转换器也可得到锯齿波形。同理通过编程还可得到正弦波,程序框图如图 2.3.8 所示。

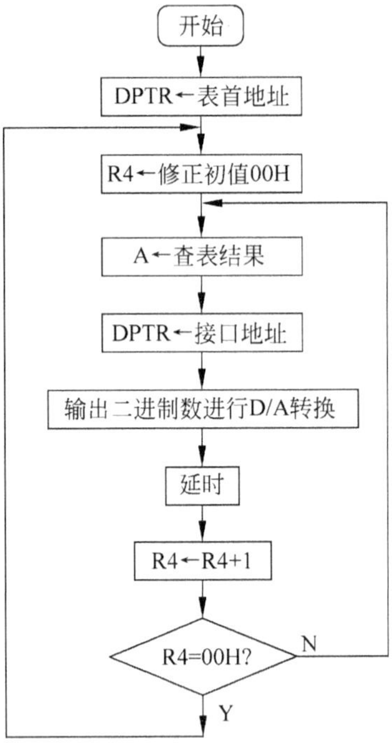

图 2.3.8　程序框图

```
; *************************** 正玄波程序 ***************************
; 程序名:正弦程序 PM2_3_2.asm
; 程序功能:产生正弦波输出,周期约 256ms,幅度约 2.5V
        ORG     0000H
        LJMP    MAIN
        ORG     0100H
MAIN:  MOV     SP,   #6FH
PUB0:  MOV     R4,   #00H
PUB1:  MOV     DPTR,  #TAB        ;确定表首地址
        MOV     A,R4
        MOVC    A,@A+DPTR          ;查表取输出参数
        MOV     DPTR,#7FFFH
PUB2:  MOVX    @DPTR,A
        LCALL   DELAY_1MS
        INC     R4
        CJNE    R4,#00H,PUB1       ;一个周期到否?
        LJMP    PUB0
TAB:   DB:80,83,86,89,8D,90,93,96,99,9C,9F,A2,A5,A8,AB,AE,
        DB:B1,B4,B7,BA,BC,BF,C2,C5,C7,CA,CC,CF,D1,D4,D6,D8,
        DB:DA,DD,DF,E1,E3,E5,E7,E9,EA,EC,EE,EF,F1,F2,F4,F5,
```

```
DB：F6,F7,F8,F9,FA,FB,FC,FD,FD,FE,FF,FF,FF,FF,FF,FF,
DB：FF,FF,FF,FF,FF,FF,FE,FD,FD,FC,FB,FA,F9,F8,F7,F6,
DB：F5,F4,F2,F1,EF,EE,EC,EA,E9,E7,E5,E3,E1,DF,DD,DA,
DB：D8,D6,D4,D1,CF,CC,CA,C7,C5,C2,BF,BC,BA,B7,B4,B1,
DB：AE,AB,A8,A5,A2,9F,9C,99,96,93,90,8D,89,86,83,80,
DB：80,7C,79,76,72,6F,6C,69,66,63,60,5D,5A,57,55,51,
DB：4E,4C,48,45,43,40,3D,3A,38,35,33,30,2E,2B,29,27,
DB：25,22,20,1E,1C,1A,18,16,15,13,11,10,0E,0D,0B,0A,
DB：09,08,07,06,05,04,03,02,02,01,00,00,00,00,00,00,
DB：00,00,00,00,00,00,01,02,02,03,04,05,06,07,08,09,
DB：0A,0B,0D,0E,10,11,13,15,16,18,1A,1C,1E,20,22,25,
DB：27,29,2B,2E,30,33,35,38,3A,3D,40,43,45,48,4C,4E,
DB：51,55,57,5A,5D,60,63,66,69,6C,6F,72,76,79,7C,80,
END
```

; ***************************** 延时 1ms 子程序 *********************************
; 程序名：DELAY_1MS
; 程序功能：延时 1ms

```
DELAY_1MS：PUSH    ACC              ；249×4μs+4μs=1ms
           NOP
           CLR     A
PD：       NOP
           INC     A
           CJNE    A,#0F9H,PD       ；#F9H＝249D
           POP     ACC
           RET
           END
```

☞ 跟我做 4——软硬件联调

(1) 输入源程序。

(2) 汇编源程序。

(3) 连接示波器。

(4) 运行程序,观察显示波形。

✍ 小提示

若运行程序后并未出现希望的波形,该怎么办呢? 这时应制订出排查故障的调试方案,有选择地设置几个观测点,通过单步运行、设置断点运行、跟踪运行等调试手段,根据运行结果及现象,分析可能产生故障的原因。若能独立分析并排查故障,训练处理制作与调试中出现问题的能力,其收获将更大。

☞ 功能扩展

(1) 编写产生三角波、梯形波应用程序并调制出波形。

(2) 编写控制灯光的亮暗、控制机器人动作快慢子程序。

📖 项 目 小 结

本项目通过简易波形发生器的设计与制作,涉及 D/A 转换芯片在单片机接口电路中的应用技术以及产生各种波形的技术,使操作者初步掌握数模或模数转换芯片与单片机接口的使用方法,为运用单片机组成各种开环或闭环控制电路奠定了基础。

实训 2.4   简易数字电压表——A/D 接口技术应用

📖 训 练 目 的

通过制作简易数字电压表,学会 A/D 转换芯片在单片机应用系统中的硬件接口技术与编程方法。熟悉模拟信号采集和输出数据显示的综合设计与调试方法。

☞ 做什么?——明确要完成的任务

数字电压表是数字式仪表必不可少的组成部分,数字万用表中就用到了能显示多位数字的电压表。本项目设计一个两位数字电压表,分辨率为 0.1V,量程为 0~5V。

☞ 跟我想——分析怎样用单片机系统实现任务

实训 2.3 将单片机输出的数字信号转换为模拟信号,用到 D/A 转换器,这里是要将输入给单片机的模拟信号转换为单片机能够识别的数字信号,因此在输入信号与单片机之间要连接一个 A/D 转换器。输入信号变成数字信号后单片机只需将它读出并用数码管显示出来即可。任务中对分辨率与量程的要求不高,显示部分只需两个数码管。考虑到通用性,A/D 转换芯片采用 ADC0809,该芯片可以将模拟信号转换为 8 位数字信号。

☞ 跟我做 1——画出硬件电路图

简易数字电压表电路如图 2.4.1 所示。电路中,模拟信号从 ADC0809 IN0(26)口输入,采用 P1 口读取 A/D 转换数据,两位数码管采用动态显示方式连接;用 P2 口控制显示段码,P0.6 和 P0.7 分别控制个、十位选端。

✍ 小提示

0~5V 模拟电压输入可以采用电位器来实现,电路板可参照图 2.4.1 进行焊接,也可用实验板或实验箱来替代。

✍ 小问答

问:为什么单片机输出信号 ALE 经二分频后再送至 ADC0809 时钟端 CLK?

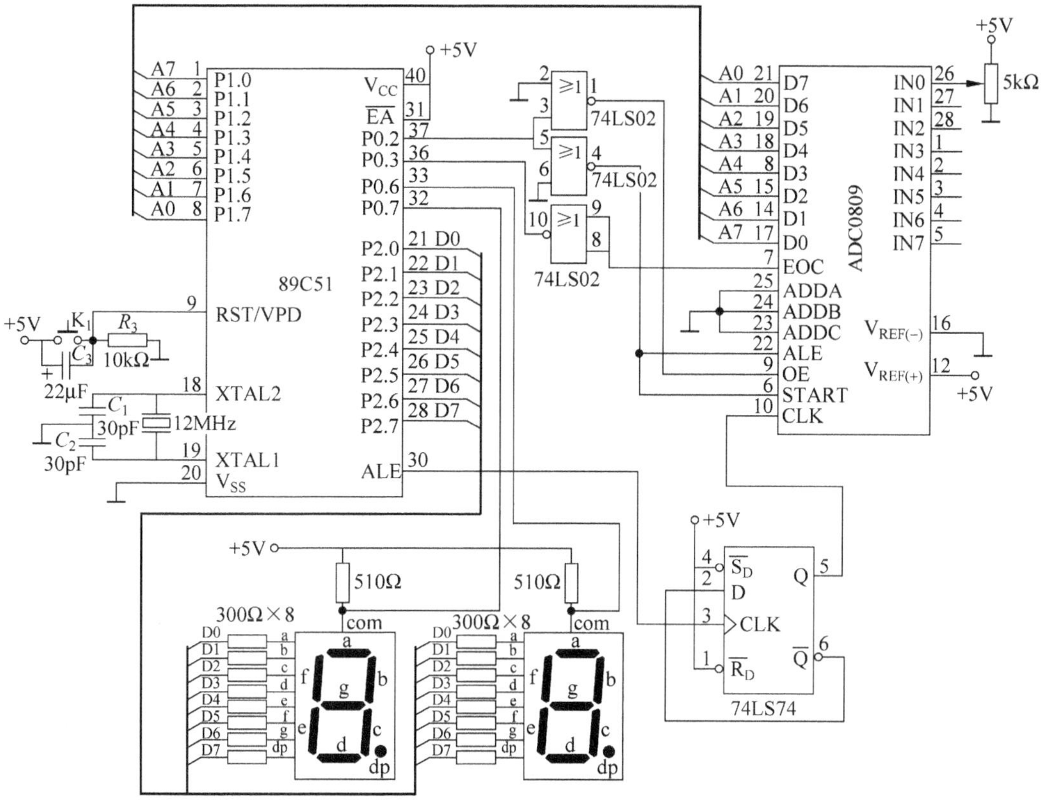

图 2.4.1　简易数字电压表电路图

答：ALE 始终输出频率为外接晶振频率 1/6 的脉冲信号，当时钟频率为 6MHz 时，ALE 可输出 1MHz 的脉冲信号，而 ADC0809 在 CLK 为 500kHz 时，转换效果最佳。ALE 也作为单片机的地址锁存允许输出信号，当访问外部存储器时，ALE 用于低 8 位地址锁存控制信号。

☞ **跟我学——熟悉器件**

若要完成单片机与 ADC0809 芯片间的正确接线与编程，必须对芯片的功能及使用方法有所了解。

（1）功能：ADC0809 芯片为八通道模/数转换器，可以和单片机直接接口，将 IN0～IN7 中任意一个通道输入的模拟电压转换为 8 位二进制数，在时钟为 500kHz 时，一次变换时间约为 100μs。

（2）使用方法：28 脚双列直插式封装如图 2.4.2 所示，各引脚作用叙述如下。

IN0～IN7：模拟量输入通道，电压表中选用 IN0 通道。

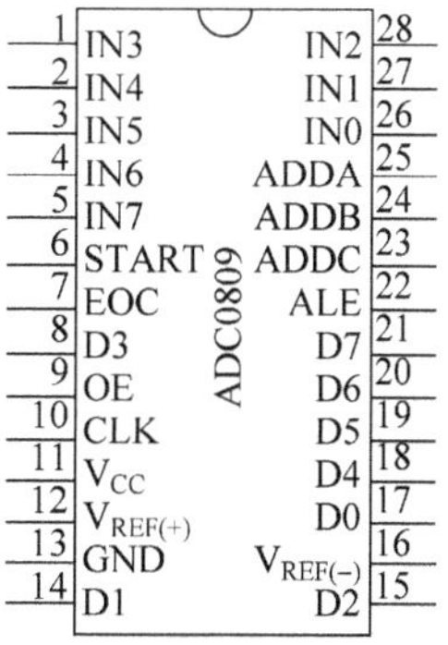

图 2.4.2　ADC0809 引脚图

ADDC、ADDB、ADDA：模拟通道选择地址线，可与单片机的 I/O 口相接，实现通道选择控制。在图 2.4.1 所示电路中，直接将 ADDC、ADDB、ADDA 接地，选通 IN0 通道。

CLK：外部时钟信号输入端，在图 2.4.2 所示电路中，当晶振频率为 6MHz 时，单片机的 ALE 信号经 D 触发器二分频，得 500kHz 时钟 CLK。

START：模/数转换启动信号。START 上升沿，所有内部寄存器清 0；START 下降沿，启动 A/D 转换；A/D 转换期间，START 应保持低电平。在图 2.4.1 所示电路中，由单片机 P0.2 经反相器连接。

D7～D0：三态缓冲数据输出线。可直接与单片机数据线相连，在图 2.4.1 所示电路中是与单片机 P1 口相连，从 P1 口读取转换结果。

EOC：ADC0809 自动发出的转换状态端。EOC＝0，表示正在进行转换；EOC＝1，表示转换结束。在图 2.4.1 所示电路图，该引脚经反相后与单片机的 P0.3 相接，可采用查询或中断方式读取转换数据。

OE：转换数据允许输出控制端。OE＝0，表示禁止输出；OE＝1，表示允许输出。在图 2.4.1 所示电路中，由单片机的 P0.2 经反相后进行控制。

☞ 跟我做 2——准备器件并完成硬件电路制作

器件清单如表 2.4.1 所示。

表 2.4.1 简易数字电压表器件清单

元件名称	参 数	数量	元件名称	参 数	数量
IC 插座	DIP40	1	电阻	10kΩ	2
IC 插座	DIP14	1	电阻	5kΩ(可调)	1
晶体振荡器	12MHz	1	模数转换	ADC0809	1
瓷片电容	22pF	2	双 D 触发器	74LS74	1
七段 LED		2	或非门	74LS02	1
单片机	89C51	1			

采用万能板焊接电路或用组合实训板、实验箱连接电路。

☞ 跟我做 3——编写应用程序

程序的设计思路为：应用程序应具有三个主要功能，一是通过单片机与 A/D 转换接口读取转换结果；二是对读取的数据进行转换处理；三是显示读取的电压值。程序流程如图 2.4.3 所示。

```
; ***************************** 数字电压表程序 *****************************
; 程序名：数字电压表程序 PM2_4_1.asm
; 程序功能：显示 0.0～5.0V 测量电压值，分辨率 0.1V
        ORG      0000H
        AJMP     MAIN
```

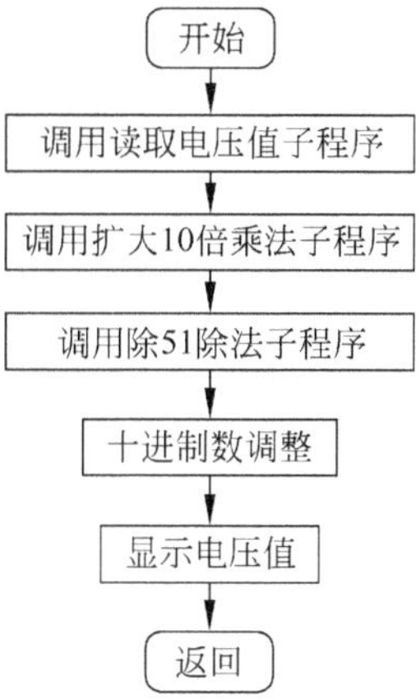

图 2.4.3　数据转换与显示程序流程图

```
        ORG     0030H
MAIN:   MOV     SP，#60H
LP：    LCALL   ADCON        ;调用取 A/D 转换电压数据子程序
        LCALL   HE           ;调用数据处理子程序
        LCALL   DISP1        ;调用显示子程序
        AJMP    LP
        END
```

1. 分析单片机与 A/D 转换器接口程序设计任务

（1）启动 A/D 转换，在单片机 P0.2 端提供上升沿，经反相后 START 引脚得到下降沿。

（2）查询 EOC 引脚状态，EOC 引脚由 0 变 1，表示 A/D 转换过程结束。

（3）允许读数，将 OE 引脚设置为 1 状态。

（4）读取 A/D 转换结果，从单片机的 P1 口读取。

由以上分析，可写出通过单片机与 A/D 转换接口读取测量电压的子程序：

```
; ******************** A/D 转换子程序 ADCON ********************
;子程序：ADCON
;功能：读取 A/D 转换电压值
;入口参数：无
;出口参数：A
ADCON：SETB    P0.2
        NOP
        NOP
        CLR     P0.2         ;A/D 转换器清 0
        NOP
        NOP
        SETB    P0.2         ;A/D 转换启动
        JB      P0.3,$       ;查询转换结束否?
        CLR     P0.2         ;允许读取转换结果
        NOP
```

```
        NOP
        MOV     A，＃0FFH
        MOV     A，P1            ;从 P1 口读取转换数据
        RET
```

2. 分析数据处理程序设计任务

首先要有一个数据转换的过程,将累加器 A 中 00H～FFH 数据显示成 0.0～5.0 的字符形式。可调用双字节无符号数乘法子程序,将读取的二进制数扩大 10 倍,再将其除以 51 得到 51 等份,每一份为 0.1V,经过十进制调整后,就得到 0.0～5.0V 的显示数据了。

```
; ********************* 显示数据处理子程序 HE *********************
;子程序名:HE
;功能:将 A 中的数据转换成 0.0～5.0 之间的十进制数
;出口参数:显示数据存放在 40H、41H 单元中,40H 单元存放整数,41H 单元存放小数
HE:     MOV     R2，＃00H
        MOV     R3，A
        MOV     R6，＃00H
        MOV     R7，＃0AH
        LCALL   MULD
        MOV     R6，＃00H
        MOV     R7，＃33H          ;把 51 送到 R7
        LCALL   DIVD
        MOV     A，R3
        LCALL   HBCD
        MOV     41H，A
        ANL     41H，＃0FH         ;把个位的数送到 40H 单元
        SWAP    A
        ANL     A，＃0FH
        MOV     40H，A             ;把十位的数送到 40H 单元
        RET
; ********************* 双字节乘法子程序 MULD *********************
;子程序名:MULD
;功能:双字节二进制无符号数乘法
;入口参数:被乘数在 R2、R3 中,乘数在 R6、R7 中
;出口参数:乘积在 R2、R3、R4、R5 中
MULD:   MOV     A，R3             ;计算 R3 乘 R7
        MOV     B，R7
        MUL     AB
        MOV     R4，B             ;暂存部分积
        MOV     R5，A
        MOV     A，R3             ;计算 R3 乘 R6
        MOV     B，R6
        MUL     AB
        ADD     A，R4             ;累加部分积
        MOV     R4，A
```

```
        CLR     A
        ADDC    A，     B
        MOV     R3，    A
        MOV     A，     R2              ;计算 R2 乘 R7
        MOV     B，     R7
        MUL     AB
        ADD     A，     R4              ;累加部分积
        MOV     R4，    A
        MOV     A，     R3
        ADDC    A，     B
        MOV     R3，    A
        CLR     A
        RLC     A
        XCH     A，     R2              ;计算 R2 乘 R6
        MOV     B，     R6
        MUL     AB
        ADD     A，     R3              ;累加部分积
        MOV     R3，    A
        MOV     A，     R2
        ADDC    A，     B
        MOV     R2，    A
        RET
```

********************* 双字节除法子程序 DIVD *********************
;子程序名：DIVD
;功能：双字节二进制无符号数除法
;入口参数：被除数在 R2、R3、R4、R5 中，除数在 R6、R7 中
;出口参数：0V＝0 时，双字节商在 R2、R3 中，0V＝1 时表示溢出

```
DIVD：   CLR     C                     ;比较被除数和除数
        MOV A，   R3
        SUBB    A，    R7
        MOV A，   R2
        SUBB    A，    R6
        JC      DVD1
        SETB    OV                    ;溢出
        RET
DVD1：   MOV B，   ♯10H                 ;计算双字节商
DVD2：   CLR     C                     ;部分商和余数同时左移一位
        MOV A，   R5
        RLC A
        MOV R5，   A
        MOV A，   R4
        RLC     A
        MOV R4，   A
        MOV A，   R3
        RLC A
        MOV R3，   A
        XCH A，   R2
```

```
        RLC  A
        XCH A，    R2
        MOV F0，   C                    ;保存溢出位
        CLR       C
        SUBB      A，    R7             ;计算(R2R3-R6R7)
        MOV R1，   A
        MOV A，    R2
        SUBB      A，    R6
        ANL C，    /F0                  ;结果判断
        JC        DVD3
        MOV R2，   A                    ;存放新的余数
        MOV A，    R1
        MOV R3，   A
        INC       R5
DVD3：  DJNZ      B，    DVD2           ;计算完十六位商否?
        MOV A，    R4                   ;将商移至 R2R3 中
        MOV R2，   A
        MOV A，    R5
        MOV R3，   A
        CLR       OV
        RET
```

****************** 将十六进制数转换成 BCD 码子程序 HBCD ********************

;子程序名：HBCD
;功能：将单字节十六进制整数转换成单字节 BCD 码整数
;入口参数：单字节十六进制整数在累加器 A 中
;出口参数：转换后的 BCD 码十位和个位整数存在累加器 A 中,百位存在 R3 中

```
HBCD：  MOV  B，#100                    ;分离出百位,存放在 R3 中
        DIV  AB
        MOV  R3，A
        MOV  A，#10                     ;余数分离为十位和个位
        XCH  A，B
        DIV  AB
        SWAP A
        ORL  A，B                       ;将十位和个位拼成压缩 BCD 码
        RET
```

3. 分析显示程序设计任务

采用动态显示方式,根据显示缓冲区 40H、41H 单元的内容,用两个 LED 显示 0.0～5.0 数字。

********************** LED 动态显示子程序 DISP1 *********************

;子程序名：DISP1
;功能：用两位 LED 显示 0.0～5.0 数字
;入口参数：40H、41H

```
DISP1：  MOV     DPTR,#TAB              ;设置不含小数点显示字符表首地址
         MOV     A,41H
         MOVC    A,@A+DPTR              ;取显示字符
```

```
            SETB        P0.7                    ；屏蔽十位显示
            CLR         P0.6                    ；选择个位显示
            MOV         P2,A                    ；送个位显示字符
            LCALL       DELAY
            LCALL       DELAY
            MOV         DPTR,♯EVER              ；设置含小数点显示字符表首地址
            MOV         A，40H
            MOVC        A，@A＋DPTR
            SETB        P0.6                    ；屏蔽个位显示
            CLR         P0.7                    ；选择十位显示
            MOV         P2,A                    ；送十位显示字符
            LCALL       DELAY
            LCALL       DELAY
            RET
TAB：       DB          0C0H,0F9H,0A4H,0B0H,99H,92H,82H,0F8H,80H,90H ；显示字符
EVER：      DB          040H,079H,024H,030H,19H,12H,02H,078H,00H,10H
DELAY：     MOV         R6，♯10
DEL2：      MOV         R7，♯250
DEL1：      NOP
            NOP
            DJNZ        R7，DEL1
            DJNZ        R6，DEL2
            RET
            END
```

☞ 跟我做 4——软硬件联调

(1) 输入源程序。

(2) 汇编源程序。

(3) 运行程序,观察初始显示状态是否正确。

(4) 当改变输入被测电压时,显示是否跟随变化;用万用表测量一下实际电压并与显示电压值对照,如果有很大的误差,分析可能产生误差的原因。

☞ 功能扩展

在完成 0.0~5.0 简易电压表的基础上,做一个分辨率为 0.01V 的电压表或制作一个最大量程为 12V 的电压表。想想硬件和软件应做如何改动。

📖 项 目 小 结

本项目通过制作简易数字电压表,涉及 A/D 转换芯片在单片机应用系统中的接口技术。从信息采集到数据处理及信息显示到程序设计的整体思路与方法等不同方面进行了训练,为今后应用单片机处理相关应用问题奠定了基础。

实训 2.5　液晶显示广告牌——液晶显示接口技术应用

📖 训 练 目 的

通过制作液晶显示广告牌,学会 LCD 显示器与单片机的接口方法,熟悉实现各种常用显示方式的编程思路。

☞ 做什么?——明确要完成的任务

LCD 显示器能显示数码管不能显示的其他字符、文字或图形,成为十分重要的显示终端。本项目在用七段数码管构成的移动广告牌的基础上,采用字符点阵型 LCD 模块进行显示,并实现多种显示方式。

☞ 跟我学 1——认识液晶显示器件

162 字符点阵液晶显示模块,如图 2.5.1 所示。

字符点阵液晶显示模块有 16 个引脚,引脚名称如图 2.5.2 所示。

图 2.5.1　162 字符点阵液晶显示器模块

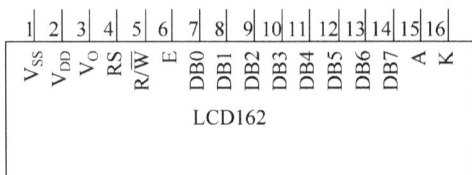

图 2.5.2　162 液晶显示器引脚

各引脚功能如表 2.5.1 所示。

表 2.5.1　162 液晶显示器引脚功能介绍

引脚号	引脚名称	引脚功能含义
1	V_{SS}	地管脚(GND)
2	V_{DD}	+5V 电源引脚(V_{CC})
3	V_O	液晶显示驱动电源(0~5V),可接电位器
4	RS	数据和指令选择控制端,RS=0:命令/状态;RS=1:数据
5	R/$\overline{W}$	读写控制线,R/$\overline{W}$=0:写操作;R/$\overline{W}$=1:读操作
6	E	数据读写操作控制位,E 线向 LCD 模块发送一个脉冲,LCD 模块与单片机之间将进行一次数据交换
7~14	DB0~DB7	数据线,可以用 8 位连接,也可以只用高 4 位连接,节约单片机资源
15	A	背光控制正电源
16	K	背光控制地

小问答

问：液晶显示器有哪些特点？

答：液晶显示器的特点包括：(1)低压微功耗：工作电压 3～5V，工作电流几个微安，因此它成为便携式和手持仪器仪表首选的显示屏幕；(2)平板型结构：安装时占用体积小，减小了设备体积；(3)被动显示：液晶本身不发光，而是靠调制外界光进行显示，因此适合人的视觉习惯，不会使人眼睛疲劳；(4)显示信息量大：像素小，在相同面积上可容纳更多信息；(5)易于彩色化；(6)没有电磁辐射：在显示期间不会产生电磁辐射，有利于人体健康；(7)寿命长：LCD 器件本身无老化问题，寿命极长。

问：液晶显示器有几种分类？

答：它可分为笔段型、字符型和点阵图形型三类。

(1)笔段型液晶显示模块：由长条状显示像素组成一位显示，主要用于数字、西文字母或某些字符显示，显示效果与数码管类似。

(2)字符型液晶显示模块：专门用来显示字母、数字、符号等的点阵型液晶显示模块，在实训中使用的就是这种液晶模块。

(3)点阵图形型液晶显示模块：在一平板上排列多行和多列，形成矩阵形式的晶格点，点的大小可根据显示的清晰度来设计。它可广泛用于图形显示，如游戏机、笔记本电脑和彩色电视等设备中。

按采光方式可分为自然采光和背光源采光 LCD。按显示驱动方式可分为静态驱动、动态驱动、双频驱动 LCD。按控制器的安装方式可分为含有控制器和不含控制器两类。

☞ 跟我做 1——单片机与控制液晶显示器硬件接口电路

单片机控制 LCD162 字符液晶显示器实用接口电路如图 2.5.3 所示。

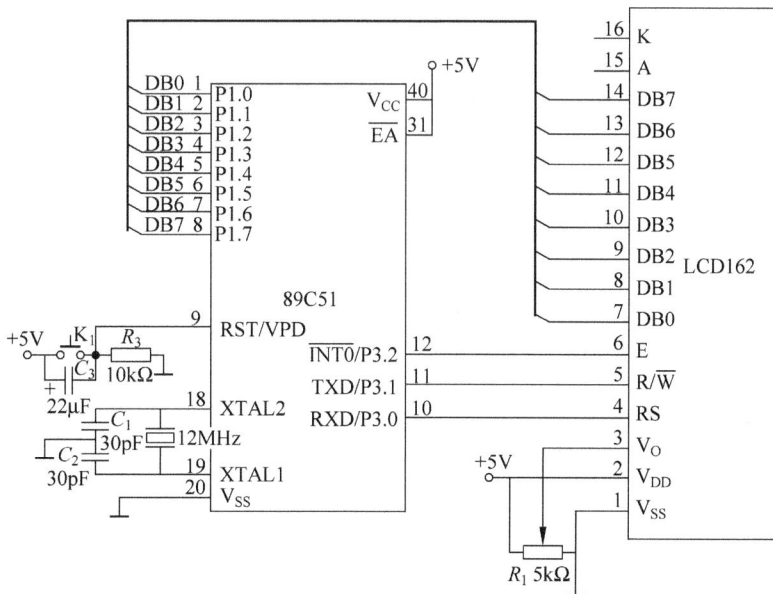

图 2.5.3 单片机与 LCD162 液晶显示器连接电路图

在图 2.5.3 中,单片机的 P1 口与液晶模块的 8 条数据线相连,P3 口的 P3.0、P3.1、P3.2 分别与液晶模块的三个控制端 RS、R/$\overline{\text{W}}$、E 连接,电位器 R_1 为 V_0 提供可调的液晶驱动电压,用以实现显示对比度的调节。

✍ **小提示**

如果需要背光控制,可以采用单片机的 I/O 口控制 A、K 端来实现,控制方法与控制发光二极管的方法完全相同。

☞ **跟我学 2——单片机对 LCD 模块的 4 种基本操作**

LCD 模块三个控制引脚 RS、R/$\overline{\text{W}}$ 和 E 的不同状态组合确定了单片机对 LCD 模块的 4 种基本操作,如表 2.5.2 所示。

表 2.5.2 LCD 模块三个控制引脚状态对应的基本操作

LCD 模块控制端			LCD 基本操作
RS	R/$\overline{\text{W}}$	E	
0	0	┌┐	写命令操作:用于初始化、清屏、光标定位等
0	1	┌┐	读状态操作:读忙标志,当忙标志为"1"时,表明 LCD 正在进行内部操作,此时不能进行其他三类操作;当忙标志为"0",表明 LCD 内部操作已经结束,可以进行其他三类操作,一般采用查询方式
1	0	┌┐	写数据操作:写入要显示的内容
1	1	┌┐	读数据操作:将显示存储区中的数据反读出来,一般比较少用

✍ **小提示**

从表 2.5.2 中可以看出,在进行写命令、写数据和读数据三种操作之前,必须先进行读状态操作,然后查询忙标志,判断忙标志是否为 0。

为增加程序的可读性,首先采用伪指令 EQU 定义各控制线的名称和端口名称:

```
            RS          EQU P3.0
            RW          EQU P3.1
            E           EQU P3.2
            LCD_PORT EQU P1
```
**************************** 读状态子程序 LCD_R_STAT ****************************
```
;程序名:LCD_R_STAT
;程序功能:读状态字
;入口参数:无
;出口参数:状态字存入累加器 A
LCD_R_STAT:SETB   RW              ;RW=1
            ACALL NOP5            ;延时,调用 5 个 NOP 指令
            CLR    RS             ;RS=0
            ACALL NOP5
            SETB   E              ;E=1
            ACALL NOP5
            MOV    A,  LCD_PORT   ;读入状态字
```

```
        ACALL NOP5
        CLR   E                 ;E＝0
        ACALL NOP5
        CLR   RW                ;RW＝0
        RET
```

读入到累加器 A 中的状态字格式如下,ACC.7 的 BF 为忙标志位:

BF	AC6	AC5	AC4	AC3	AC2	AC1	AC0

通过判断 ACC.7 这一位的 0、1 状态,就可以知道 LCD 当前是否处于忙状态以决定接下来应进行什么操作。

```
************************ 写命令字子程序 LCD_W_CMD ************************
;程序名:LCD_W_CMD
;入口参数:命令字已存入 COM 单元中
;出口参数:无
LCD_W_CMD:     PUSH  ACC
LCD_W_CMD_A:   LCALL LCD_R_STAT
               JNB   ACC.7,LCD_W_CMD_B
               LCALL DELAY100μs
               SJMP  LCD_W_CMD_A
LCD_W_CMD_B:   CLR   RW
               LCALL NOP5
               CLR   RS
               LCALL NOP5
               SETB  E
               LCALL NOP5
               MOV   A,COM
               MOV   LCD_PORT,A
               LCALL NOP5
               CLR   E
               LCALL NOP5
               SETB  RW
               POP   ACC
               RET
```

✎ 小提示

写数据子程序 LCD_R_DAT 与写命令字子程序 LCD_W_CMD 的不同之处就是 RS 引脚的状态不同,因此,只要将上面子程序中的“CLR RS”指令修改为“SETB RS”指令即可。

☞ **跟我学 3——字符型 LCD 命令字的使用**

字符型 LCD 的命令字如表 2.5.3 所示。
使用命令字对 LCD 进行初始化的流程如图 2.5.4 所示。

表 2.5.3　字符型 LCD 命令字表

编号	指 令 名 称	控制信号		命　令　字							
		RS	R/W̄	DB7	DB6	DB5	DB4	DB3	DB2	DB1	DB0
1	清屏	0	0	0	0	0	0	0	0	0	1
2	归 home 位	0	0	0	0	0	0	0	0	1	×
3	输入方式设置	0	0	0	0	0	0	0	1	I/D	S
4	显示状态设置	0	0	0	0	0	0	1	D	C	B
5	光标画面滚动	0	0	0	0	0	1	S/C	R/L	×	×
6	工作方式设置	0	0	0	0	1	DL	N	F	×	×
7	CGRAM 地址设置	0	0	0	1	A5	A4	A3	A2	A1	A0
8	DDRAM 地址设置	0	0	1	A6	A5	A4	A3	A2	A1	A0
9	读 BF 和 AC	0	1	BF	AC6	AC5	AC4	AC3	AC2	AC1	AC0

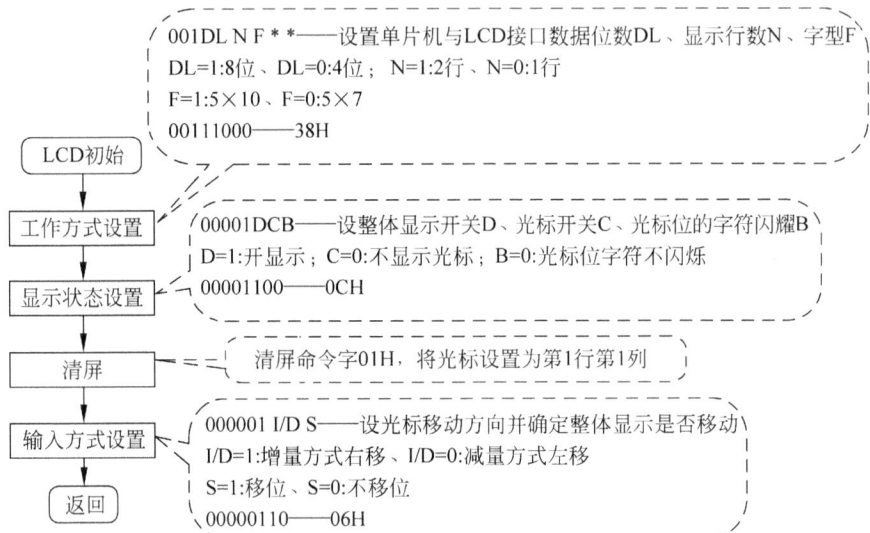

图 2.5.4　LCD 初始化流程及各命令字含义

接下来就要送显示字符了,但要想把显示字符显示在某一指定位置,就必须先将显示数据写在相应的 DDRAM 地址中。1602LCD 是 2 行 16 列字符液晶显示器,它的定位命令字如表 2.5.4 所示。

表 2.5.4　光标位置与相应命令字

列行	1	2	3	4	5	6	7	8	9	10	11	12	13	14	15	16
1	80	81	82	83	84	85	86	87	88	89	8A	8B	8C	8D	8E	8F
2	C0	C1	C2	C3	C4	C5	C6	C7	C8	C9	CA	CB	CC	CD	CE	CF

注:表中命令字是以十六进制形式给出,该命令字就是与 LCD 显示位置相对应的 DDRAM 地址。

✍ 小提示

当写入一个显示字符后,如果没有再给光标重新定位,则 DDRAM 地址会自动加 1 或减 1,加或减是由输入方式字设置的;这里需要注意的是第 1 行 DDRAM 地址与第 2 行 DDRAM 地址并不连续。

✍ **小问答**

问：如果在 LCD 初始化中，设置显示光标、光标位置字符闪烁，应该修改初始化中的哪个命令字？应如何修改？

答：应修改显示状态命令字，使 D=1,C=1,B=1,命令字应为 0FH。

问：如果要求光标定位在第 2 行第 7 列，应写入什么命令字？

答：应写入命令字 C6H。

☞ **跟我做 2——编写应用程序，在 LCD 的第 1 行第 5 列显示字符"A"**

编写在 LCD 的第 1 行第 5 列显示字符"A"的应用程序。完成在 LCD 的某一指定位置显示一个指定字符的程序流程图，如图 2.5.5 所示。

图 2.5.5　液晶显示控制
程序流程图

```
; ****************** 液晶显示控制程序 ******************
; 程序名：液晶显示控制程序 PM2_5_1.asm
; 程序功能：在 LCD 的第 1 行第 5 列显示字符"A"
        COM        EQU    20H          ; 要写入 LCD 的命令存
                                        ; 放在 20H 中
        DAT        EQU    21H          ; 要写入 LCD 的数据存
                                        ; 放在 21H 中
        LCD_PORT   EQU    P1
        RS         EQU    P3.0
        RW         EQU    P3.1
        E          EQU    P3.2
            ORG    0000H
            LJMP   START
            ORG    0100H
START:      MOV    SP,#70H            ; 给堆栈指针赋值
            MOV    P1,#0FFH           ; P1 口赋全 1,为读取状态做准备
            LCALL  INT                ; 调用 LCD 初始化子程序
            MOV    COM,#84H           ; 第 1 行第 5 列 DDRAM 地址命令字
            LCALL  LCD_W_CMD          ; 调用写命令子程序
            MOV    DAT,#41H           ; 设置字符"A"的 ASCII 码
            LCALL  LCD_W_DAT          ; 调用写数据子程序
            SJMP   $
; ****************** LCD 初始化子程序 INT ******************
; 程序名：INT
; 功能：设置 LCD 显示状态
; 入口参数：无
; 出口参数：无
INT：       MOV    COM,#3CH           ; 设置工作方式
            LCALL  LCD_W_CMD
            MOV    COM,#0EH           ; 显示光标
```

```
          LCALL    LCD_W_CMD
          MOV      COM,#01H      ;清屏
          LCALL    LCD_W_CMD
          MOV      COM,#06H      ;设置输入方式
          LCALL    LCD_W_CMD
          MOV      COM,#80H      ;设置 DDRAM 初始位置
          LCALL    LCD_W_CMD
          RET
```

; ***************** 写显示数据子程序 LCD_W_DAT *****************
;程序名:LCD_W_DAT
;入口参数:21H,将要写入 LCD 的数据存放到 21H 单元
;出口参数:无

```
LCD_W_DAT:      PUSH     ACC
LCD_W_DAT_A:    LCALL    LCD_R_STAT
                JNB      ACC.7,LCD_W_DAT_B
                LCALL    DELAY100μs
                SJMP     LCD_W_DAT_A
LCD_W_DAT_B:    CLR      RW
                LCALL    NOP5
                SETB     RS
                LCALL    NOP5
                SETB     E
                LCALL    NOP5
                MOV      A,DAT
                MOV      LCD_PORT,A
                LCALL    NOP5
                CLR      E
                LCALL    NOP5
                SETB     RW
                POP      ACC
                RET
```

; ***************** 延时子程序 DELAY100μs *****************
;程序名:DELAY100μs
;入口参数:21H,将要写入 LCD 的数据存放到 21H 单元
;出口参数:无

```
DELAY100μs:  MOV   R7,#24      ;设 f=11.0592MHz
D1:          NOP
             NOP
             DJNZ  R7,D1
             RET
NOP5:        NOP                ;延时 5 个 NOP
             NOP
             NOP
             NOP
```

```
            NOP
            RET
```

☞ **功能扩展 1——在 LCD 的第 1 行中间显示字符串"Welcome!"**

在 LCD 上显示字符串的过程,实际上就是逐个显示字符的过程。由于 DDRAM 地址会自动增 1,因此在开始时只需定位一次即可。下面给出显示字符串参考程序。

```
;****************** 字符串显示程序 ******************
;程序名:字符串显示程序 PM2_5_2.asm
;程序功能:在 LCD 的第 1 行中间显示字符串"Welcome!"
            ORG      0000H
            LJMP     START          ;用伪指令定义控制端口与程序 PM2_5_1.asm 相同
            ORG      0100H
START:      MOV      SP,#70H
            MOV      P1,#0FFH
            LCALL    INT            ;调用初始化子程序
            MOV      COM,#83H       ;定位在第 1 行第 4 列
            MOV      DPTR,#TAB
            MOV      R2,#8          ;设置循环次数
            MOV      R3,#00H
WRIN:       MOV      A,R3
            MOVC     A,@A+DPTR
            MOV      DAT,A
            LCALL    LCD_W_DAT      ;写数据到液晶中
            LCALL    DELAY          ;延时时间决定每个字符的显示时间
            INC      R3
            DJNZ     R2,WRIN
            SJMP     $
TAB:        DB       "Welcome!"
DELAY:      …
            RET
            END
```

✍ **小提示**

(1) 在程序 PM2_5_2.asm 中,如果 DELAY 延时子程序的延时时间足够长,可以看到字符逐个显示在液晶上,实现类似移动广告牌的显示效果。

(2) 参照表 2.5.3,设置不同的输入方式命令字,LCD 将有与之对应的移动显示效果:

04——显示画面不移动,地址计数器减 1。

05——显示画面左移,地址计数器减 1。

06——显示画面不移动,地址计数器加 1。

07——显示画面右移,地址计数器加 1。

✍ **小知识**

LCD 可以显示的标准字库如表 2.5.5 所示。

表 2.5.5　LCD 标准字库表

Lower 4bit \ Upper 4bit	0000	0001	0010	0011	0100	0101	0110	0111	1000	1001	1010	1011	1100	1101	1110	1111
xxxx0000	CG RAM (1)			0	@	P	`	p				—	タ	ミ	α	p
xxxx0001	(2)		!	1	A	Q	a	q			。	ア	チ	ム	ä	q
xxxx0010	(3)		"	2	B	R	b	r			「	イ	ツ	メ	β	θ
xxxx0011	(4)		#	3	C	S	c	s			」	ウ	テ	モ	ε	∞
xxxx0100	(5)		$	4	D	T	d	t			、	エ	ト	ヤ	μ	Ω
xxxx0101	(6)		%	5	E	U	e	u			・	オ	ナ	ユ	σ	ü
xxxx0110	(7)		&	6	F	V	f	v			ヲ	カ	ニ	ヨ	ρ	Σ
xxxx0111	(8)		'	7	G	W	g	w			ア	キ	ヌ	ラ	g	π

续表

Upper 4bit \ Lower 4bit	0000	0001	0010	0011	0100	0101	0110	0111	1000	1001	1010	1011	1100	1101	1110	1111
xxxx1000	(1)															
xxxx1001	(2)																
xxxx1010	(3)																
xxxx1011	(4)																
xxxx1100	(5)																
xxxx1101	(6)																
xxxx1110	(7)																
xxxx1111	(8)																

☞ 功能扩展 2——自编字符显示

可利用 CGRAM 编制并显示标准字符表中没有的字符，一般 LCD 模块所提供的 CGRAM 至少能够自编 8 个字符。

设置 CGRAM 地址的命令字格式为：

A7	A6	A5	A4	A3	A2	A1	A0
0	1	AC5	AC4	AC3	AC2	AC1	AC0

命令字中各位的具体含义如下。

（1）A7A6＝01：CGRAM 地址设置命令字。

（2）A5A4A3：与自编字符的 DDRAM 数据相对应的字符代码，若 A5A4A3＝"000"，则该字符写入 DDRAM 的代码为 00。若 A5A4A3＝"001"，则该字符写入 DDRAM 的代码为 01，以此类推。

（3）A2A1A0：与字模的 8 行相对应，当 A2A1A0＝"000"时，写入第一行的字模码，当 A2A1A0＝"001"时，写入第二行的字模码。例如，"工"字的字模及 CGRAM 地址、CGRAM 字模和 DDRAM 字符码的对应关系如表 2.5.6 所示。

表 2.5.6　"工"的字模及 CGRAM 地址、CGRAM 数据（字模）和 DDRAM 字符码的关系

字符代码	CGRAM 地址									CGRAM 数据								
DDRAM 数据	A7	A6	A5	A4	A3	A2	A1	A0	CGRAM 地址	P7	P6	P5	P4	P3	P2	P1	P0	CGRAM 数据
00H	0	1	0	0	0	0	0	0	40H	×	×	×	●	●	●	●	●	1FH
	0	1	0	0	0	0	0	1	41H	×	×	×	●	●	●	●	●	1FH
	0	1	0	0	0	0	1	0	42H	×	×	×	○	○	●	○	○	04H
	0	1	0	0	0	0	1	1	43H	×	×	×	○	○	●	○	○	04H
	0	1	0	0	0	1	0	0	44H	×	×	×	○	○	●	○	○	04H
	0	1	0	0	0	1	0	1	45H	×	×	×	●	●	●	●	●	1FH
	0	1	0	0	0	1	1	0	46H	×	×	×	●	●	●	●	●	1FH
	0	1	0	0	0	1	1	1	47H	×	×	×	○	○	○	○	○	00H

建立"工"的字模的子程序如下：

```
GONG:MOV        COM,＃40H
     LCALL      LCD_W_CMD        ;写入第 1 行 CGRAM 地址
     MOV        DAT,＃1FH
     LCALL      LCD_W_DAT        ;写入第 1 行 CGRAM 数据（字模）
     MOV        COM,＃41H
     LCALL      LCD_W_CMD        ;写入第 2 行 CGRAM 地址
     MOV        DAT,＃1FH
     LCALL      LCD_W_DAT        ;写入第 2 行 CGRAM 数据（字模）
     MOV        COM,＃42H
```

```
        LCALL       LCD_W_CMD              ;写入第 3 行 CGRAM 地址
        MOV         DAT,♯04H
        LCALL       LCD_W_DAT              ;写入第 3 行 CGRAM 数据(字模)
        ...
        MOV         COM,♯47H
        LCALL       LCD_W_CMD              ;写入第 8 行 CGRAM 地址
        MOV         DAT,♯00H
        LCALL       LCD_W_DAT              ;写入第 8 行 CGRAM 数据(字模)
        RET
```

由于"工"字模建立时,A5A4A3＝000,因此"工"的显示码为 00H。同样,如果新字符建立时,A5A4A3＝001,则新字符的显示码为 01H。

下面给出在 LCD 的第 1 行第 1 列显示"工"的参考程序。

```
; ****************** 自编字符显示程序 *******************
;程序名:自编字符显示程序 PM2_5_3.asm
;程序功能:在 LCD 的第 1 行、第 1 列显示自编字符"工"
        ORG         0000H
        LJMP        START                 ;用伪指令定义控制端口与 PM2_5_1.asm 相同
        ORG         0100H
START: MOV          SP,♯70H
        MOV         P1,♯0FFH
        LCALL       INT                   ;调用初始化子程序
        LCALL       GONG                  ;调用"工"字模建立子程序
        MOV         DAT,♯00H              ;送"工"字的字符代码
        LCALL       LCD_W_DAT             ;显示"工"
        SJMP        $
        END
```

☞ 功能扩展 3——显示自编字符"工人"

按照自编字符的方法,编写出"工人"的显示字模,并在 LCD 上显示出来。

✐ 小提示

一般字符型 LCD 最多可以自编 8 个显示字符。

☞ 功能扩展 4——以十进制形式在 LCD 上显示累加器 A 中的数据 0~255

除了可以在 LCD 上显示程序中定义的字符串外,还可以把运算结果显示出来。

✐ 小提示

首先将 20H 单元中的十六进制数据转换成十进制数,得到个、十、百位数分别存于三个单元中,然后用查表法将它们转换成 ASCII 码,再送至 LCD 进行显示。

将十六进制数转换成十进制数可采用除以 10 取余数的方法,参考子程序如下:

```
;子程序名:HEXBCD
```

```
;功能：将累加器 A 中的十六进制数转换成十进制数
;入口参数：累加器 A
;出口参数：20H、21H、22H 单元，依次存放百位、十位、个位
HEXBCD: PUSH    ACC
        MOV     B，#10
        DIV     AB
        MOV     22H,B              ;第一次除以 10 的余数为个位
        MOV     B，#10
        DIV     AB                 ;商再除以 10
        MOV     21H,B              ;第二次除以 10,余数为十位
        MOV     20H,A              ;商为百位
        POP     A
        RET
```

📖 项目小结

本项目在制作 LCD 广告显示屏时,涉及 LCD 模块与单片机的接口技术。从如何实现字符型液晶显示器在指定位置显示指定字符到字符串的显示、字符串的移动显示,再到自编字符的显示进行了系列训练,提高了操作者根据生产厂家提供的资料开发应用系统的基本能力,为设计制作具有液晶显示功能的单片机应用产品奠定了基础。

实训 2.6　远程控制——串行接口技术应用

📖 训练目的

通过实现两个单片机之间的远程控制,由一个单片机控制另一个单片机的运行状态,进一步熟悉串行接口技术,掌握单片机串口通信资源的使用和编程方法。

☞ 做什么？——明确要完成的任务

所谓远程控制,涉及远程通信,一般采用串行通信方式。一个通信系统,需要发射电路和接收电路两部分,发射电路发出信息给接收电路接收。

本项目的任务是建立一个简单的单片机串行口双机通信测试系统,发射与接收分别用两套单片机电路,称为甲机和乙机。通过甲机的按键操作,控制乙机操控的指示灯或其他显示终端。

☞ 跟我想——分析怎样用单片机系统实现任务

MCS-51 单片机有一个全双工的串行通信口,对应的发射引脚为 TXD、接收引脚为 RXD。根据制作任务要求,甲机接收到按键信号后,通过 TXD 发射端送出,乙机 RXD 端

接收到信号后,控制指示灯亮灭,对应状态如表 2.6.1 所示。

表 2.6.1　单片机双机通信测试状态表

甲机按键状态	乙机显示状态
按奇数次	全亮
按偶数次	全灭

☞ 跟我做 1——画出硬件电路图

连接电路如图 2.6.1 所示。

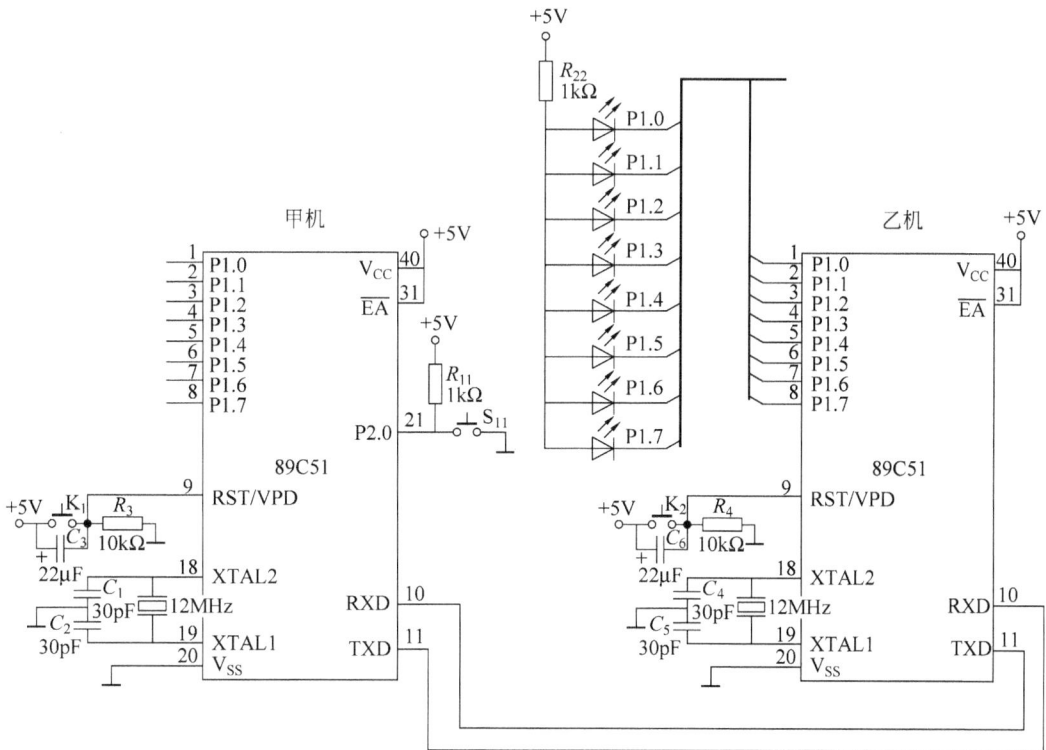

图 2.6.1　单片机双机通信测试电路图

✍ 小知识

通信可分为无线通信和有线通信。无线通信主要采用微波、无线电波等,而有线通信则是通过光缆、电缆等来进行传输的。图 2.6.1 所示单片机通信电路是有线通信形式,采用两根导线构成传输线路。为提高传输质量,减小干扰,降低传输误码率,单片机的传输线最好选用双绞线。

若按照数据传输的方式可分为并行通信和串行通信。并行通信是多位数据同时传送。串行通信是将数据一位一位顺序传送。单片机的串行口是以串行形式传输数据。

✍ 小问答

问：串行和并行两种通信方式各有什么优缺点？

答：并行通信方式数据传输速度快，但硬件接线成本高，不利于远距离传输。串行通信数据传输速度相对较慢，但硬件成本低，有利于远距离传输。

☞ **跟我做 2——准备器件并完成硬件电路制作**

因为是双机通信，需要准备两套电单片机电路器件，具体器件清单如表 2.6.2 所示。

表 2.6.2　双机通信测试电路器件清单

元件名称	参　数	数量	元件名称	参　数	数量
IC 插座	DIP40	2	电阻	10kΩ	2
单片机	8951	2	电解电容	22μF	2
晶体振荡器	11.0592MHz	2	按钮开关		1
瓷片电容	22pF	4	电阻	300Ω/1kΩ	1
发光二极管		8			

可采用万能板焊接电路元器件完成电路板制作，也可采用实验板或实验箱代替。

☞ **跟我做 3——编写控制程序**

程序设计的思路为：双机通信的收、发双方必须按照约定好的方式、速率来传输信息，所以在程序中应有最基本的通信协议。甲机发送的数据就是按键 S_{11} 的状态，因此甲机在发送数据前必须检测按键状态，如果有键按下，就根据按下的奇偶次数将对应的状态标志 F0 发送至乙机。为了避免接收信息丢失，乙机必须一直处于等待接收状态，一旦接收到标志位数据，就根据标志状态来决定是否点亮或熄灭 8 个发光二极管。

参考流程如图 2.6.2 所示。

参考程序如下：

```
; ********************************* 双机通信发送程序 *********************************
; 程序名：甲机发送程序 PM2_6_1.asm
; 程序功能：检测按键 S₁₁ 的状态，若按下奇数次则将标志位 F0 置 1，偶数次则将 F0 置 0，并将该
;           标志发送给乙机
                ORG     0000H
                AJMP    MAIN
                ORG     0100H
MAIN:           MOV     SCON,#40H        ; 串行口为方式 1，10 位为一帧
                MOV     TMOD,#20H        ; 定时器 T1 为方式 2
                MOV     TL1,#0F4H        ; 设置定时器初始值
                MOV     TH1,#0F4H
                SETB    TR1              ; 启动定时器
                CLR     F0               ; 标志位 F0 清 0
                MOV     P2,#0FFH         ; 置 P2 为输入口
```

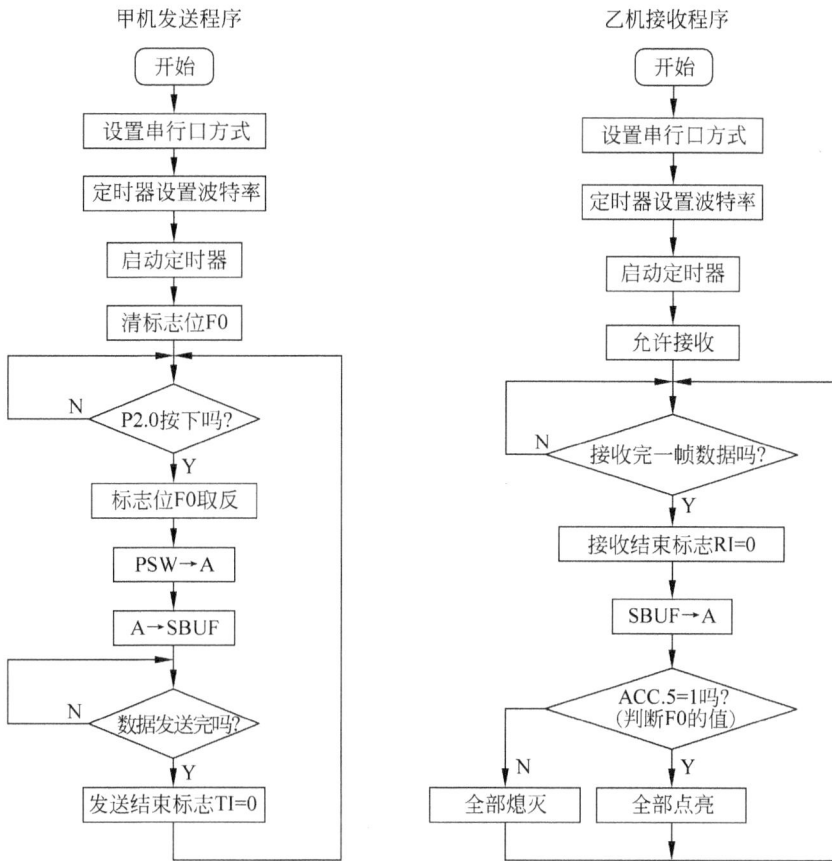

甲机发送程序　　　　　　　　　　　乙机接收程序

图 2.6.2　串行通信程序流程图

```
WAIT1:    JB      P2.0,$              ;查询按键是否按下,无键按下继续等待
          CPL     F0                  ;标志位取反
          MOV     A,PSW               ;将含有标志位 F0 的寄存器 PSW 内容送给 A
          ANL     A,#00100000B        ;屏蔽无关位
          MOV     SBUF,A              ;将 A 送 SBUF 发送数据
WAIT2:    JBC     TI,CONT             ;检测数据是否发送完毕
          AJMP    WAIT2               ;未完继续等待发送
CONT:     SJMP    WAIT1               ;发送完成则继续检测按键状态
          END
```

; ***************************** 双机通信接收程序 *****************************
;程序名:乙机接收程序 PM2_6_2.asm
;程序功能:接收甲机发送的数据,根据 F0 状态点亮或熄灭 8 个发光二极管

```
          ORG     0000H
          AJMP    MAIN
          ORG     0100H
MAIN:     MOV     SCON,#40H           ;串行口、定时器设置与甲机相同
          MOV     TMOD,#20H
          MOV     TL1,#0F4H
          MOV     TH1,#0F4H
```

```
            SETB   TR1                    ;启动定时器
            SETB   REN                    ;允许接收数据
WAIT：      JBC    RI,READ                ;判断是否接收完一帧数据
            AJMP   WAIT                   ;未接收完则继续等待接收
READ：      MOV    A,SBUF                 ;将接收到的数据送累加器 A
            JB     ACC.5,LIGHTON          ;若 ACC.5＝1,说明按键按下次数为奇数
LIGHTOFF：MOV    P1,＃0FFH               ;熄灭 8 个发光二极管
            SJMP   WAIT                   ;准备接收下一个数据
LIGHTON： MOV    P1,＃00H                ;点亮 8 个发光二极管
CONT：      SJMP   WAIT                   ;准备接收下一个数据
            END
```

✍ 小提示

（1）两个单片机之间的数据通信,收发双方必须采用相同的传输速率才能准确地完成信息传递。因此在发送程序 PM2_6_1.asm 和接收程序 PM2_6_2.asm 中,初始化程序是一致的。

根据图 2.6.3 和表 2.6.3 所示,将甲、乙两个单片机的串行口都设置为方式 1、波特率为可调的 10 位异步通信接口。

SCON	9FH	9EH	9DH	9CH	9BH	9AH	99H	98H
	SM0	SM1	SM2	REN	TB8	RB8	TI	RI

图 2.6.3   SCON 格式

表 2.6.3   串行口工作方式

SM0 SM1	工作方式	功　　能	波　特　率
0 0	方式 0	8 位同步移位寄存器	$f_{osc}/12$
0 1	方式 1	10 位异步	可调
1 0	方式 2	11 位异步	$f_{osc}/64$ 或 $f_{osc}/32$
1 1	方式 3	11 位异步	可调

串行口 10 位的帧格式如图 2.6.4 所示。

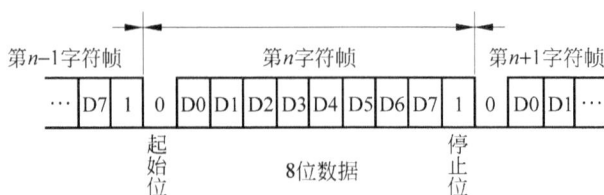

图 2.6.4   串行口 10 位的帧格式

（2）设定波特率。方式 0 中波特率为时钟频率的 $f_{osc}/12$,固定不变。方式 2 中波特率 $=\dfrac{2^{SMOD}}{64}\cdot f_{osc}$。当 PCON 中的 SMOD＝0 时,波特率为 $f_{osc}/64$;当 SMOD＝1 时,波特率为 $f_{osc}/32$。

方式 1 和方式 3 中,波特率由定时器 T1 的溢出率和 SMOD 共同决定。

$$波特率 = \frac{2^{\text{SMOD}}}{32} \cdot \text{TI 溢出率}$$

T1 溢出率取决于单片机的时钟周期和定时器 T1 的预置值。当定时器 T1 做波特率发生器使用时,通常是工作在模式 2,即自动重装的 8 位定时器。TL1 用做计数,自动重装值放在 TH1 内,表 2.6.4 列出了几种常用的波特率及获得办法。

表 2.6.4 定时器 T1 产生的常用波特率

波 特 率	f_{osc}/MHz	SMOD	定时器 T1		
			C/$\overline{\text{T}}$	模式	初始值
方式 0:1Mbps	12	×	×	×	×
方式 2:375Kbps	12	1	×	×	×
方式 1、3:62.5Kbps	12	1	0	2	FFH
19.2Kbps	11.059	1	0	2	FDH
9.6Kbps	11.059	0	0	2	FDH
4.8Kbps	11.059	0	0	2	FAH
2.4Kbps	11.059	0	0	2	F4H
1.2Kbps	11.059	0	0	2	E8H
137.5Kbps	11.986	0	0	2	1DH
110bps	6	0	0	2	72H
110bps	12	0	0	1	FEH

☞ **小问答**

问:对照表 2.6.4,说明上述发送和接收程序中采用的波特率是多少?

答:采用的波特率是 2.4Kbps。

问:试说出"SETB REN"指令、"MOV SBUF,A"指令的作用。

答:REN 是串行口接收允许控制位,REN＝0 表示禁止接收,REN＝1 表示允许接收,所以"SETB REN"指令的作用就是允许串行口接收数据。只要将需要发送的数据送至 SBUF,串行口就能够自动发送数据,所以"MOV SBUF,A"指令实际上就相当于发送数据指令。

问:在发送和接收程序中,查询数据发送结束标志 TI 和数据接收结束标志 RI 时,为什么使用了"JBC bit,rel"指令,而未使用"JB bit,rel"指令?

答:串行发送及接收过程中,数据发送结束标志 TI 和数据接收结束标志 RI 只能用软件进行清零,而"JBC bit,rel"指令除了具有查询功能外,还具有清零功能。若采用中断处理方式,在响应中断后也必须用"CLR bit"进行软件清零。

☞ **跟我做 4——联调软硬件**

准备两台 PC 和两套开发系统,两套硬件电路板。系统连接好后,进行以下操作:

(1) 分别输入源程序,一台输入发送程序 PM2_6_1.asm,另一台输入接收程序

PM2_6_2.asm。

（2）汇编源程序。

（3）首先运行乙机的接收程序，观察发光二极管状态。

（4）然后运行甲机的发送程序，重复按下控制按键 S$_{11}$，观察乙机电路中发光二极管的亮灭状态。如果显示状态不正确，可用断点运行等方式查看问题具体出在哪里。

☞ 功能扩展 1——基于串行口双机通信的电子广告牌

在实训 1.5 中已经制作了具有多种显示方式的 8×8LED 电子广告牌，但在实际应用中，往往是电子广告牌由一套从单片机系统控制，而显示方式则由另一套主单片机系统来控制，这种主、从机控制是通过串行通信来实现的。

在图 2.6.5 中，用主机系统中的两个开关 S$_{12}$、S$_{11}$ 选择 LED 显示方式，用从机控制 8×8LED 显示，这里可直接利用实训 1.5 中制作的 8×8LED 控制电路板。

程序的设计思路为：由主机检测开关状态，并将其发送给从机。从机接收到由主机发送来的开关状态后，再按照状态命令选择相应的显示方式。假设：当主机 S$_{11}$ 开关按下后，从机固定显示"大"字；当主机 S$_{12}$ 开关按下后，交替显示"大"、"小"、"上"、"下"4 个汉字。编制从机显示控制程序时可直接利用实训 1.5 中的程序 PM1_5_1.asm。

参考流程如图 2.6.6 所示。

源程序如下：

```
; ************************ 电子广告牌主机程序 ************************
; 程序名：电子广告牌主机程序 PM2_6_3.asm
; 程序功能：检测按键状态并发送命令给从机
              ORG     0000H
              AJMP    MAIN
              ORG     0100H
MAIN：        MOV     SCON,＃40H     ;串行口为方式 1
              MOV     TMOD,＃20H     ;定时器 T1 为方式 2
              MOV     TL1,＃0F4H     ;设置定时器初始值
              MOV     TH1,＃0F4H
              SETB    TR1           ;启动定时器
              MOV     P2,＃0FFH
KEYTEST：     MOV     A,P2          ;读入 P2 口的状态
              CPL     A             ;A 取反
              ANL     A,＃03H        ;屏蔽无关位,保留低 2 位按键状态信息
              JZ      KEYTEST       ;若 A=0,无键按下继续检测
              ACALL   DELAY_10MS    ;调用 10ms 延时子程序,按键去抖
              MOV     A,P2          ;再次读入 P2 口状态
              CPL     A
              ANL     A,＃03H
              JZ      KEYTEST
              MOV     SBUF,A        ;发送含有按键信息的 A 内容
WAIT：        JBC     TI,CONT
              AJMP    WAIT
```

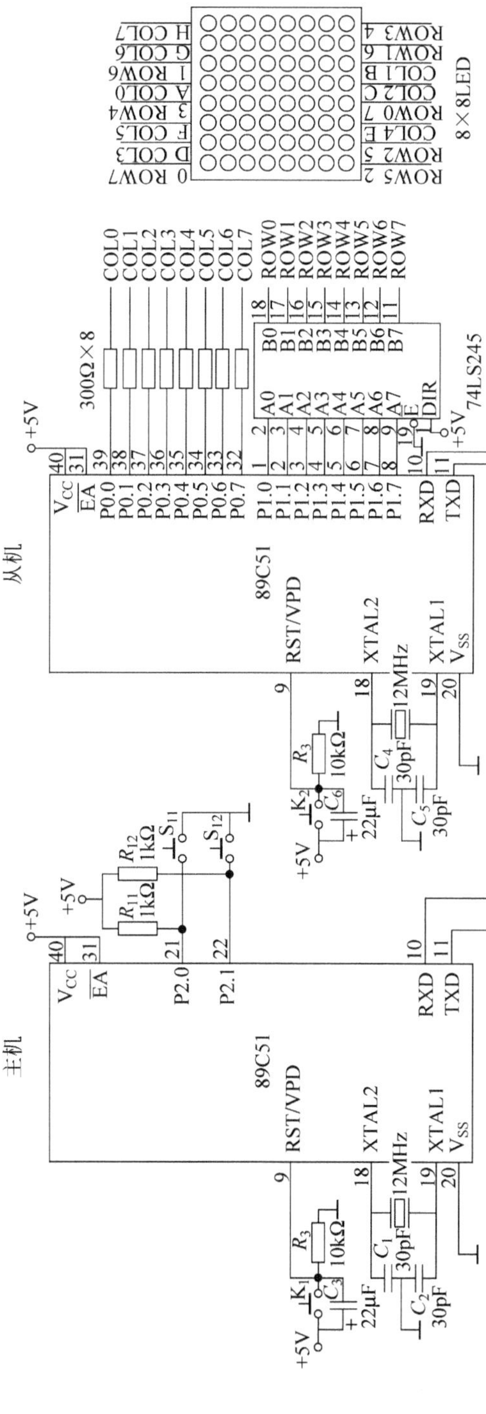

图 2.6.5　基于串行口双机通信的电子广告牌电路图

主机程序

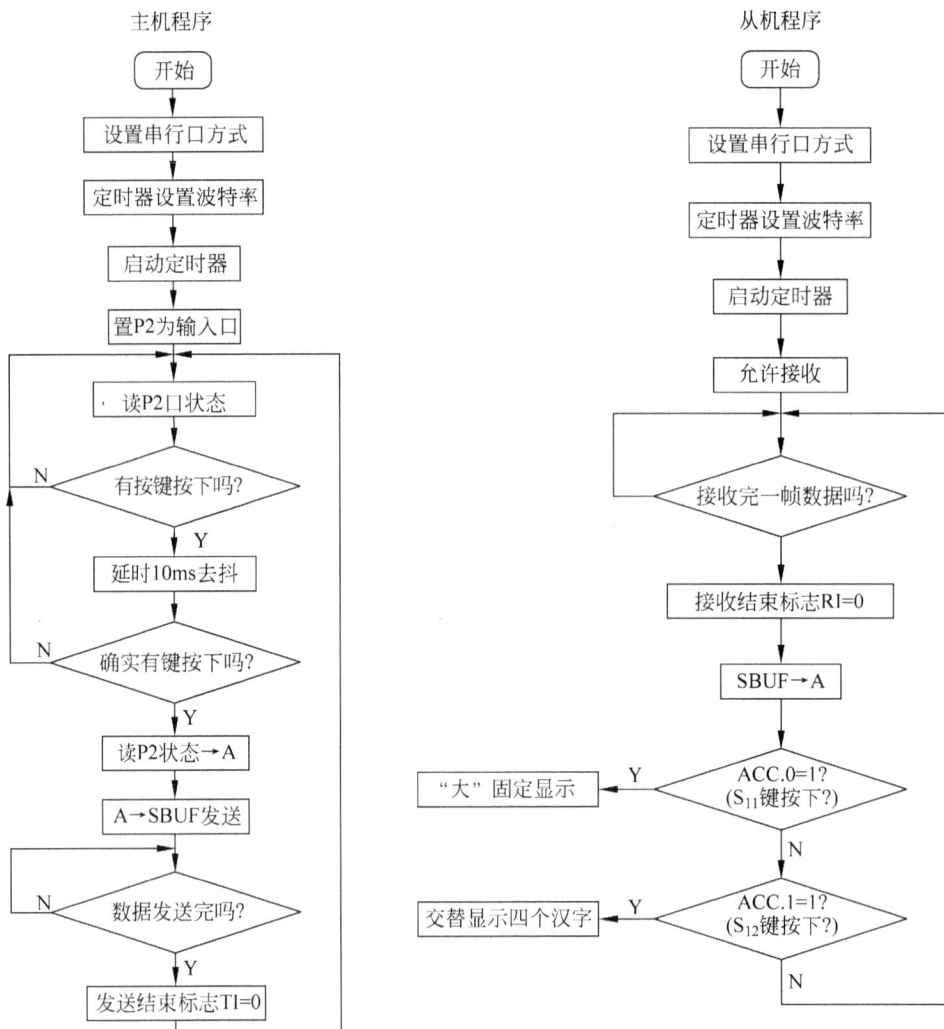

从机程序

图 2.6.6　主从机程序流程图

```
CONT:        SJMP     KEYTEST                    ;返回继续检测按键状态
             END
; ***************************** 电子广告牌从机程序 *****************************
; 程序名：电子广告牌从机程序 PM2_6_4.asm
; 程序功能：接收主机显示控制命令,根据命令实现广告牌显示
             ROW      EQU  30H                   ;定义行选择单元地址
             DOT      EQU  31H                   ;定义字形码表地址修正单元 DOT 地址
             ORG      0000H
             AJMP     MAIN
             ORG      0030H
MAIN:        MOV      SCON,＃40H                 ;串行口为方式 1
             MOV      TMOD,＃20H                 ;定时器 T1 为方式 2
             MOV      TL1,＃0F4H                 ;置定时器初始值
             MOV      TH1,＃0F4H
             SETB     TR1                        ;启动定时器
```

```
              SETB    REN
WAIT:         JBC     RI,READ
              AJMP    WAIT
READ:         MOV     A,SBUF              ;将接收到的数据送至累加器 A
              JB      ACC.0,ONE_DISP     ;若 S₁₁ 键按下,转程序 PM1_5_1.asm
              JB      ACC.1,TWO_DISP     ;若 S₁₂ 键按下,转第二种显示方式
              SJMP    WAIT               ;无键按下,转继续接收
; ****************** "大"、"小"、"上"、"下"交替显示程序 ******************
TWO_DISP:     MOV     DPTR,#TAB          ;定义表首地址;参考实训 1.5
              MOV     R5,#04             ;设置交替显示的字符数
START2:       MOV     R6,#250            ;设置一屏图形显示循环扫描次数
ONE_CHAR2:    MOV     ROW,#01H           ;行单元的初始值
              MOV     DOT,#00H           ;00H 送 DOT
              MOV     R7,#08H            ;设置扫描显示行数
NEXT_COL2:    MOV     A,ROW              ;行单元内容送 A 累加器
              MOV     P1,A               ;选中某一行
              RL      A
              MOV     ROW,A              ;为选下一行做准备
              MOV     A,DOT
              MOVC    A,@A+DPTR          ;查表得到该行的显示码型
              MOV     P0,A               ;显示码型送 P0 口
              LCALL   DELAY_1MS
              INC     DOT                ;为查表取下一个数据做准备
              DJNZ    R7,NEXT_COL2       ;8 行显示是否结束?
              DJNZ    R6,ONE_CHAR2       ;显示次数是否到 250 次?
              MOV     A,DPL              ;一个字符显示完,更新查表首地址
              ADD     A,#8
              MOV     DPL,A
              MOV     A,DPH
              ADDC    A,#0               ;A+CY→A
              MOV     DPH,A
              DJNZ    R5,START2          ;4 个字形显示完否?
              LJMP    TWO_DISP           ;全部显示完,再重新开始
; ********************** 延时子程序 DELAY_1MS **********************
;程序名:DELAY_10MS
;子程序功能:延时约 1ms,用于按键去抖
DELAY_1MS:…            ;参见程序 1_5_1.asm
; ********************** 延时子程序 DELAY_10MS **********************
DELAY_10MS:   MOV     R7,#10
L1:           ACALL   DELAY_1MS
              DJNZ    R7,L1
              RET
TAB:          DB  0F7H,0F7H,80H,0F7H,0EBH,0DDH,0BEH,0FFH    ;"大"的点亮状态表
              DB  …                                          ;"小"的点亮状态表
              DB  …                                          ;"上"的点亮状态表
              DB  …                                          ;"下"的点亮状态表
              END
```

✍ 小提示

(1) 程序 PM2_6_3.asm 与程序 PM2_6_1.asm 相比,由于前者在硬件电路中增加了

一个按键,所以在程序中也只是增加了按键的处理部分,而程序中对串行口的初始化设置没有任何改变。

（2）程序 PM2_6_4.asm 看起来似乎很长也很复杂,但仔细分析可知,它与程序 PM2_6_2.asm 相比,前半部分的串口设置、定时器设置、接收数据等方面基本没有差别,而后半部分就完全与实训 1.5 中的程序相同了。

☞ **功能扩展 2——单片机与 PC 通信**

在有些情况下,出于对系统的复杂性和可操作性等方面的考虑,主机由 PC 代替,从机仍使用单片机,这时就必须掌握单片机与 PC 之间进行通信的相关技术了。

现在以实训 1.8 中的交通灯模拟控制为例,实现用 PC 作为主机,单片机控制交通灯为从机的通信控制系统。

由于上位指挥控制的 PC 主机一般不在现场,它所发出的控制信号是否被在下位现场的单片机接收无法确认,因此通信双方除了要有规定的数据格式、波特率外,还要约定一些握手应答信号,即通信协议,如表 2.6.5 所示。

表 2.6.5　交通灯控制系统 PC 机与单片机通信协议

上位机（PC）		下位机（单片机）	
发送命令	接收应答信息	接收命令	回发应答信息
01H	01H	01H	01H
命令含义：紧急情况,要求所有方向均为红灯,直到解除命令			
02H	02H	02H	02H
命令含义：解除命令,恢复正常交通指示灯状态			

协议说明如下：

（1）通过 PC 键盘输入 01H 命令并发送给单片机,单片机收到 PC 发来的命令数据后,将交通指示灯都变为红灯,再回送同一数据作为应答信号至 PC 并在屏幕上显示出来。

（2）通过 PC 键盘输入 02H 命令并发送给单片机,单片机收到后,恢复正常交通灯指示状态并回送同一数据作为应答信号,PC 屏幕上也将显示 02H。

（3）设置主、从机的波特率为 62.5Kbps；帧格式为 10 位。

☞ **跟我做 5——绘制电路图**

电路图如图 2.6.7 所示。

✍ **小资料**

MCS-51 单片机输入、输出的逻辑电平为 TTL 电平："0"≤0.5V,"1"≥2.4V；而 PC

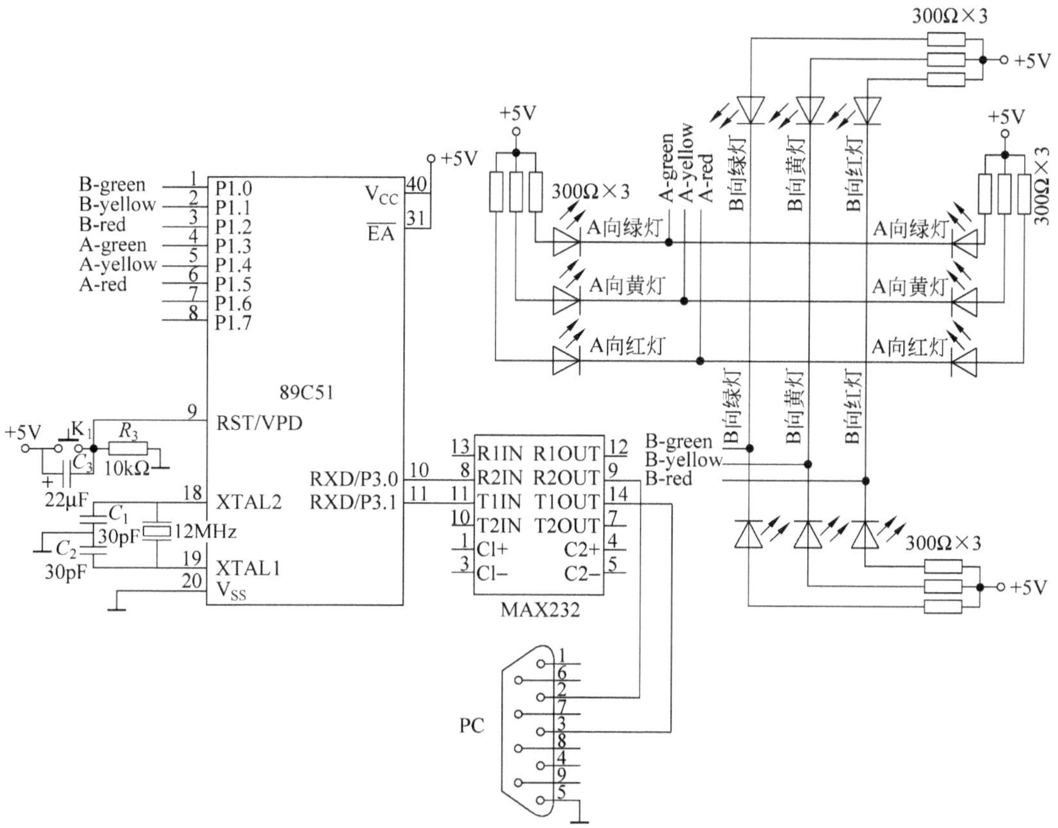

图 2.6.7　PC 控制交通灯硬件电路

配置的 RS-232C 标准接口逻辑电平为："0"＝＋12V、"1"＝－12V,所以单片机与 PC 间的通信要加电平转换电路。

图 2.6.7 中是采用 MAX232 芯片来实现电平转换,它可以将单片机 TXD 端输出的 TTL 电平转换成 RS-232C 标准电平。PC 用 9 芯标准插座通过 MAX232 芯片和单片机串行口连接,MAX232 的 14、9 引脚接 PC;11、8 引脚接至单片机的 TXD 和 RXD 端。

从机的交通灯控制电路可直接使用实训 1.8 中的电路板,电路连接好后,开始编写控制程序。

☞　**跟我做 6——编写程序**

编写单片机与 PC 的通信程序时,上位 PC 的通信程序可以用汇编语言编写,也可以用高级语言 VC、VB 来编写。目前最简易的方法是在 PC 中安装"串口调试助手",只要设定好波特率等参数就可以直接使用。用户无需再自己编写上位机通信程序了。图 2.6.8 所示为"串口调试助手"程序界面。

图 2.6.8 "串口调试助手"程序界面

下位单片机通信程序仍需要用汇编语言来编写,参考流程如图 2.6.9 所示。

参考源程序如下:

```
; ***************************** PC 控制交通灯程序 *****************************
; 程序名:PC 控制交通灯程序 PM2_6_5.asm
; 程序功能:接收主机控制命令,实施正常交通灯显示控制或紧急情况处理
                ORG      0000H
                AJMP     MAIN
                ORG      0023H
                AJMP     EMER
                ORG      0100H
MAIN:           MOV      SCON,＃40H        ;串行口为方式 1
                MOV      PCON,＃80H        ;置 SMOD＝1
                MOV      TMOD,＃21H        ;T0 为方式 1、T1 为方式 2
                MOV      TL1,＃0FFH        ;置定时器初始值,实现 62.5Kbps 的波特率
                MOV      TH1,＃0FFH
                SETB     TR1              ;定时器启动
                SETB     EA               ;中断允许
                SETB     ES
                SETB     REN              ;允许串行口接收数据
DISP:           MOV      P1,＃0EBH         ;A 绿灯放行,B 红灯禁止
                MOV      R2,＃6EH          ;0.5 秒循环 110 次
```

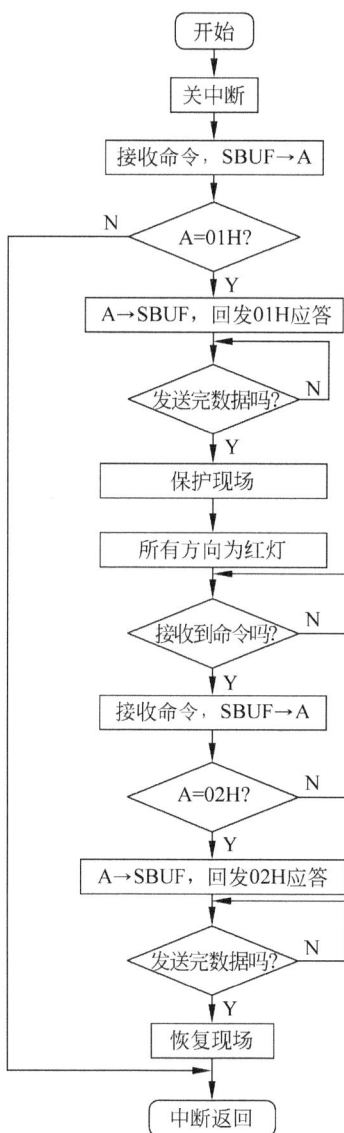

图 2.6.9　下位单片机通信程序流程图

```
DISP1:      ACALL    DELAY_500MS      ;参考实训 1.8 程序 PM1_8_1.asm
            DJNZ     R2,DISP1
            MOV      R2,#06           ;置 A 绿灯闪烁循环次数 6
            …                         ;参考实训 1.8 程序 PM1_8_1.asm
            AJMP     DISP             ;交通灯不断正常显示
; **************************** 中断服务子程序 ****************************
;中断服务子程序名:EMER
;程序功能:接收上位主机命令,控制交通灯显示状态
EMER:       CLR      EA               ;关中断
            CLR      RI               ;清串行口接收中断标志
            MOV      A,SBUF           ;取上位机发送来的信息
```

```
            CJNE     A,♯01H,BACK        ;是 01H 紧急情况命令吗?
            MOV      SBUF,A             ;将收到的 01H 命令回发给上位机
WAIT1:      JBC      TI,ALLRED
            SJMP     WAIT1
ALLRED:     PUSH     P1                 ;保护当前交通灯状态
            PUSH     02H
            PUSH     03H
            PUSH     TH0
            PUSH     TL0
            MOV      P1,♯0DBH           ;紧急情况处理,A、B道均为红灯
RECEIVE:    JBC      RI,READ            ;等待接收下一个命令
            AJMP     RECEIVE
READ:       MOV      A,SBUF             ;取上位机命令送 A
            CJNE     A,♯02H,RECEIVE     ;是 02H 命令吗?
            MOV      SBUF,A             ;将收到的 02H 命令回发给上位机
WAIT2:      JBC      TI,BACK1
            SJMP     WAIT2
BACK1:      POP      TL0                ;恢复现场
            POP      TH0
            POP      03H
            POP      02H
            POP      P1
            SETB     EA                 ;开中断,允许继续接收紧急命令
BACK:       RETI
```

✍ **小提示**

(1) 在下位机程序 PM2_6_5.asm 中,用定时器 T1 工作在方式 2,设置初始值为 0FFH,可产生 62.5Kbps 的波特率;定时器 T0 工作在方式 1,设置初始值为 3CB0H,将 50ms 溢出过程循环 10 次,实现 0.5s 延时。对照表 2.6.3,系统晶振必须采用 12MHz,SMOD=1。在参考实训 1.8 程序 PM1_8_1.asm 中的 DELAY_500MS 子程序时,不能直接使用,必须将程序中原有的 T1 改为 T0。

(2) 下位机接收上位机的"紧急情况 01H 命令"是采用中断方式,因此主程序在设置通信方式、通信波特率,串口允许接收后,还要允许串行口申请中断。

(3) 交通灯正常状态控制程序可直接利用实训 1.8 中的程序 PM1_8_1.asm。

☞ **跟我做 7——软硬件联调**

准备两台 PC,一台安装有"串口调试助手"应用程序的 PC 作为上位主机;另一台 PC 用来连接单片机开发系统及交通灯控制硬件电路作为从机,再通过 MAX232 芯片将 PC 主机与单片机从机间的通信信号接好。也可参照图 2.6.8 将上位 PC 主机直接通过 MAX232 芯片,连接到已经做好的单片机交通灯控制系统用户板上。完成接线后进行以下操作:

(1) 在从机中输入源程序 PM2_6_5.asm。

（2）汇编源程序。

（3）在上位 PC 中运行"串口调试助手"程序，设置好波特率参数，如图 2.6.10 所示。

图 2.6.10　串口调试助手的设置

（4）先运行下位机程序，观察交通灯的正常运行状态。

（5）在上位 PC 的"串口调试助手"程序环境下，用 PC 键盘输入十六进制命令"01H"并发送，并注意观察是否接收到返回的握手信号"01H"和下位机交通灯的显示状态。

（6）继续用 PC 键盘输入十六进制命令"02H"并发送，并注意观察是否接收到返回的握手信号"02H"和下位机交通灯的显示状态。

☞ 自己做——结合前面的实训项目，制作一个远距离控制体育比赛记分牌

✍ 小提示

（1）20mA 电流环是目前串行通信中广泛使用的一种接口电路，电流环串行通信接口的最大优点是低阻传输线对电气噪声不敏感，而且易实现光电隔离，因此在长距离通信时要比 RS-232C 优越得多。

（2）RS-449、RS-422A 等标准接口在传输距离、传输速率等方面均优于 RS-232 接口。

📖 项 目 小 结

　　本项目通过实现两个单片机之间的远程通信，更深入地涉及单片机串行通信技术。从最基本的单片机串行口通信到运用双机通信控制电子广告牌、PC 与单片机通信控制交通灯的实施过程，对单片机串行口资源的运用能力、相关编程方法和步骤，中断技术、定时器应用等综合编程能力方面进行了进一步训练，为设计具有串行通信控制功能的单片机应用系统奠定了基础。

第 3 篇

实用技术篇——单片机应用技术与实用技术及器件的集成

实训 3.1　电动窗帘——单片机在电机控制技术中的应用

📖 训 练 目 的

通过制作电动窗帘,学会用单片机控制步进电机和直流电机的一般方法。了解开环控制的基本概念。

☞ 做什么?——明确要完成的任务

制作一个用单片机控制电机运转,带动机械传动机构实现窗帘打开与闭合的控制系统。通过按键输入控制命令,实现窗帘的开合控制。

☞ 怎么做?——分析怎样用单片机实现任务

完成窗帘的控制首先是选择合适的电机,了解控制电机运行的基本参数,根据参数要求设计驱动控制电路,编写实现电机运行控制的程序。拖动机械传动机构运行的电机有交流电机、直流电机和步进电机,此项目只是用电机拖动窗帘的闭合控制,用小功率步进电机或直流电机即可满足拖动要求,电机外形分别如图 3.1.1(a)、(b)所示。

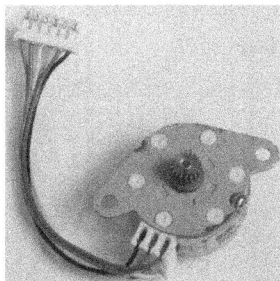

(a) 步进电机　　　　　　　　　　(b) 直流电机

图 3.1.1　电机的外形图

☞ 小知识

（1）步进电机的特点

步进电机是一种将脉冲信号变换成相应的角位移或线位移的电磁装置,属于较为特殊的电机。普通电机都是连续转动的,而步进电机则有定位和运转两种基本状态,当有脉冲输入时,步进电机将跟随脉冲一步一步地转动,每给它一个脉冲信号,它就转过一定的角度,其所带动的机械传动机构就移动一小段距离。因此,它又被称为脉冲电机。步进电机的直线位移或角位移的多少与脉冲个数成正比,转速与脉冲频率成正比,通过改变单片机发送的脉冲频率即可调节步进电机的转速。所以,只要控制输入脉冲的数量、频率及电机绕组通电的相序,就能方便地获得所需的转角、位移、转速及转动方向。步进电机调速范围广,输出转角容易控制,且输出精度高,所以被广泛用于开环控制系统中。

（2）步进电机的类型

按输出转矩步进电机可分为:快速步进电机和功率步进电机。快速步进电机工作频率高而输出转矩较小,可驱动较小的移动部件。功率步进电机的输出转矩较大,可直接驱动较大的移动部件。按励磁相数步进电机可分为:三相、四相、五相、六相甚至八相步进电机。其中 3～6 相步进电机应用较多。按工作原理步进电机可分为:磁电式和反应式两大类,其中反应式步进电机应用较为普遍。这里选用快速四相反应式步进电机带动小车运行。

☞ 跟我学 1——步进电机控制方案

（1）用单片机控制步进电机运转的一般方法

用单片机控制步进电机实现位移或转动时,无需采用硬件脉冲分配器,而是利用单片机的并行端口循环输出按一定顺序排列的控制代码,经驱动电路送至步进电机的四相绕组输入控制端即可。例如,将 P2.0、P2.1、P2.2、P2.3 的信号经驱动放大后分别送至步进电机的 A、B、C、D 四相绕组控制端,当 P2 口输出代码为 01H 时,A 相通电,B、C、D 相不通电;当 P_2 口输出代码为 02H 时,B 相通电,A、C、D 相不通电。如果先输出 01H 控制代码,延时一段时间 T 后,再输出 02H 代码,以此类推,按 01H-02H-04H-08H 顺序分别输出四组控制信号代码,然后再按此顺序循环输出同一组代码,电机就可按这一确定的旋转方向正转;若将控制代码的发送顺序改为 08H-04H-02H-01H,电机就会反转;若改变各输出代码的延续时间 T,就可改变电机的转速。

（2）步进电机驱动电路

步进电机多采用专用的集成驱动电路,L293D 就是步进电机集成驱动电路中的一种。它适用于驱动感性负载,输出电流最高可达 1.2A,引脚如图 3.1.2 所示。

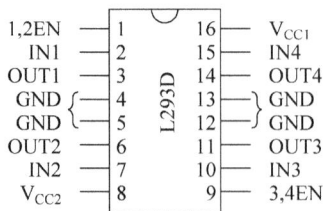

图 3.1.2 L293D 的引脚示意图

L293D 的引脚功能如表 3.1.1 所示。

表 3.1.1　L293D 引脚功能

引脚号	功　　能	引脚号	功　　能
1	通道 IN1,IN2 使能端	2,3	通道 IN1 输入、输出端
9	通道 IN3,IN4 使能端	7,6	通道 IN2 输入、输出端
4,5,12,13	接地端	10,11	通道 IN3 输入、输出端
8,16	电源端	15,14	通道 IN4 输入、输出端

有 4 个输入—输出通道,分别为 IN1-OUT1、IN2-OUT2、IN3-OUT3 和 IN4-OUT4; 2 个通道控制使能端 EN1、EN2; EN1 对应通道 IN1-OUT1 和 IN2-OUT2 的选通控制; EN2 对应通道 IN3-OUT3 和 IN4-OUT4 的选通控制。只有当控制使能端 EN1 和 EN2 为高电平"1"时,对应的驱动通道才被选通,各输入、输出引脚状态与使能控制端状态的对应关系如表 3.1.2 所示。

表 3.1.2　通道驱动状态真值表

INPUT 状态	EN(1、2)状态	OUTPUT 状态
H	H	H
L	H	L
H	L	高阻抗
L	L	高阻抗

可用单片机的 P2.0~P2.3 分别接驱动芯片 L293D 的 4 个输入端,再用 L293D 的 4 个输出端去控制步进电机的 4 个相控制端。

☞ **跟我做 1——绘制硬件电路图**

电路器件清单如表 3.1.3 所示。

表 3.1.3　电路器件清单

元件名称	参　　数	数量	元件名称	参　　数	数量
IC 插座	DIP40	1	步进电机驱动芯片	L293D	1
单片机	89C51	1	直流电机	HY37JB363	1
晶体振荡器	12MHz	1	直流电机驱动芯片	LG9110	1
瓷片电容	33pF	2	按键		3
步进电机	86BYG102	1			

单片机控制步进电机驱动电路如图 3.1.3 所示。

通过 S_1 正转、S_2 反转、S_3 停止控制按键对单片机是否输出脉冲及发送脉冲码的顺序进行选择。单片机 P1.0~P1.2 为按键输入端口,P2.0~P2.3 为脉冲输出端口,端口资源分配如表 3.1.4 所示。

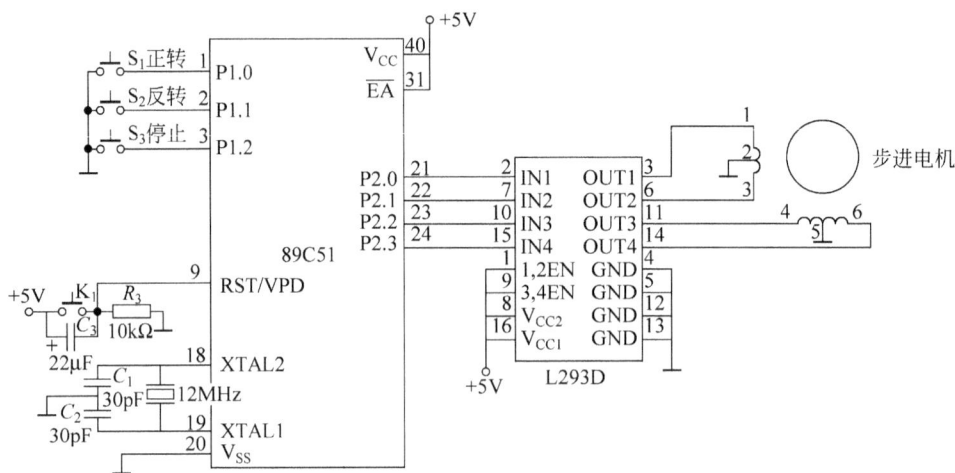

图 3.1.3　单片机控制步进电机驱动电路

表 3.1.4　单片机端口资源分配表

端　口	功　　能	端　口	功　　能
P1.0	电机正转控制输入端	P1.2	电机停止控制输入端
P1.1	电机反转控制输入端	P2.0~P2.3	驱动脉冲输出端

☞ 跟我做 2——编写控制程序

编程的设计思路为:根据控制按键状态的查询结果,调用对应的电机运转控制子程序。例如,当查询到 S₁ 键按下时,调用电机正转控制子程序,通过 P2 口依次循环送出 01H,02H,04H,08H 步进电机正转控制代码;若查询到 S₂ 键按下则通过 P2 口依次循环送出 08H,04H,02H,01H 步进电机反转控制代码;若查询到 S₃ 键按下,P2 口则停发脉冲代码,电机停转。程序参考流程如图 3.1.4 所示。

```
; ****************** 步进电机控制程序 STEP_M ******************
; 程序名:STEP_M PM3_1_1.asm
; 程序功能:查询控制按键状态,控制步进电机的正转、反转及停止
; 出口参数:P2.0~P2.3
              ORG     0000H
              LJMP    STEP_M
STEP_M:  MOV     P1,#0FFH
NEXT0:   JB      P1.0,NEXT1        ; 正转键按下否?
              MOV     R1,#4            ; 设置循环查表次数
              MOV     R0,#0            ; 设置正转查表修正初值
              LCALL   RUN              ; 调用转动控制子程序
NEXT1:   JB      P1.1,NEXT2        ; 反转键按下否?
              MOV     R1,#4
              MOV     R0,#4            ; 设置反转查表修正初值
```

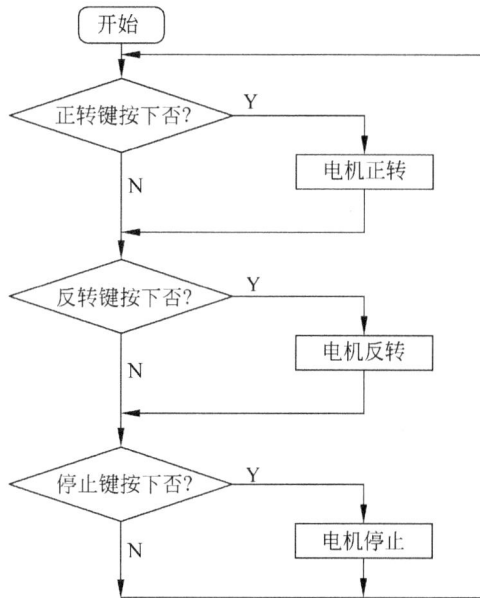

图 3.1.4　程序流程图

```
          LCALL    RUN              ;调用转动控制子程序
NEXT2：   JB       P1.2,NEXT0       ;停止键按下否?
          MOV      P2,#00H          ;调用转动控制子程序
          LJMP     NEXT0
; ****************** 步进电机正反转控制子程序 RUN ******************
;程序名：RUN
;程序功能：控制步进电机正反转
RUN:      MOV      DPTR,#TAB
ZD：      MOV      A,R0
          MOVC     A,@A+DPTR
          MOV      P2,A
          ACALL    DELAY
          INC      R0
          DJNZ     R1,ZD
          RET
DELAY：   MOV      R4,10
DE1：     MOV      R5,#250
DE0：     NOP
          NOP
          DJNZ     R5,DE0
          DJNZ     R4,DE1
          RET
TAB：     DB       01H,02H,04H,08H   ;正转代码
          DB       08H,04H,02H,01H   ;反转代码
          END
```

✍ 小提示

根据上面的控制程序,按键只有保持按下状态时,控制功能才有效,所以要采用带有

机械锁定机构的按键。若采用普通的点动按键,手按下时电机转动,手松开时电机停止。也可在程序中通过设置按键状态标志位来实现,即只要控制键按下,则将其对应的状态标志位置"1",否则置"0"。然后再通过判断按键状态标志位的状态来控制电机的转动状态。

☞ 跟我做 3——软硬件联调

(1)输入源程序。

(2)汇编源程序。

(3)运行程序后,按下控制键,观察电机的运转状态。

☞ 跟我学 2——直流电机控制方案

(1)小车的两个驱动轮分别由两个带减速传动机构的直流电机驱动,如图 3.1.1(b)所示。由于电动机的转速达 5000 转/分,这么高的转速无法直接带动小车运行,可通过减速齿轮将电机输出的转速降低到 60 转/分以内。

(2)采用集成驱动芯片 LG9110,其引脚和功能如图 3.1.5 所示。

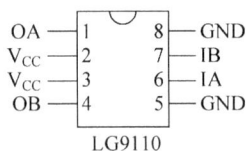

序号	符号	功　　能
1	OA	A 路输出管脚
2	V_{CC}	电源电压
3	V_{CC}	电源电压
4	OB	B 路输出管脚
5	GND	地线
6	IA	A 路输入管脚
7	IB	B 路输入管脚
8	GND	地线

(a) 引脚图　　　　　　　　　　(b) 引脚说明

图 3.1.5　LG9110 集成驱动芯片引脚及说明

其中 IA、IB 为电机转向控制信号输入端；OA、OB 为驱动电机功率输出端。改变输入控制信号的逻辑电平,输出电平也相应改变,从而达到控制电机正、反转的作用。电平的逻辑关系及引脚连接方法如图 3.1.6 所示。

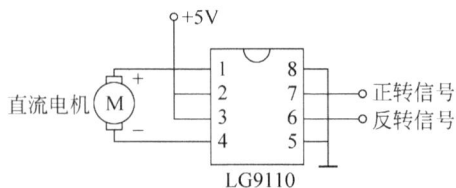

IA	IB	OA	OB	电机状态
H	L	H	L	正传
L	H	L	H	反转
L	L	H	H	停止
H	H	L	L	停止

(a) 逻辑控制关系　　　　　　　　　　(b) 引脚连接

图 3.1.6　LG9110 集成驱动芯片逻辑控制关系及引脚连接示意图

☞ **跟我做 4——绘制硬件电路**

单片机与直流电机接口电路如图 3.1.7 所示,采用单片机 P3 口的 P3.4、P3.5 和 P3.6、P3.7 分别控制左右两个轮子的直流驱动电机。

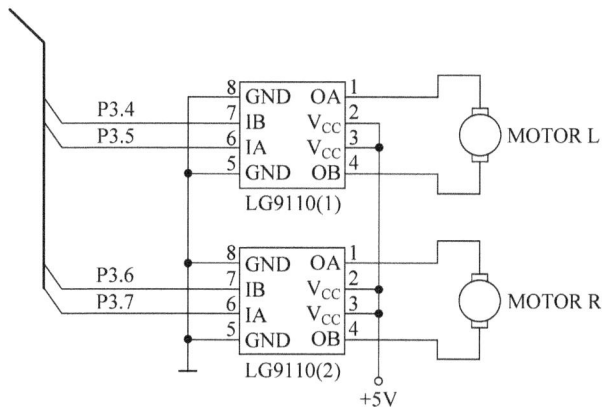

图 3.1.7　单片机控制直流电机驱动电路

☞ **跟我做 5——编写控制子程序**

```
;   ********************** 直流电机运转控制子程序 **********************
GO:     SETB    P3.4            ;前进控制子程序
        CLR     P3.5
        CLR     P3.7
        SETB    P3.6
        RET
BC:     SETB    P3.5            ;后退控制子程序
        CLR     P3.4
        CLR     P3.6
        SETB    P3.7
        RET
STOP:   CLR     P3.4            ;停止运行控制子程序
        CLR     P3.5
        CLR     P3.7
        CLR     P3.6
        RET
```

☞ **跟我做 6——软硬件联调**

(1) 输入源程序。
(2) 汇编源程序。

（3）运行程序后，按下控制键，观察电机的运转状态。

☞ 功能扩展 1

步进电机的转速与脉冲频率成正比，在 DELAY 子程序中，改变 R7 中的数值可以调节步进电机的速度。可在电路中增加增速键▲和减速键▼，以便随时通过按键调节电机转速。

若用数码管显示步进电机转速，又该如何修改硬件电路和程序呢？

☞ 功能扩展 2

在硬件电路中可增加光敏电阻，当光线较暗时，控制窗帘自动闭合；光线较强时，窗帘可自动打开。

✐ 小提示

利用光敏电阻感知光线亮暗所引起电阻变化这一特点，通过单片机 I/O 端口测试出这种开关量的变化，并由此作为控制窗帘的依据，参考电路如图 3.1.8 所示。

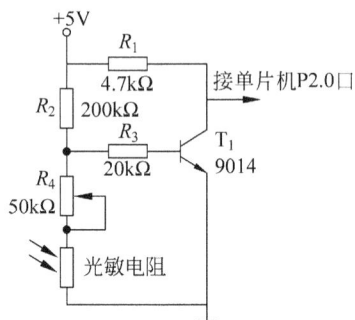

图 3.1.8 光敏开关电路原理示意图

📖 项 目 小 结

该项目涉及步进电机控制、步进电机驱动电路与单片机接口的应用技术。通过选择电机，查阅步进电机驱动电路应用资料，单片机与步进电机驱动电路的硬件连接设计和编程训练，为操作者完成带有运动控制功能的综合项目制作奠定了基础。

实训 3.2 感应垃圾桶——单片机在红外传感技术中的应用

📖 训 练 目 的

通过制作具有自动翻盖功能的感应垃圾桶，学会单片机与红外传感技术相结合的技术集成与转化的基本方法，熟悉单片机开环控制的一般概念。

☞ 做什么？——明确要完成的任务

敞开的垃圾桶让人觉得气味难闻，而加装了盖子的垃圾桶用起来不方便。本项目的任务是制作一个具有自动翻盖功能的垃圾桶，当有人丢垃圾的时候，它的盖子自动打开，人离开后自动闭合。成品自动感应垃圾桶如图 3.2.1 所示。

图 3.2.1　自动感应垃圾桶

图 3.2.2　热释电红外传感器外观图

☞　怎么做？——分析怎样用单片机实现任务

实训 3.1 已经实现了用单片机控制电机的运行开合窗帘，如果用电机控制垃圾桶盒盖，则任务完成了一半，余下的任务是将人接近与离开垃圾桶的信息转换成单片机能够识别的信号，以自动控制桶盖的开与闭。选择合适的电机和人体接近传感器，根据相关资料设计硬件电路与编制程序。本项目使用 12V 直流电机与热释电红外传感器。

✍ 小知识

人体传感器是人体接近后，给出电信号的器件。人体传感器有接触式和非接触式两种形式，接触式有触摸传感器、电容式传感器、指纹传感器等；非接触式有红外传感器、热释电红外传感器、微波传感器、超声传感器、电磁传感器、振动传感器、眼角膜识别传感器等。

热释电红外传感器如图 3.2.2 所示。这种元件在接收到人体红外辐射后因温度变化而向外释放电荷。

热释电红外传感器因本身输出的信号较弱，无法直接与单片机接口，需通过运算放大电路对其输出的信号进行后续处理，有信号处理功能的红外传感器如图 3.2.3 所示。

这种传感器有三个引脚，其中标有"＋"端是正电源，标有"－"端是地，标有"OUT"端是输出引脚。当人靠近时，输出 $V_{OUT}=3V$；当无人靠近时输出 $V_{OUT}=0V$。电源工作电压为 DC4.5～20V，感应角度为 110 度，静态电流小于 $40\mu A$，感应距离为 1～5m。

图 3.2.3　热释电红外传感器
应用模块示意图

这种检测模块的优点是本身不发任何类型的辐射，一般手机的电磁信号、照明等不会引起误动作，器件功耗小，价格低廉。其缺点是只能测试运动的生物体，且容易受较强热源、光源、射频辐射干扰，当环境温度和生物体温度接近时灵敏度会下降。

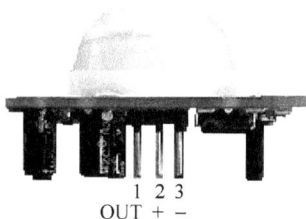

☞　跟我学——直流控制电机驱动电路 LMD18200

项目中选用的直流电机如图 3.2.4 所示，只需接上直流电源即可运转。

　　单片机的 I/O 口能提供的输出电流仅有几毫安,而直流电机的额定工作电流需要几百毫安,有的甚至达到几个安培以上,很显然,单片机是无法直接驱动直流电机旋转的。因此,在它们之间还需增加一个驱动电路,用来提供足以保证直流电机旋转的电流。

　　驱动直流电机的大功率器件有很多种,本项目选用 LMD18200 芯片,其外形如图 3.2.5 所示。

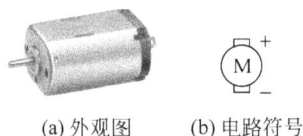

(a) 外观图　　(b) 电路符号

图 3.2.4　直流电机示意图　　　　　图 3.2.5　LMD18200 引脚图

　　其引脚功能、电机正反转及停转逻辑控制真值表如表 3.2.1 和表 3.2.2 所示。

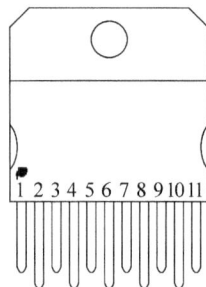

表 3.2.1　LMD18200 引脚功能表

引脚号	名　　称	功　能　描　述
1、11	电容连接端	在脚 1 与脚 2 之间、脚 10 与脚 11 之间接入 22μF 电容
2、10	驱动电流输出端	接直流电机电流输入输出端
3	方向控制输入端	控制输出引脚 2、10 之间的电流方向,从而控制电机旋转方向
4	刹车控制输入端	与引脚 3、5 配合控制电机停转
5	状态控制输入端	与引脚 3、4 配合控制电机正反转及停转
6、7	电源正、负端	引脚 6 接 +12V 电源,引脚 7 接电源地

表 3.2.2　LMD18200 逻辑真值表

PWM(5 脚)	方向(3 脚)	刹车(4 脚)	驱动电流方向	电机工作状态
H	H	L	流出 1、流入 2	正转
H	L	L	流入 1、流出 2	反转
L	×	L	流出 1、流出 2	停止
H	H	H	流出 1、流出 2	停止
H	L	H	流入 1、流入 2	停止
L	×	H	NONE	停止

☞ **跟我做 1——画出硬件电路原理图**

　　硬件电路原理示意图如图 3.2.6 所示。

　　在图 3.2.6 中,右下角为稳压电源电路,图中标示的 +12V 电源提供给电机驱动功率模块驱动直流电机,经 7805 稳压模块稳压后的 +5V 电源提供给单片机。

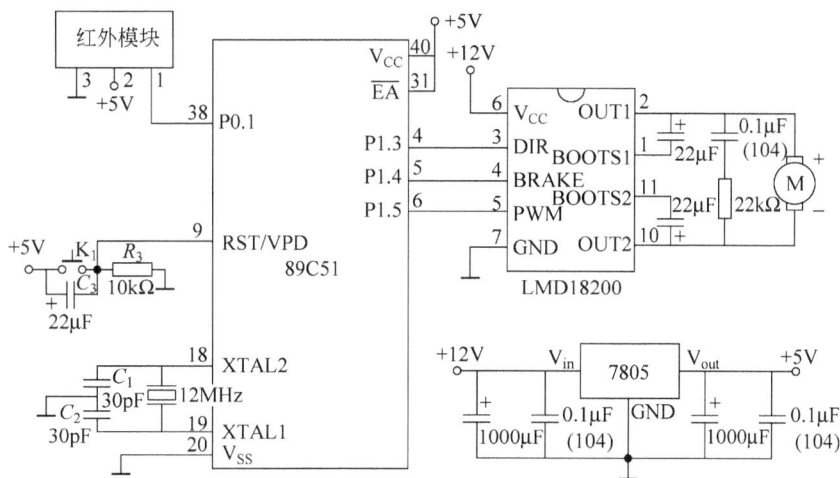

图 3.2.6 感应垃圾桶硬件电路图

☞ 跟我做 2——准备器件并制作硬件电路

器件清单如表 3.2.3 所示。

表 3.2.3 感应垃圾桶电路器件清单

元件名称	参 数	数量	元件名称	参 数	数量
IC 插座	DIP40	1	红外感应模块	—	1
单片机	89C51	1	电机驱动芯片	LMD18200	1
晶体振荡器	12MHz	1	直流电机	HY37JB363	1
瓷片电容	30pF	2	电阻	22kΩ	1
电源	直流＋12V	1	瓷片电容	104	3
按键	—	1	稳压模块	7805	1
电阻	1kΩ	1	电解电容	1000μF	2
电阻	200Ω	1	电解电容	22μF	3

☞ 跟我做 3——流程图设计

根据感应垃圾筒的功能要求和直流电机驱动芯片 LMD18200 的逻辑真值表,系统应具有以下功能:

(1) 人体感应信号测试功能。

(2) 电机正转功能: P1.5＝1、P1.3＝1、P1.4＝0;若要电机停止,只需让 P1.4＝1 即可。

(3) 电机反转功能: P1.5＝1、P1.3＝0、P1.4＝0;若要电机停止,只需让 P1.4＝1 即可。

编制程序流程图,参考流程如图 3.2.7 所示。

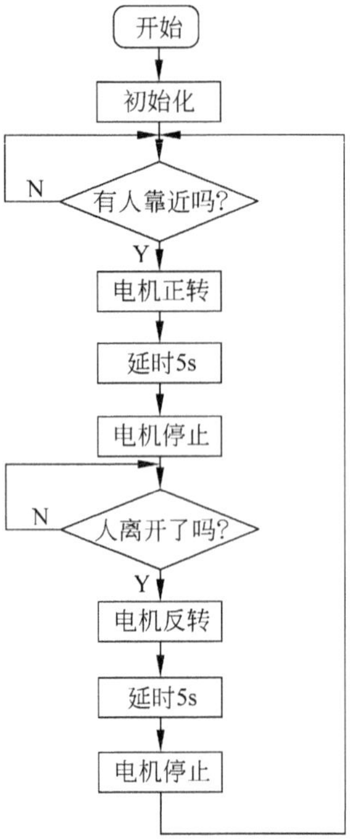

图 3.2.7　感应垃圾桶软件流程图

☞ **跟我做 4——程序设计**

根据流程图及表 3.2.2 给出的 LMD18200 逻辑真值表编写系统应用程序。

```
;****************** 感应垃圾桶控制程序 P_C_M ******************
;程序名:感应垃圾桶控制程序 PM3_2_1.asm
;程序功能:判断是否有人接近,有电机正传,离开电机反转
;入口参数:P0.0
;出口参数:P1.3、P1.4、P1.5
        ORG     0000H
P_C_M:  MOV     P0      ,#0FFH
        MOV     A       ,P0         ;读 P1 口的状态
WAIT:   JB      ACC.0   ,OPEN       ;判断 P0.0 是否变为高电平
        SJMP    WAIT
OPEN:   SETB    P1.3                ;有人接近,控制电机正转,打开桶盖
        CLR     P1.4
        SETB    P1.5
        ACALL   DELAY5S             ;延时 5s
        SETB    P1.4                ;电机停转,保持桶盖打开状态
        MOV     A       ,P0         ;读 P0 口的状态
WAIT1:  JNB     ACC.0   ,CLOSE      ;判断 P0.0 是否变为低电平
```

```
            SJMP      WAIT1
CLOSE:      CLR       P1.3              ；人已离开,控制电机反转,合上桶盖
            CLR       P1.4
            SETB      P1.5
            ACALL     DELAY5S           ；延时 5s
            SETB      P1.4              ；电机停转,保持桶盖合上状态
            AJMP      P_C_M
DELAY5S:MOV           R1        ,#50    ；延时 5s 子程序
DEL1:       MOV       R2        ,#100
DEL2:       MOV       R3        ,#250
DEL3:       NOP
            NOP
            DJNZ      R3        ,DEL3
            DJNZ      R2        ,DEL2
            DJNZ      R1        ,DEL1
            RET
```

☞ 跟我做 5——软硬件联调

(1) 输入源程序。

(2) 汇编源程序。

(3) 联机调试和纠错,模拟人靠近和离开动作,测试垃圾桶盖的控制过程。

(4) 将调试好的程序下载至 89C51 芯片中,脱机运行。

(5) 完成机械部分的设计与制作。

(6) 进行外观设计。

(7) 产品组装。

这样,一个由单片机控制的自动感应垃圾桶就制作完成了,怎么样? 不妨也为家中的垃圾桶上试一试。

☞ 功能扩展 1

在已完成的感应垃圾桶设计与制作基础上,能再增加一些其他功能吗? 例如,当有人倒垃圾时,在桶盖自动打开的同时,用多个彩色发光二极管产生闪烁显示效果并播放在实训 1.7 中所编制的音乐。当盖子合上后,发光二极管显示熄灭,音乐停止。增加这些功能需要做哪些硬件及软件方面的修改呢?

✎ 小提示

目前市场上有很多音乐芯片,有些已将音乐固化在芯片里面,也有能够根据用户需要进行录制的音乐模块,图 3.2.8 就是其中一种简单的 UM66T 音乐芯片示意图。

芯片有 3 个引脚,其中 3 脚接地、2 脚输入、1 脚输出。当输入端为高电平时,输出端外接的蜂鸣器或喇叭就有音

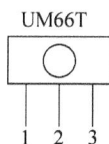

图 3.2.8 UM66T 音乐芯片示意图

乐响起。当输入端为低电平时输出音乐停止。

☞ **功能扩展 2**

　　热释电红外传感器可用于自动开关、防盗报警、设备的自动控制等多种场合,可结合单片机和其他功能电路的应用,充分发挥自己的奇思妙想,开发出更加优秀的新产品。

📖 **项 目 小 结**

　　该项目涉及直流电机驱动电路与单片机接口的应用技术与远红外传感器技术。通过选择电机、查阅直流电机驱动电路应用资料,单片机与远红外传感器、直流电机驱动电路的硬件连接设计和编程训练,进一步为操作者完成带有运动控制功能的综合项目制作奠定了基础。

实训 3.3　倒车雷达——单片机在超声测距技术中的应用

📖 **训 练 目 的**

　　通过制作汽车倒车雷达,学会利用单片机和超声探测元件测试距离的基本方法,进一步熟悉单片机定时器技术、中断技术在数据采集和数据处理过程中的综合运用方法,提高综合应用程序的编程方法与技巧。

☞ **做什么?——明确要完成的任务**

　　在汽车倒车时,为了给驾驶员提供汽车尾部与后方障碍物间的距离信息,可将单片机应用技术与超声波探测技术结合起来,设计一个汽车倒车雷达。要求在驾驶员将手柄拨到倒车挡后,系统自动启动,能用数码管显示所测距离,当汽车尾部距障碍物小于 1m、0.5m、0.25m 时,可发出不同的声音以提示驾驶员注意。

☞ **怎么做?——分析怎样用单片机系统实现任务**

　　超声波探测器件可以发射超声波并接收回波,若用单片机记录从超声波发射时刻起到接收到超声波返回信号之间的间隔时间,再根据声波在空气中的传播速度,即可计算出产生回波的物体与超声探测元件之间的距离。因此,用单片机某一端口输出一定周期的方波,经超声波发射探头产生的机械谐振发射超声波,与此同时启动定时器工作。当超声回波接收探头接收到回波信号后,经放大整形送至比较器,比较器的输出将变为高电平,此信号就作为单片机中断请求信号,单片机一旦接收到中断请求信号立即读取定时器记录的时间,再将计算得到的距离数据送数码管显示,同时触发语音模块电路。不断重复发射、接收、显示与语音提示这一循环过程,直至汽车退出倒车运行控制状态。

✍ 小提示

(1) 超声测距的关键是利用单片机准确地记录从发射超声波的时刻起到接收到回波时刻之间所需的时间 t,而这段时间的一半($t/2$)就是超声波从发射探头到被测障碍物所耗费的时间。超声波在空气中的传播速度为 $n=331.45\text{m/s}$,若单片机使用 12MHz 晶振,其内部定时器的定时时间 $t=$ 计数次数×$1\mu s$,则往返距离 $s=n\times t$。

(2) 超声波发射与接收电路可用超声波传感器和分立元件自己搭建,也可直接利用已有的超声波测距模块,本项目中选择发射与接收一体的 TCT40-10 超声波探测模块。

(3) 为保证测量结果的准确性,可采用外部中断方法对接收探头接收到的回波上升沿进行检测。

☞ 跟我做 1——画出硬件电路图

倒车雷达硬件电路示意图如图 3.3.1 所示,用 P3.2 发超声波脉冲信号,用 P3.3 接收超声回波信号,用 2 位 LED 数码管动态显示测量距离,用单片机的 P2.0、P2.1 作为位选控制端,P0.0~P0.7 作为段选口,用 P2.2 接收倒车控制信号,用 P2.3 输出语音提示控制信号。

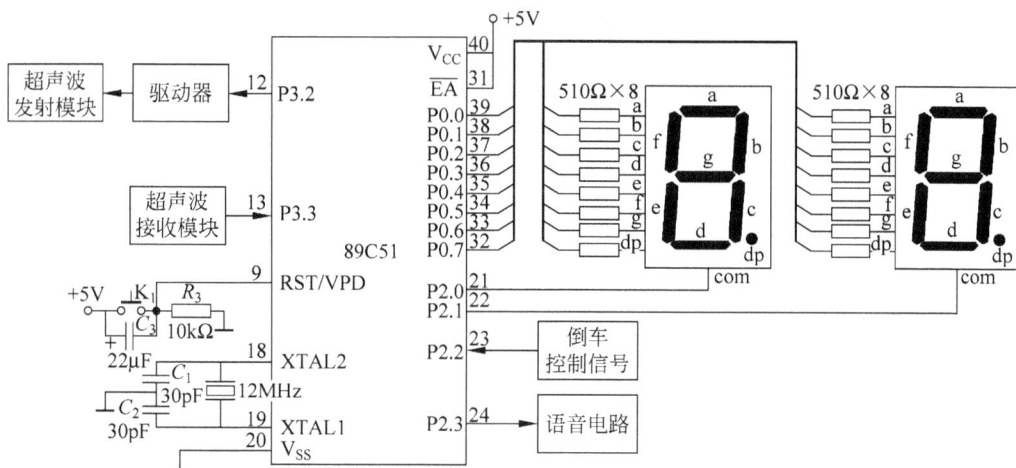

图 3.3.1 倒车雷达硬件电路示意图

✍ 小资料

(1) 超声测距、激光测距、红外测距、微波测距等非接触式测距方法被广泛用于探测、汽车、运动机器人等方面。超声测距就是利用压电效应将电脉冲与机械谐振产生的超声波相互转化而构成的发射与接收装置,也称为超声波换能器或超声波探头,它包括发送探头和接收探头两部分。通过发射探头将 40kHz 的电脉冲信号转换为机械谐振而产生超声波,实现将电能转换为机械能的转换,而接收探头则是将超声波引起的机械振动再转换成电脉冲信号。

（2）图 3.3.2 所示为这里所采用的已有超声波发射与接收模块的内部电路示意图，单片机只要通过 P3.2 引脚发出 40kHz 脉冲信号，经驱动电路送至发射模块的输入端即可发出超声波，用 P3.3 引脚获取接收模块输出的超声波返回脉冲信号，当第一个下降沿到来时，单片机立即响应中断。

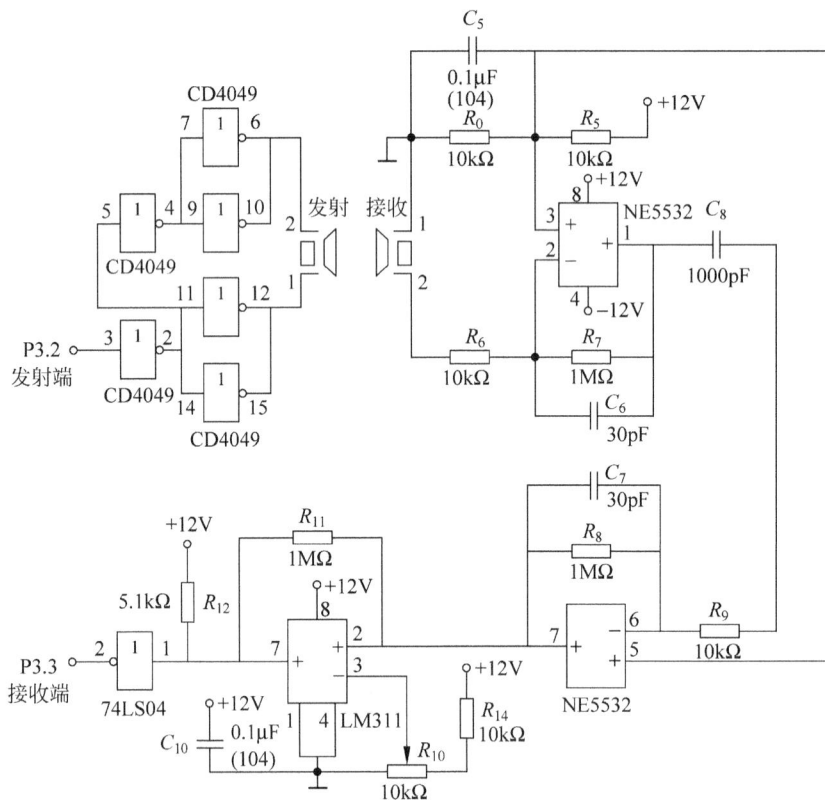

图 3.3.2　超声波发射与接收模块内部电路示意图

☞ 跟我做 2——准备器件并完成硬件电路制作

器件清单如表 3.3.1 所示，语音电路可参考实训 1.7 中图 1.7.1 的接线方法或直接选用语音模块电路以保证语音提示与测距同步。

表 3.3.1　倒车雷达电路器件清单

元件名称	参　　数	数量	元件名称	参　　数	数量
IC 插座	DIP40	1	电阻	10kΩ	1
单片机	89C51	1	电阻	510Ω	16
晶体振荡器	12MHz	1	电容	30pF	2
瓷片电容	$22\mu F$	1	反相驱动器	74LS06	1
七段 LED	—	2	超声波探测模块	TCT40-10	1
功放	LM386	1	蜂鸣器	无源式	1

☞ 跟我做 3——编写控制程序

程序的设计思路为：完成定时器、中断系统及各种初始化参数的设定，发出 40kHz 的方波信号、等待接收中断、调用距离计算子程序、显示测试距离、发出语音同步提示控制信号。程序流程图如图 3.3.3 所示。

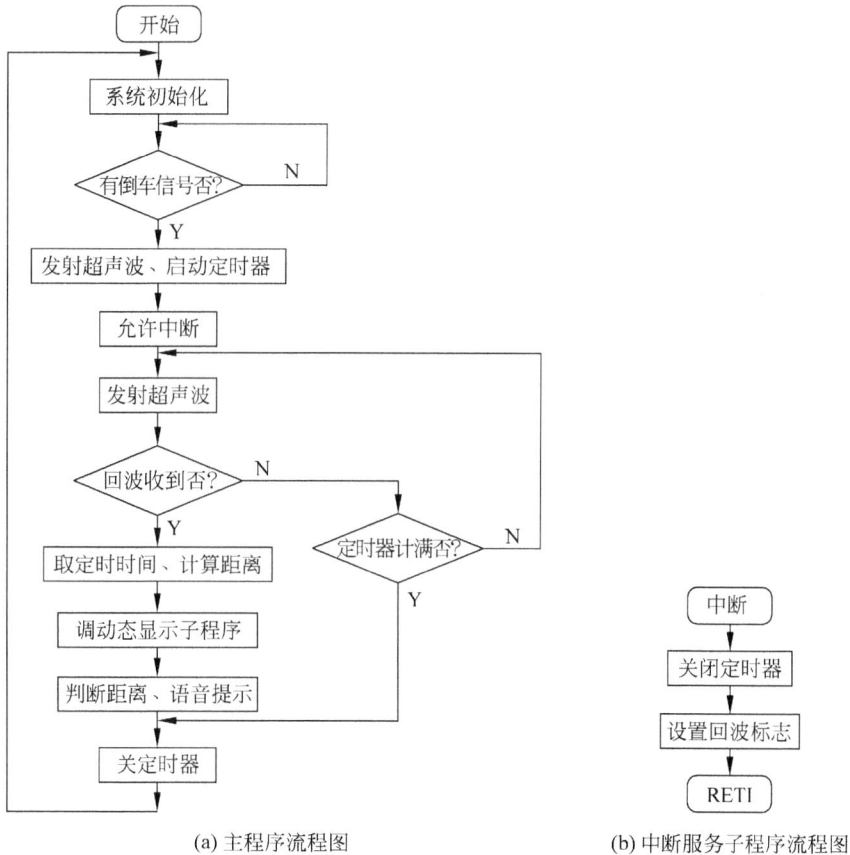

图 3.3.3 中图注：(a) 主程序流程图　　(b) 中断服务子程序流程图

图 3.3.3　倒车雷达程序流程示意图

```
; ***************** 超声测距主程序 S_MAIN *****************
; 程序名：超声测距主程序 S_MAIN PM3_3_1.asm
; 程序功能：测试距障碍物距离，用数码管显示结果，发语音提示信号
; 出口参数：P0、P2.0～P2.3
; 占用单片机接口资源：P0、P2.0～P2.3、P3.2、P3.3
              ORG 0000H
       LJMP     MAIN
              ORG 0013H
       LJMP     CUNT_L
S_MAIN：  MOV     TMOD，♯10H      ；置定时器 T0 于工作方式 1
```

```
CSH:        MOV     TL0,    #00H        ;计数单元清 0
            MOV     TH0,    #00H
            MOV     20H,    #25         ;置近距离 0.25m 参数
            MOV     21H,    #50         ;置中距离 0.5m 参数
            MOV     22H,    #99         ;置远距离 1m 参数
            CLR     F0                  ;回波接收成功标志清 0
            JNB     P2.2,$              ;判断有倒车信号否?
            SETB    EA                  ;允许外部 INT1 申请中断
            SETB    EX1
            SETB    TR0                 ;开启定时器 T0
HERE:       CPL     P3.2                ;输出 40kHz 方波
            NOP
            NOP
            NOP
            NOP
            NOP
            JNB     F0,     NEXT0       ;判断回波接收成功标志,无回波则转
            LCALL   CUNT_L              ;调用计算距离子程序
            LCALL   HE                  ;调用实训 2.4 中显示数据处理子程序
            LCALL   DISP1               ;调用实训 2.4 中 LED 显示子程序
            CT_SOUND                    ;调用距离判断与语音提示控制子程序
            SJMP    NEXT1
NEXT0:      JBC     TR0,    NEXT1       ;若定时器溢出表示未测到回波
            SJMP    HERE                ;返回继续发超声波
NEXT1:      CLR TR0
            LJMP    CSH
; ********************** INT1 中断服务子程序 INPUT1 **********************
;程序名:INPUT1
;程序功能:计算障碍物测试距离
INPUT1:     CLR     TR0                 ;接收到超声回波,关定时器
            SETB    F0                  ;设置回波接收成功标志
            RETI
; ********************** 计算距离子程序 CUNT_L **********************
;程序名:CUNT_L
;程序功能:计算距前方障碍物的距离
;入口参数:TL0、TL1
;出口参数:A
CUNT_L:     MOV     R2,     TL0         ;取定时器低 8 位值
            MOV     R3,     TL1         ;取定时器高 8 位值
            MOV     R6,     #11H        ;设置光速初值的 1/20,近似为 17
            MOV     R7,     #00H
            LCALL   MULD                ;调用实训 2.4 中双字节乘法子程序
            MOV     R6,     #64H        ;设置除数为 100
            MOV     R7,     #00H
            LCALL   DIVD                ;调用实训 2.4 中除法子程序,得 0~99cm 被测距离
            MOV     73H,    R2
            MOV     74H,    R3
```

```
              MOV     A,        73H        ;结果送 A
              RET
;****************** 距离判断与语音提示控制子程序 CT_SOUND ******************
;程序名：CT_SOUND
;程序功能：计算距前方障碍物的距离
;入口参数：TL0、TL1
;出口参数：A

CT_SOUND：    CJNE  R3,#00H,CT_SOUND0 ;间距>1m
              MOV     A,R3
              CJNE    A,#50H,CT0
CT0：         JNC     CT_SOUND0         ;间距>0.5m
              CJNE    A,#25H,CT1
CT1：         JNC     CT_SOUND01        ;间距>0.25m
              LCALL   SOUND2            ;0.25m>间距
              SJMP    CT2
CT_SOUND0：   LCALL   SOUND0
              SJMP    CT2
CT_SOUND1：   LCALL   SOUND1
CT2：         RET
```

🖋 **小提示**

语音提示程序 SOUND0 ~SOUND2 可通过改变输出脉冲频率的方式来自行编制，也可以通过语音模块控制的控制端选取并自动播放已储存好的乐曲。

☞ **跟我做 4——软硬件联调**

（1）输入源程序。
（2）汇编源程序。
（3）运行程序，移动超声探头观察显示数据是否随距离的变化而改变。
（4）若无显示或显示数据与实际的距离误差过大，分析引起故障的原因。

☞ **功能扩展——制作用超声测距控制小车运行状态**

当小车距障碍物 1m 时开始减速，0.5m 时开始右转，0.25m 时开始后退。

📖 项 目 小 结

该项目涉及超声波测试模块电路的应用和单片机与显示器、语音电路的接口及定时器和中断技术的应用。通过查阅超声测距元件、模块及应用资料，编制倒车雷达应用程序的训练，巩固了定时器、中断技术的综合运用能力，为进一步完成带有测距功能的综合项目制作奠定了基础。

实训 3.4 遥控车——单片机在红外遥控技术中的应用

📖 训 练 目 的

通过制作遥控车,学会用单片机实现红外遥控信号接收与解码的一般方法,进一步掌握综合应用程序的编程方法与技巧。

☞ 做什么? ——明确要完成的任务

红外遥控技术在机器人及电器产品中已得到了广泛应用,本项目的任务是利用单片机控制技术与红外遥控技术相结合制作一个具有红外遥控功能的电动车。用红外遥控器控制小车前进、停止、后退及左转右转的运行状态。

☞ 怎么做? ——分析怎样用单片机系统实现任务

采用专用芯片制作的红外遥控发射电路有很多种,在遥控车制作项目中,可选择运用比较广泛,解码比较容易,在电视、空调等电器产品中普遍使用的一种通用遥控器。它是采用红外遥控发射器专用芯片 μPD6121G 组成包括键盘矩阵、编码调制和 LED 红外发射管在内的发射器。只要按下遥控按键,就能周期性地发出 32 位二进制编码。红外接收电路可以使用一种集红外线接收和放大于一体的一体化红外线接收器,不需要任何外接元件,就能完成从红外线接收到输出 TTL 数字信号的所有工作,而体积和普通的塑封三极管大小一样。

该项目制作的重点是编制与接收电路相配套的红外线遥控接收解码程序,通过它可以把红外遥控器每一个按键的键值读出来,并根据按键命令控制小车运行状态。

✍ 小知识

(1) 无线遥控

无线遥控有光控、超声波、语言、音频、无线电等多种形式,如表 3.4.1 所示。

(2) 红外遥控

红外遥控系统由发射和接收两大部分组成,如图 3.4.1 所示。发射部分包括键盘矩阵、编码调制、LED 红外发送器。接收部分包括光、电转换放大器、解调、解码电路。

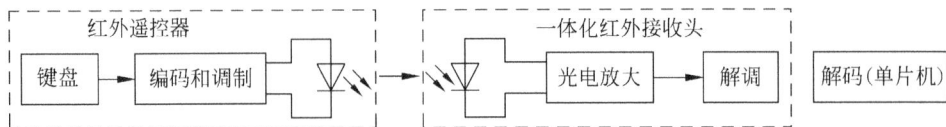

图 3.4.1 红外线遥控系统示意图

表 3.4.1　无线遥控方式与特点

遥控方式	传输距离	发射频率	发射方式与特点	接收方式与特点	应用场合
光控	近距	40kHz	用可见光、红外光源作发射源。有方向性,不能跨越墙壁阻挡	光电器件接收开关信号,无需解码;光电器件接收数字信号并解码	家用电器、工业控制等
超声波	10～15m	40kHz	利用超声波发射器传送 40kHz 超音频信号	超声接收、放大、解码	探测、电气设备控制、医疗等
音频	2～3km	3.58MHz	利用专用集成电路和振荡器配合产生音频信号	接收、放大、识别	家用电器、生活用品、工业控制等
无线电波	2m～2000km或更远	27～38MHz 40～48.5MHz 150～167MHz	无方向性,可以向四周辐射,能穿越墙壁和障碍物,遥控距离远	选择性好,有多个频率可以选择,可避免无线电干扰。灵敏度高、稳定可靠	军事、工农业生产、生活用品等

（3）红外遥控编码

遥控器发射与接收的是串行脉宽调制码,它是由发射电路经 38kHz 的载频调制后,通过红外发射二极管发射的 32 位二进制编码,以达到提高发射效率,降低电源功耗的目的,如图 3.4.2 所示。

图 3.4.2　遥控信号编码波形示意图

一个键按下超过 36ms,遥控器便开始发射一组周期为 108ms 的编码脉冲,其中包括一个引导码（9ms）、一个结果码（4.5ms）、低 8 位识别码（9～18ms）、高 8 位识别码（9～18ms）、8 位数据码（9～18ms）和 8 位数据反码（9～18ms）。若键按下时间超过 108ms 仍未松开,接下来只发射由起始码（9ms）和结束码（2.25ms）组成的连发码,如图 3.4.3 所示。

前 16 位是两个 8 位的用户识别码,用以区别不同电器的遥控设备,防止遥控器之间互相干扰,而后 16 位的数据码分别是 8 位遥控器键号编码及其反码。这里选用由 μPD6121G 集成电路构成的遥控器最多有 128 种不同组合的编码,遥控器用户识别码都设定为 01H。

用脉宽为 0.56ms、间隔为 0.565ms、周期为 1.125ms 的编码组合表示二进制的"0"，如图 3.4.4 所示；脉宽为 0.56ms、间隔为 1.685ms、周期为 2.25ms 的编码组合表示二进制的"1"。

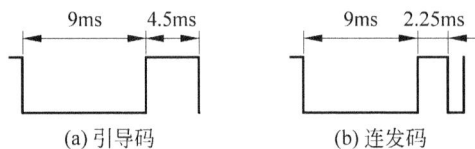

图 3.4.3   引导码与连发码示意图   图 3.4.4   "0"、"1"编码波形示意图

按下遥控发射器按键，可周期性发出周期为 108ms 的同一种 32 位二进制编码。其中按键号编码本身的持续时间将随它所包含的二进制"0"和"1"个数的不同而不同，在 45～63ms 之间，如图 3.4.5 所示。

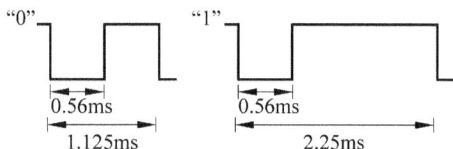

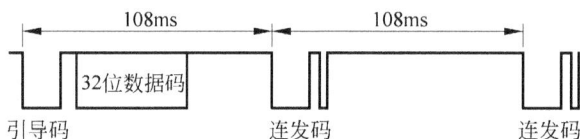

图 3.4.5   周期性发射编码信号波形示意图

（4）红外遥控解码

红外遥控接收器将接收到的脉冲编码送至单片机，由单片机通过运行解码程序获取遥控发射器按键的号码，并根据按键预定的功能发出控制命令。

编制解码程序时，首先要根据编码格式，接收 9ms 的起始码和 4.5ms 的结果码，然后再接收识别码和按键号编码。

编制解码程序的关键是如何识别出编码中的"0"和"1"，由图 3.4.4 中"0"、"1"编码的波形图可以看出"0"、"1"均以 0.56ms 的低电平开始，只是高电平的宽度有所不同，"0"为 0.56ms，"1"为 1.68ms，所以必须根据高电平的宽度来区别"0"和"1"。如果从 0.56ms 低电平过后再开始延时，延时 0.56ms 后，若读到的电平为低，说明该位为"0"，反之则为"1"。为保证读取信息准确，延时时间要比 0.56ms 长一些，但又不能超过 1.125ms，否则如果该位为"0"，读到的已是下一位的高电平了，一般取（0.56ms＋1.125ms）/2 = 0.8425ms 左右比较适宜。

☞ **跟我做 1——画出硬件电路图**

红外遥控车控制电路示意图，如图 3.4.6 所示。

☞ **跟我做 2——准备器件并完成硬件电路制作**

红外遥控电路具体器件清单如表 3.4.2 所示。

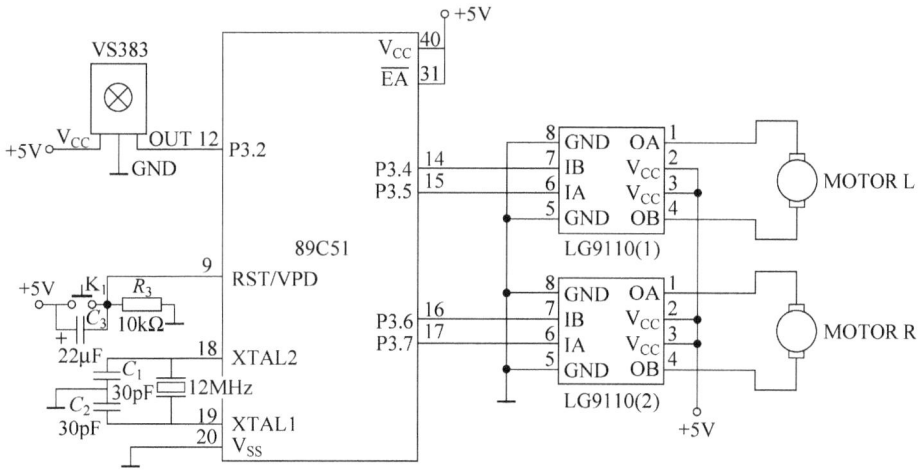

图 3.4.6　红外遥控车控制电路示意图

表 3.4.2　红外遥控电路器件清单

元件名称	参　　数	数量	元件名称	参　　数	数量
IC 插座	DIP40	1	电阻	10kΩ	2
单片机	89C51	1	瓷片电容	22μF	1
晶体振荡器	12MHz	1	按键	—	1
瓷片电容	22pF	2	驱动芯片	LG9110	2
红外接收管	VS383	1	直流电机	HY37JB363	

用万能板焊接或用实训板、实验箱完成发射与接收硬件电路制作。

☞ **跟我做 3——编写应用程序**

单片机通过中断方式读取遥控接收器输出编码,执行解码程序获取遥控发射器键号,根据按键功能定义,控制小车运行状态。中断服务子程序流程如图 3.4.7 所示。

```
; ****************** 遥控车控制程序 R_MAIN ********************
; 程序名:遥控车控制程序 R_MAIN PM3_4_1.asm
; 程序功能:初始化设置、等待中断
                ORG     0000H
                LJMP    R_MAIN
                ORG     0003H
                LJMP    INPUT0
R_MAIN:         MOV     30H,#00H
                MOV     31H,#00H
                MOV     32H,#00H
                MOV     33H,#00H
                SETB    EA              ;允许外部 INT0 申请中断
                SETB    EX0
                SETB    IT0             ;下降沿申请中断有效
```

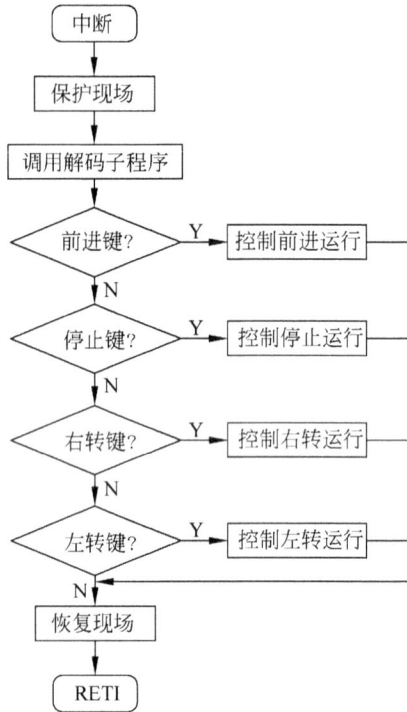

图 3.4.7　遥控中断服务子程序流程图

```
                SJMP      $
; ******************* 中断服务子程序 INPUT0 ***********************
; 程序名: 中断服务子程序 INPUT0
; 程序功能: 接收遥控编码、解码、控制小车运行状态
; 入口条件: P3.2
; 出口参数: P3.4~P3.7
INPUT0:     CLR       EA
            PUSH      ACC
            PUSH      PSW
            LCALL     IR                    ; 调用解码子程序
            MOV       A,33H                 ; 取按键号
            CJNE      A,#DATE1,$+9          ; 与设定的功能键号比较
            LCALL     GO                    ; 调用控制小车前进子程序
            LJMP      BACK
            CJNE      A,#DATE2,$+9
            LCALL     STOP                  ; 调用控制小车停止子程序
            LJMP      BACK
            CJNE      A,#DATA3,$+9          ; 与设定功能键值相比较
            LCALL     RZ                    ; 调用控制小车右转子程序
            LJMP      BACK
            CJNE      A,#DATA4,$+6
            LCALL     LZ                    ; 调用控制小车左转子程序
BACK:       MOV       30H,#00H              ; 清除遥控值单元,使连按失效
            MOV       31H,#00H
            MOV       32H,#00H
```

```
              MOV      33H，#00H
              POP      PSW
              POP      ACC
              SETB     EA
              RETI
GO：          SETB     P3.4              ;前进控制子程序
              CLR      P3.5
              CLR      P3.7
              SETB     P3.6
              RET
STOP：        CLR      P3.4              ;停止控制子程序
              CLR      P3.5
              CLR      P3.7
              CLR      P3.6
              RET
RZ：          SETB     P3.4              ;右转控制子程序,停止右边的电机
              CLR      P3.5
              CLR      P3.7
              CLR      P3.6
              RET
LZ：          CLR      P3.4              ;左转控制子程序,停止左边的电机
              CLR      P3.5
              SETB     P3.7
              CLR      P3.6
              RET
;  ******************* 红外遥控解码子程序 IR *******************************
;程序名:红外遥控解码子程序 IR
;程序功能:对接收编码进行解码,获取键号
;入口条件:P3.2
;出口参数:33H
IR：          MOV      R6,#10            ;9ms 引导码低电平状态查询次数
IR_T9：       LCALL    DELAY882          ;调用 882μs 延时子程序
              JB       P3.2,IR_ERROR     ;若 P3.2 引脚出现高电平则退出解码程序
              DJNZ     R6,IR_T9          ;重复 10 次,在 9ms 内检测引脚状态
              JNB      P3.2,$            ;等待引导脉冲结束
              ACALL    DELAY2400
              JNB      P3.2,IR_GOTO      ;若为低电平,则表示是连发码信号
              LCALL    DELAY2400         ;延时 4.8ms 越过 4.5ms 读取 32 位数据码
;  ******************* 读取数字信号 *******************
              MOV      R1,#30H           ;设 30H 为读取数据存放起始 RAM 地址
              MOV      R2,#4             ;从 30H~33H 共 4 个存放数据单元
IR_32B：      MOV      R3,#8             ;每个单元接收 8 位二进制数
IR_8B：       JNB      P3.2,$            ;等待识别码第一位的高电平信号出现
              LCALL    DELAY882          ;间隔 882μs 判断输出信号的高低电平状态
              MOV      C,P3.2            ;将 P3.2 引脚此时的电平状态 0 或 1 存入 C 中
              JNC      IR_0_1            ;为低电平,是"0"转至 IR_8BIT_0
              LCALL    DELAY1000         ;否则是"1",越过 1.68ms 继续查询下一信号
IR_0_1：      MOV      A,@R1             ;将 RAM 单元中的内容送 A
              RRC      A                 ;将 C 中的 0 或 1 移入 A 中的最低位
```

```
        MOV     @R1,A              ;再将 A 中的数据存入 RAM 中
        DJNZ    R3,IR_8B           ;接收 8 位数据
        INC     R1                 ;修订 R1 中 RAM 的地址
        DJNZ    R2,IR_32B          ;完成识别码、数据码解码
; ****************** 数字信号识别与判断 ******************
IR_GOTO:   MOV   A,30H              ;按住遥控按键超过 108ms 将直接转至此处
        CJNE    A,#01H,IR_ERROR    ;判断 30H 中用户识别码 1,不对则退出
        MOV     A,31H
        CJNE    A,#01H,IR_ERROR    ;判断 31H 中用户识别码 2,不对则退出
        MOV     A,32H              ;判断两个数据码是否相反
        CPL     A
        CJNE    A,33H,IR_ERROR     ;两个数据码不相反则退出
        RET                        ;解码成功
IR_ERROR: MOV   33H,#0FFH          ;无效码 FFH 送至键号单元
        RET
; ****************** 882μs 延时子程序 ******************
DELAY882: MOV   R7,#202
TIM0:      NOP
           NOP
        DJNZ    R7,TIM
        RET
; ****************** 1000μs 延时子程序 ******************
DELAY1000: MOV  R7,#229
TIM1:      NOP
           NOP
        DJNZ    R7,TIM1
        RET
; ****************** 2400μs 延时子程序 ******************
DELAY2400: MOV  R7,#245
TIM2:      NOP
           NOP
           NOP
           NOP
           NOP
           NOP
           NOP
        DJNZ    R7,TIM2
        RET
        END
```

✍ 小提示

程序中遥控器按键号代码为 DATA1～DATA4,可根据接收到的发射器对应按键代码进行确定,因此发射器按键的功能可在编程时重新定义。

☞ 跟我做 4——软硬件联调

(1)输入源程序。

(2)汇编源程序。

（3）运行程序,遥控器按键按下,观察小车运行状态是否正常。

☞ 功能扩展 1——通过遥控器控制小车倒车、控制小车运行速度

✍ 小提示
（1）在中断服务子程序中增加小车倒车及调速控制键的识别指令。
（2）编制控制小车倒车及中速、慢速控制程序。

☞ 功能扩展 2——制作红外遥控发射与接收电路

采用已有的通用遥控器可以减少制作上的麻烦,但在这些遥控器上的按键数量和标识与项目中的控制要求不一定完全适合,因此,可以选择红外遥控器专用芯片自制遥控发射器和单片机接收电路。

✍ 小资料
（1）编码芯片 PT2248、解码芯片 PT2249,如图 3.4.8 所示。

引　脚	功　能　描　述
V_{ss}	接地端
V_{cc}	电源端,+3VDC
$XT,\overline{XT}$	晶振输入,输出端,一般连接 455kHz 的晶振
K1～K6	按键编码输入端,可接按键矩阵
T1～T3	按键编码扫描输出端
CODE	输入输出编码匹配端
$\overline{TEST}$	键码测试功能发送端
$\overline{TXOUT}$	信号发送端

（a）编码芯片 PT2248 引脚及功能表

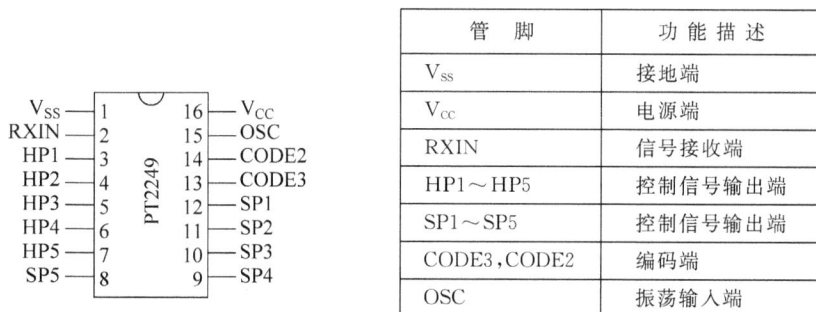

管　脚	功　能　描　述
V_{ss}	接地端
V_{cc}	电源端
RXIN	信号接收端
HP1～HP5	控制信号输出端
SP1～SP5	控制信号输出端
CODE3,CODE2	编码端
OSC	振荡输入端

（b）解码芯片 PT2249 引脚及功能表

图 3.4.8　发射与接收芯片引脚及功能表

（2）发射与接收电路如图 3.4.9 所示。

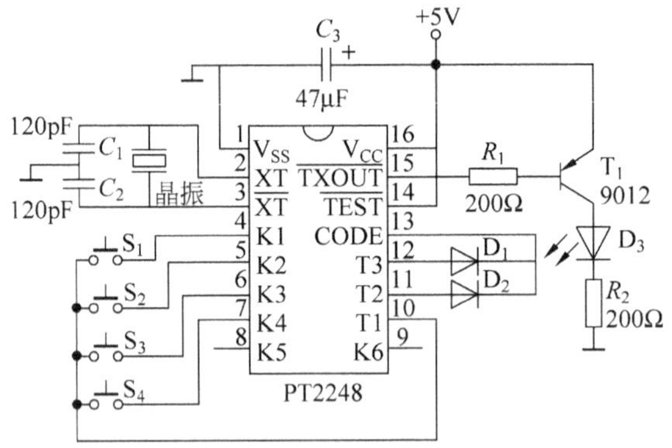

(a) 发射电路

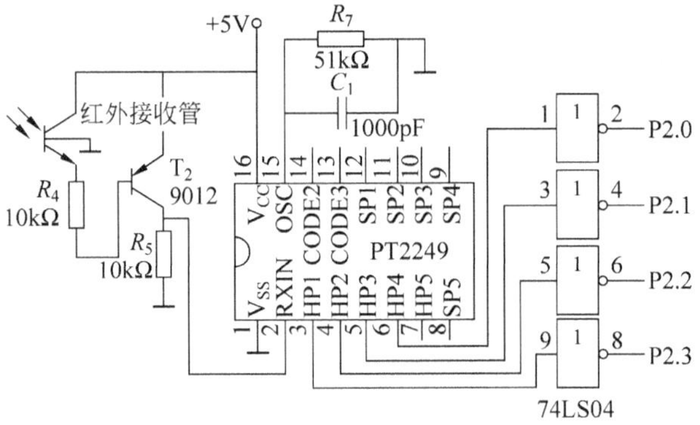

(b) 接收电路

图 3.4.9   红外遥控发射与接收电路

📖 项 目 小 结

　　该项目涉及红外遥控技术、单片机软件解码技术及直流电机驱动控制技术的应用。通过查阅红外遥控技术应用、专用芯片及器件资料，编制解码程序的训练，巩固单片机中断技术的运用能力和提高将实用技术、器件与单片机应用技术进行集成转化的综合运用能力，为进一步完成单片机在无线传输技术中的综合应用项目制作奠定基础。

实训 3.5   声控车——单片机在语音识别技术中的应用

📖 训 练 目 的

　　通过制作声控车，学会语音模块的基本应用，熟悉开环控制系统的设计思路与调试方法。

☞ 做什么？——明确要完成的任务

语音识别技术在电话声控拨号、车载声控通信系统、交互式语言学习机、智能玩具、语言交互机器人、声控点歌等方面得到了广泛应用,本项目利用现有的语音识别模块,制作一个能接受人的不同口令完成运行控制的声控车。

☞ 怎么做？——分析怎样用单片机系统实现任务

使用一种能识别人们声音的语音模块可使任务变得简单,它能根据人的不同语音命令输出对应的开关信号,单片机只需通过 I/O 口读取语音模块不同引脚输出的开关信号状态就能分辨出不同的语音命令,再根据读到的命令对控制对象实施控制。输出电路的控制对象为直流减速电机,用来驱动小车运行。用语音命令来控制电机的运转状态,实现小车左转、右转、前进或后退动作。

✍ 小知识

利用数字信号处理技术,人们制作出可以识别语音的芯片,语音识别芯片有多种类型,能进行非特定人语音识别、特定人语音识别、自学习型语音识别等。为更好地方便用户使用语音识别芯片,也有经过二次开发的语音识别模块,模块中包括麦克风、扩音器、I/O 接口。它能辨别不同的语音信号并通过 I/O 引脚输出对应的开关量信号,这样,使用者能快速地将自己的创意想法变成产品原型,大大加快了自主开发的时间周期。

图 3.5.1 即为实训中采用的一种 TS_ASR_MODULE 语音识别模块。

✍ 小问答

问：语音信号是电量信号还是非电量信号？是模拟信号还是数字信号？

答：它是非电量模拟信号。在实际应用中所遇到的信号绝大多数都是非电量信号,包括压力、流量、温度、湿度、浓度、照度、声音等。在控制技术中,须通过检测与转换手段将各种非电信号先转换为模拟电信号。

图 3.5.1 语音识别模块

☞ 跟我做 1——画出硬件电路图

语音控制小车电路如图 3.5.2 所示,用单片机的 P0.4～P0.7 接收语音模块输出的开关控制信号,用 P3.4～P3.7 控制直流电机。

✍ 小资料

(1) 在所选用的语音识别模块中由于采用了数字信号处理技术,具有识别准确率高、

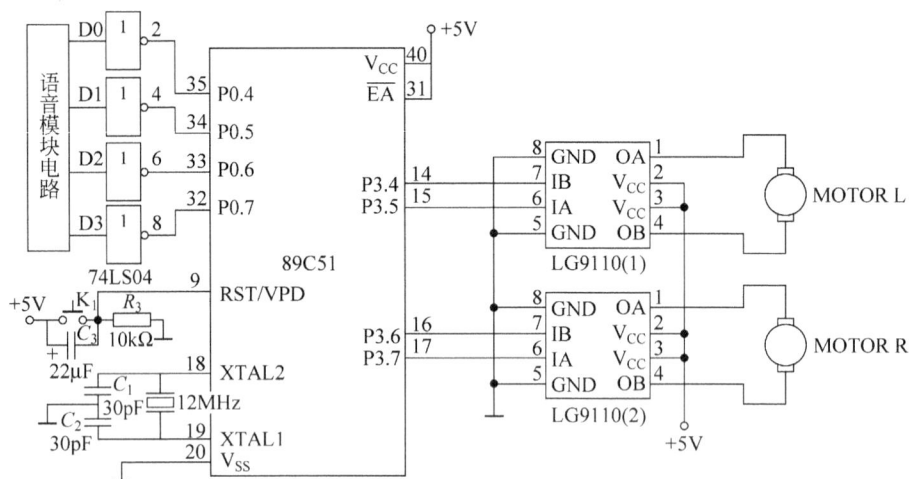

图 3.5.2   声控车电路示意图

内存消耗小、运算速度快、抗背景噪声能力强等优点,且对口音要求不敏感,说普通话或者略带地方口音不会影响语音识别效果,只要在 50cm 范围之内即可发布语音命令。

(2) 模块由＋5V 直流电源供电,可识别 32 个不同的语音命令,模块中还设置有语音命令自学习功能,在上电复位或手动复位后,模块会自动发出语音提示"请输入一条语音信号",从麦克风录入第一条语音信号后,模块会再次提示重新录入一遍,如两次输入的内容完全匹配,模块就会将这次的语音命令信息保存起来。然后继续提示"请输入下一条语音信号",直至命令信息全部存储完毕,最后提示"OK!"结束。使用时只要重复发出曾经被模块学习过的语音命令,在模块的输出端就会得到与之对应的高电平状态信号,而其他输出端均保持为低电平。

(3) 在小车控制项目中预先设置了 4 种简单的语音命令,包括"前进"、"停止"、"左转"和"右转"。使用时,只要说出 4 种语音命令中的任一种,小车就会按相应的语音命令运行。

熟悉模块的基本功能后,还要掌握它的接口方法,如图 3.5.3 所示。一个麦克风输入端,一个扩音器输出端,八位开关量输出信号 D0～D7 分别对应 8 种不同的语音命令。

将语音模块输出端 D0～D3 经 74LS04 反相驱动器直接与单片机的 P0.4～P0.7 连接。电源接通后,可通过万用表测量语音模块各输出端的电平状态,当无语音命令输入时,输出引脚为低电平状态;

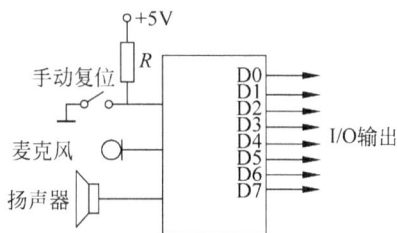

图 3.5.3   语音模块接口示意图

当有语音命令输入时,在输出端口相应引脚上将产生约 3.5V 的高电平。这样,单片机只要采集到某一引脚的高电平信号,就按照相应的语音命令发出小车电机运转状态控制信号。

☞ 跟我做 2——准备器件并完成硬件电路制作

会说话的电路器件清单如表 3.5.1 所示。

表 3.5.1 会说话的电路器件清单

元件名称	参　数	数量	元件名称	参　数	数量
IC 插座	DIP40	1	电解电容	$22\mu F$	1
单片机	89C51	1	电源	直流＋5V	1
晶体振荡器	12MHz	1	反相器	74LS04	1
瓷片电容	20pF	2	二极管	发光	4
按键	—	1	电阻	680Ω	4
电阻	470Ω	1	语音识别模块	TS_ASR_MODULE	1
驱动芯片	LG9110	2	直流电机	HY37JB363	2

☞ 跟我做 3——编写控制程序

由于语音模块中的语音命令与输出端口的对应关系已经确定,因此,信号处理过程也就比较简单,在发出语音命令后,只要判断是哪一端输出为高电平,再转至与其对应的控制程序即可。例如,发出的语音命令为"前进",对应的 D0 端输出将变为高电平。

程序设计流程如图 3.5.4 所示。

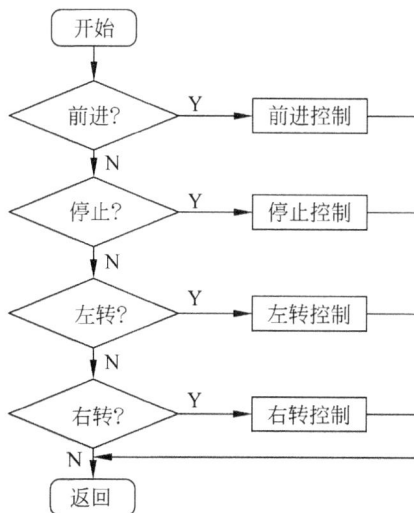

图 3.5.4 声控车流程图

```
; ******************* 语音识别与控制子程序 SUND_CT *******************
; 程序名:SUND_CT 程序 PM3_5_1.asm
; 程序功能:根据语音命令控制小车运行状态
```

```
            ;入口条件：P0.4～P0.7
            ;出口参数：P3.4～P3.7
                        ORG         0000H
SUND_CT：    LJMP        SOUND_C_CAR
SOUND_C_CAR：JNB         P0.4，C1
                        JNB         P0.5，C2
                        JNB         P0.6，C3
                        JNB         P0.7，C4
                        RET
C1：         LCALL       GO              ;调用前进子程序
                        JNB         P0.5,C2
                        JNB         P0.6,C3
                        JNB         P0.7,C4
                        SJMP        C1
C2：         LCALL       STOP            ;调用停止子程序
                        JNB         P0.4,C1
                        JNB         P0.6,C3
                        JNB         P0.7,C4
                        SJMP        C2
C3：         LCALL       RZ              ;调用右转子程序
                        JNB         P0.4,C1
                        JNB         P0.5,C2
                        JNB         P0.7,C4
                        SJMP        C3
C4：         LCALL       LZ              ;调用左转子程序
                        JNB         P0.4,C1
                        JNB         P0.5,C2
                        JNB         P0.6,C3
                        SJMP        C4
GO：         SETB        P3.4            ;前进控制子程序
                        CLR         P3.5
                        CLR         P3.7
                        SETB        P3.6
                        RET
STOP：       CLR         P3.4            ;停止控制子程序
                        CLR         P3.5
                        CLR         P3.7
                        CLR         P3.6
                        RET
RZ：         SETB        P3.4            ;右转控制子程序,停止右边的电机
                        CLR         P3.5
                        CLR         P3.7
                        CLR         P3.6
                        RET
LZ：         CLR         P3.4            ;左转控制子程序,停止左边的电机
                        CLR         P3.5
                        SETB        P3.7
                        CLR         P3.6
                        RET
```

☞ **跟我做 4——联调软硬件**

将硬件电路板和单片机开发系统连接好,进行以下操作:

（1）输入源程序。

（2）汇编源程序。

（3）运行程序并发出语音命令。

（4）观察指示灯状态,调试出不同语音命令下显示不同的指示灯。

☞ **功能扩展 1——制作语音点歌电路**

只要用语音说出歌曲代码,在点阵式 LED 或 LCD 液晶显示屏上显示出两个汉字的歌曲名字,并要求至少能点播四首歌曲。

　✍ **小提示**

可选用功能更强的语音识别模块,例如,语音识别结果以编码的形式输出,能增加语音识别与控制数量,用液晶显示屏也可显示字数更多的歌曲名称。

☞ **功能扩展 2——制作语音、红外遥控一体的手持式点歌器**

点播歌曲时,只要对着手中的点歌器说出歌曲代码,点歌器上会显示歌曲代码并通过红外遥控器自动发出点歌信号。

　✍ **小提示**

将实训 3.4 中的遥控发射电路与语音识别电路都设置在手持式遥控器上。

📖 **项 目 小 结**

该项目涉及语音转换技术与语音模块的应用技术,通过语音识别器件的选择、获取相关技术与应用资料、单片机资源分配、接口电路的设计和编程训练,使操作者基本掌握运用单片机实现对各种非电量信号进行采集与处理的基本方法,为利用各种现有的功能模块开发单片机应用产品奠定了基础。

实训 3.6　数字钟——单片机在时钟技术中的应用

📖 **训 练 目 的**

通过利用专用时钟芯片制作数字钟,学会可编程芯片与单片机接口的设计、调试及编程方法。

☞ **做什么? ——明确要完成的任务**

实训 2.1 中用单片机内部定时器制作秒表,将其功能扩展即可制作出能显示年、月、日、时、分、秒的电子钟。本项目的任务是利用专门的时钟芯片通过与单片机接口制作电子钟,采用 LCD 显示。

☞ **怎么做? ——分析怎样用单片机系统实现任务**

利用单片机内部定时器及软件方式制作电子钟,由于程序中多次出现中断处理,误差比较大,修正起来也比较烦琐。而采用外接专用时钟芯片为单片机提供基准时钟,再通过液晶屏显示出来,既保证了时间的准确度,又可简化软件编程。通过查阅专用时钟芯片的使用方法,了解单片机与外接时钟芯片及 LCD 显示屏接口技术,即可完成项目的制作任务。

✍ **小资料**

DS1302 是一种可编程的实时时钟芯片,它具有计算 2100 年之前的秒、分、时、日期、星期、月、年的能力,且对月末日期、闰年天数可自动调整;其 RAM 容量为 31×8bit,以串行方式向单片机传送单字节或多字节的秒、分、时、日、月、年等实时时间数据;出现主电源断电时备用电源可继续保持时钟的连续运行。

(1) 芯片引脚及功能如图 3.6.1 所示。

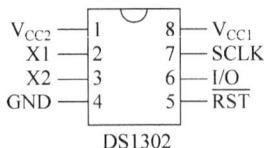

引脚号	名称	引脚功能
1	V_{CC2}	主电源
2	X1	32.768kHz 晶振引脚
3	X2	32.768kHz 晶振引脚
4	GND	地
5	$\overline{RST}$	复位端
6	I/O	数据输入/输出端
7	SCLK	串行时钟
8	V_{CC1}	后备电源

(a) 引脚   (b) 引脚功能

图 3.6.1   DS1302 芯片引脚及功能示意图

(2) DS1302 芯片内部寄存器位定义格式如表 3.6.1 所示。

✍ **小提示**

(1) 在表 3.6.1 中,除控制寄存器外,各寄存器是以 BCD 码格式存放数据,秒寄存器 CH=1,时钟停止;CH=0,时钟运行。

(2) 时寄存器 D7=1,按 12 小时格式运行;D7=0,按 24 小时格式运行;D5 为 AM/PM 位,在 12 小时格式中 D5=1,表示 PM;D5=0,表示 AM;在 24 小时格式中 D5 为小时位。

表 3.6.1　DS1302 芯片内部寄存器读写地址及位定义格式

寄存器名	读写地址		取值范围	位　定　义							
	写操作	读操作		D7	D6	D5	D4	D3	D2	D1	D0
秒寄存器	80H	81H	00～59	CH	秒十位			秒个位			
分寄存器	82H	83H	00～59	0	分十位			分个位			
时寄存器	84H	85H	01～12 或 00～23	12/24	0	AM PM	十位	小时个位			
日期寄存器	86H	87H	01～28～31	0	0	十位		日个位			
星期寄存器	8AH	8BH	01～07	0	0	0	0	星期位			
月寄存器	88H	89H	01～12	0	0	0	十位	月个位			
年寄存器	8CH	8DH	00～99	年十位				年个位			
控制寄存器	8EH	8FH		WP	0	0	0	0	0	0	0

（3）如果单片机要对 DS1302 内部寄存器进行读写操作，必须先将与寄存器对应的读写操作地址传送给 DS1302，然后再进行读写数据的操作。如表 3.6.1 所示，秒寄存器写操作地址为 80H，读操作地址为 81H。

（4）控制寄存器是用来决定能否对 DS1302 进行读写操作，当控制字的最高位 WP＝0 时，允许进行读写操作；当 WP＝1 时，禁止读写操作。所以单片机在对 DS1302 进行读写操作时，必须先将控制字 00H 写入到 DS1302 的控制寄存器中。

☞ 跟我学——DS1302 读写时序

若要正确使用时钟芯片必须先掌握它的读写时序，依据时序要求来编制读写程序，DS1302 的读写时序如图 3.6.2 所示。在读写数据前，单片机要通过 I/O 端口，先向 DS1302 的控制寄存器发送允许读写控制字 00H，然后再开始从中读数据或向其写数据。在读写秒～年时钟数据时，还要先发送对应时钟寄存器的地址，再读取时钟数据。例如，在读秒寄存器中的数据时，单片机先串行发送秒寄存器读地址 81H，然后从 I/O 端口串行读取秒数据。无论是发送地址还是读写的数据，都从最低位 D0 开始串行传送。

✍ 小提示

（1）在图 3.6.2(a) 读时序图中可以看出，紧跟串行传送 8 位地址后的 SCLK 脉冲下降沿处，DS1302 的数据还未准备好，易造成数据丢失。因此，当 8 位地址传送完毕后，要延时 1μs 再读取数据；而写时序中不存在这种情况。

（2）在单片机与时钟芯片传送数据前，RST 应为低电平，只有在 SCLK 为低电平时，才能将 RST 置为高电平。若 RST 为低电平，I/O 引脚将处于高阻状态，禁止数据传送。

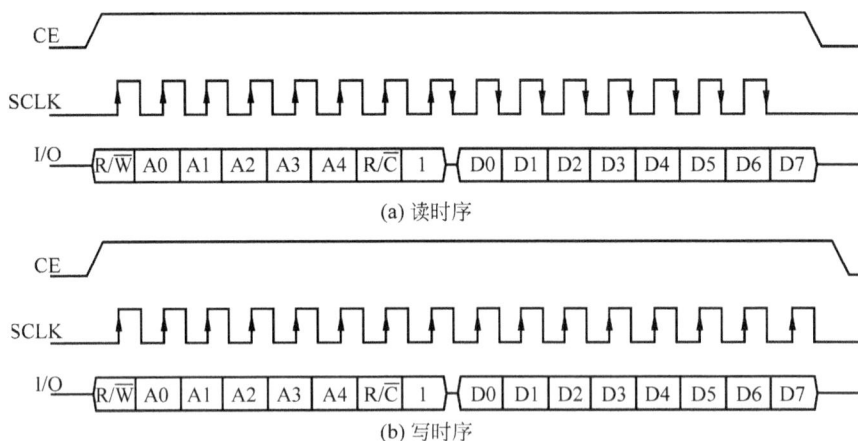

图 3.6.2　DS1302 数据读写时序

☞ 跟我做 1——画出硬件电路图

DS1302 通过串行 I/O 接口与单片机进行通信,仅需 RST、I/O、SCLK 三个引脚分别与单片机的 P2.7、P2.6、P2.5 相连接;采用实训 2.5 中使用的 LCD162 液晶显示电路显示时、分、秒,接口电路如图 3.6.3 所示。

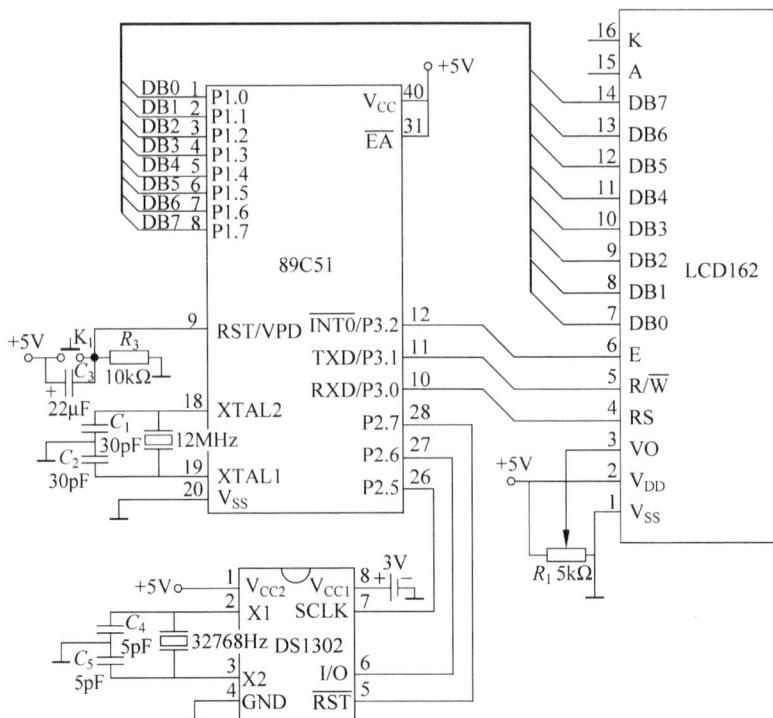

图 3.6.3　单片机与时钟芯片、LCD 显示器接口电路示意图

☞ 跟我做 2——编制读写子程序

```
; ****************** DS1302 读数据子程序 CLOCK_RD ******************
; 程序名：CLOCK_RD
; 程序功能：读 DS1302 内指定单元中的数据
; 入口条件：A，存放寄存器读地址
; 出口参数：A，存放读取的数据
            SCLK     BIT    P2.5
            IO       BIT    P2.6
            RST      BIT    P2.7

CLOCK_RD：PUSH    ACC
          CLR     RST
          CLR     SCLK              ; SCLK 置为低电平
          SETB    RST               ; RST 置为高电平，选通 DS1302
          MOV     R7,#8             ; 串行移位传送次数
RDS1：     RRC     A
          MOV     IO,C              ; 经 P2.6 输出一位寄存器读地址
          CLR     SCLK              ; 发串行输出脉冲
          SETB    SCLK
          DJNZ    R7,RDS1
          NOP                       ; 延时，防后面串行读数据丢失
          SETB    IO                ; 8 位地址输出完毕，将 P2.6 设置为输入端口
          MOV     R7,#8
RDS2：     MOV     C,IO              ; 经 P2.6 读入一位数据
          RRC     A
          CLR     SCLK              ; 发串行读入脉冲
          SETB    SCLK
          DJNZ    R7,RDS2
          POP     ACC
          RET
; ****************** DS1302 写数据子程序 CLOCK_WR ******************
; 程序名：CLOCK_WR
; 程序功能：向 DS1302 内指定单元中写数据
; 入口条件：A、B，分别存放寄存器写地址、待写入的数据
            SCLK     BIT    P2.5
            IO       BIT    P2.6
            RST      BIT    P2.7

CLOCK_WR：PUSH    ACC
          PUSH    B
          CLR     RST
          CLR     SCLK
          SETB    RST               ; 选通 DS1302
          MOV     R7,#8
WRS1：     RRC     A
          MOV     IO,C              ; 经 P2.6 输出一位寄存器写地址
```

```
        CLR     SCLK           ;发串行输出脉冲
        SETB    CLK
        DJNZ    R7,WRS1
        NOP
        MOV     A,B            ;将待写入数据送 A
        MOV     R7,#8
WRS2:   RRC     A
        MOV     IO,C           ;经 P2.6 输出一位数据
        CLR     SCLK
        SETB    SCLK
        DJNZ    R7,WRS2
        POP     B
        POP     CC
        RET
```

☞ 跟我做 3——准备器件并完成硬件电路制作

数字钟电路器件清单如表 3.6.2 所示。

表 3.6.2   数字钟电路器件清单

元件名称	参　数	数量	元件名称	参　数	数量
IC 插座	DIP40	1	电阻	10kΩ	3
单片机	89C51	1	电阻	4.7kΩ	1
晶体振荡器	12MHz	1	电位计	10kΩ	1
瓷片电容	5pF,30pF	1	电容	0.1μF	1
时钟芯片	DS1302	4	电解电容	22μF	1
晶体振荡器	32.768kHz	1	LCD	1602	1

✍ 小问答

问：还有其他专用时钟芯片吗?

答：有,DS12887 就是一种比较常用的时钟芯片,例如,PC 内的时钟信号就是由 DS12887 提供的。DS12887 有内藏锂电池,即使断电也能运行 10 年之久不丢失数据,在工业控制及仪器仪表中被广泛采用。

☞ 跟我做 4——编写数字钟应用程序

程序的设计思路为:单片机要先从 DS1302 芯片中读取时钟数据,然后通过 LCD 显示出来。在读取 DS1302 的时间和日期之前,先要对 DS1302 进行初始化,即给 DS1302 赋初始时间和日期并启动时钟。时钟被启动后,若未接收到新的初始化指令,其内部的时钟将一直不停地运行,以保证时间的实时性和准确性;期间单片机可随时读取 DS1302 内部时间和日期寄存器中的数值。

```
; ***************** 数字钟主程序 PM3_6_1.asm *******************
; 程序名：PM3_6_1.asm
; 程序功能：读 DS1302 内时钟数据并通过 LCD 显示年、月、日、时、分、秒

            COM     EQU    20H      ; LCD 指令寄存器
            DAT     EQU    21H      ; LCD 数据寄存器
            RS      BIT    P3.0     ; LCD 指令数据控制线
            RW      BIT    P3.1     ; LCD 读写控制线
            E       BIT    P3.2     ; LCD 片选信号
            SCLK    BIT    P2.5     ; 时钟芯片时钟线引脚
            IO      BIT    P2.6     ; 时钟芯片数据传输线引脚
            RST     BIT    P2.7     ; 实钟芯片复位线引脚
            SEC     EQU    50H
            MIN     EQU    51H
            HOUR    EQU    52H
            DAY     EQU    53H
            MONTH   EQU    54H
            YEAR    EQU    55H
            ORG     0000H
            MOV     SP, #60H
            LCALL   INITIAL         ; LCD 初始化
            LCALL   SET1302         ; DS1302 初始化
M0:         LCALL   GET1302         ; 从 DS1302 读取时间
            LCALL   DISPLAY         ; LCD 显示
            LCALL   DELAY           ; 延时
            LJMP    M0


; ***************** DS1302 初始化子程序 SET1302 *******************
; 子程序名：SET1302
; 功能：设置 DS1302 初始时间，并启动时钟
; 入口参数：50H~55H，存放初始日历和时间

SET1302:    MOV     A, #8EH         ; 写 DS1302 控制寄存器地址
            MOV     B, #00H         ; 允许写操作，将 WP 位设置为低电平
            LCALL   CLOCK_WR
            MOV     A, #8CH         ; 写年初值
            MOV     B, YEAR
            LCALL   CLOCK_WR
            MOV     A, #88H         ; 写月初值
            MOV     B, MONTH
            LCALL   CLOCK_WR
            MOV     A, #86H         ; 写日期初值
            MOV     B, DAY
            LCALL   CLOCK_WR
            MOV     A, #84H         ; 写时初值
            MOV     B, HOUR
            LCALL   CLOCK_WR
            MOV     A, #82H         ; 写分初值
            MOV     B, MIN
```

```
          LCALL   CLOCK_WR
          MOV     A,#80H              ;写秒初值,同时启动时钟运行
          MOV     B,SEC
          LCALL   CLOCK_WR
          RET
```

; ****************** 读时间子程序 GET1302 ******************
;子程序名:SET1302
;功能:从 DS1302 读时间
;出口参数:50H~55H,存放适时读取的时间和日历

```
GET1302: MOV     A,#81H              ;读秒
          LCALL   CLOCK_RD
          MOV     SEC,A
          MOV     A,#83H              ;读分
          LCALL   CLOCK_RD
          MOV     MIN,A
          MOV     A,#85H              ;读时
          LCALL   CLOCK_RD
          MOV     HOUR,A
          MOV     A,#87H              ;读日
          LCALL   CLOCK_RD
          MOV     DAY,A
          MOV     A,#89H              ;读月
          LCALL   CLOCK_RD
          MOV     MONTH,A
          MOV     A,#8DH              ;读年
          LCALL   CLOCK_RD
          MOV     YEAR,A
          RET
```

; ****************** LCD 初始化子程序 INITIAL ******************
;子程序名:INITIAL
;功能:设置 LCD 显示状态
;入口参数:无
;出口参数:无

```
INITIAL: MOV     COM,#3CH            ;LCD 工作方式设置,参考实训 2.5
          LCALL   LCD_W_CMD           ;调用实训 2.5 中的 LCD 写命令子程序
          MOV     COM,#01H            ;清屏
          LCALL   LCD_W_CMD
          MOV     COM,#06H            ;输入方式设置
          LCALL   LCD_W_CMD
          MOV     COM,#0FH            ;显示方式设置
          LCALL   LCD_W_CMD
          RET
```

; ****************** LCD 显示子程序 DISPLAY ******************
;子程序名:DISPLAY
;功能:时钟显示
;入口条件:50H~55H,存放秒~年时间数据

```
DISPLAY:  MOV     COM,#84H          ;在第一行中间显示年、月、日
          LCALL   LCD_W_CMD
          MOV     R0,#YEAR
          MOV     R6,#2             ;取两行显示数据
NEXT0:    MOV     R5,#3             ;每行取三个时间数据
          MOV     DPTR,#TAB
NEXT:     MOV     A,@R0
          ANL     A,#0F0H
          SWAP    A
          MOVC    A,@A+DPTR
          MOV     DAT,A
          LCALL   LCD_W_DAT         ;调用实训 2.5 中的 LCD 写显示数据子程序
          MOV     A,@R0
          ANL     A,#0FH
          MOVC    A,@A+DPTR
          MOV     DAT,A
          LCALL   LCD_W_DAT
          MOV     DAT,#0B0H         ;显示时间分隔符
          LCALL   LCD_W_DAT
          DEC     R0
          DJNZ    R5,NEXT
          MOV     COM,#0C4H         ;在第二行中间显示时、分、秒
          LCALL   LCD_W_CMD
          DJNZ    R6,NEXT0
          RET
TAB:      DB  30H,31H,32H,33H,34H,35H,36H,37H,38H,39H

; ************************ 延时子程序 DELAY ************************
DELAY:    SETB    RS1
          MOV     R7,#250
DE2:      MOV     R6,#250
DE1:      NOP
          NOP
          DJNZ R6,DE1
          DJNZ R7,DE2
          CLE     RS1
          RET
```

☞ 跟我做 5——软硬件联调

(1) 输入源程序。

(2) 汇编源程序。

(3) 调试和纠错。

(4) 将调试好的程序下载至 89C51 芯片中,脱机运行。

✍ 小提示

(1) 在调试时,50H～56H 中的时钟初值可在仿真系统中预先设置,也可在程序中用

立即寻址传送指令设置。例如,设初始时间为 2007 年 12 月 7 日 14 时 21 分 32 秒,运行程序后,查看时钟显示状态。

(2) 如果要写入时钟初始数据,必须把控制寄存器中的"写保护"WP 位设置为"0"。

(3) 在给秒寄存器赋初值的同时,也启动了时钟工作。

(4) 项目的主程序完成了读时钟和显示任务,其实它还可以去完成很多其他的工作。因为计时工作完全由专用时钟 IC 独立解决,避免了运行软件计时程序的麻烦和产生时间误差。单片机只需每隔一段时间刷新一次显示内容即可。这正是采用实时时钟芯片的主要优点所在。

☞ **功能扩展**

制作具有时钟显示功能、采用按键修改初始时间和设定报时时间的自动报时器。

✍ **小提示**

用三个按键实现时间修改功能,用扬声器报时。

📖 项 目 小 结

该项目涉及专用时钟芯片及液晶显示器的应用技术,通过选择器件,查阅可编程时钟芯片与 LCD 显示模块应用资料,单片机与可编程芯片间的硬件连接设计和编程训练,为操作者开发具有时钟显示与控制要求的单片机应用产品奠定了基础。

实训 3.7   语音复读机——单片机在语音录放技术中的应用

📖 训 练 目 的

通过利用专用语音芯片制作复读机,进一步熟悉可编程芯片与单片机接口的设计、调试及编程方法。

☞ **做什么?——明确要完成的任务**

语音复读机具备录音与放音的功能,由于不用磁带,使用起来将更加方便。本项目的任务是将单片机和语音芯片结合起来构成一个简易语音复读机。复读机的录入、播放操作,用两个按键控制。

☞ **怎么做?——分析怎样用单片机实现任务**

采用专门的语音录放芯片与单片机接口使任务相对简单。通过选择合适的语音芯片,查阅语音芯片的使用方法,了解单片机与语音芯片的接口技术,编制应用程序,即可完成项目的制作任务。

✍ 小知识

将振荡器、语音存储单元、前置放大器、自动增益控制电路、抗干扰滤波器、输出放大器等单元电路集成在一个芯片上构成语音芯片。

现在市面上的语音芯片很多,但总体来说有两种类型,一种是一次性录入语音电路,包括 OTP 系列和 MASK 系列,适用于语音内容一次性录入后再不修改的情况;另一种是可重复录入语音电路,包括 ISD 系列和 APR 系列,适用于语音内容需经常修改的情况。根据复读机的功能要求,这里选择后者。

ISD 系列和 APR 系列语音录放电路都能根据使用要求随时录放,掉电后语音内容不会丢失,有 10 秒～16 分钟各种不同时长芯片供选择。其中 ISD4000 和 APR6000 系列的语音录放芯片可利用单片机通过 SPI 接口进行控制,其录放音时间更长。由于语音复读机对录放时间要求不太长,选择 ISD1110/1420/1810/2532/2560 等短时间的录放芯片即可,项目中选择性价比较高的 ISD1110 芯片。

✍ 小资料

ISD1110 为 10 秒 80 段录放电路,可采用键控录放;单一＋5V 供电;录放操作结束后,芯片自动进入低功耗节电模式,功耗电流仅为 $0.5\mu A$;可以最小段长为单位任意组合分段;片内信息可保存近百年,能反复录音十万次。单片机只需通过两个控制端及少量电阻、电容和麦克风、喇叭即可构成在单片机控制下的语音录放应用电路。

ISD1110 引脚示意图如图 3.7.1 所示。

ISD1110 引脚功能如表 3.7.1 所示。

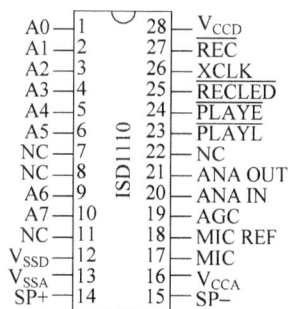

图 3.7.1　ISD1110 引脚示意图

表 3.7.1　ISD1110 引脚功能表

引　脚	功　　能
V_{CCA}/V_{CCD}	模拟/数字电源
V_{SSA}/V_{SSD}	模拟/数字地
$\overline{REC}$	录音控制端,低电平开始录音
$\overline{PLAYE}$	边沿触发放音控制端,此端出现下降沿时,芯片开始放音
$\overline{PLAYL}$	电平触发放音控制端,此端出现低电平时,芯片开始放音
$\overline{RECLED}$	录音指示端,录音状态时输出低电平
MIC	话筒输入端,接片内前置放大器
MIC REF	话筒参考输入端,接前置放大器反向输入
AGC	自动增益控制端,动态调节音量,使失真保持最小
ANA IN	模拟输入端,芯片录音输入信号
ANA OUT	模拟输出端,前置放大器输出
SP＋、SP－	喇叭输出端,能驱动 16Ω 以上的喇叭
XCLK	外部时钟端,若用内部时钟,将该端接地
A0～A7	地址线,控制操作模式,当 A7＝A6＝1 时,不分段;否则,作为当前录放操作的起始地址,在 PLAYE、PLAYL、REC 下降沿被锁存

☞ 跟我做 1——画出硬件电路图

语音复读机硬件电路如图 3.7.2 所示。图中,单片机的 P1.0 控制语音芯片的 $\overline{REC}$ 录音控制端,P1.1 控制语音芯片的 $\overline{PLAYL}$ 电平触发放音控制端;P3.0～P3.5 外接 6 个按键,分别为录音键 1、放音键 1、录音键 2、放音键 2、录音键 3、放音键 3;P2 口用来提供语音芯片的分段地址,接 ISD1110 的 A0～A7。单片机引脚分配如表 3.7.2 所示。

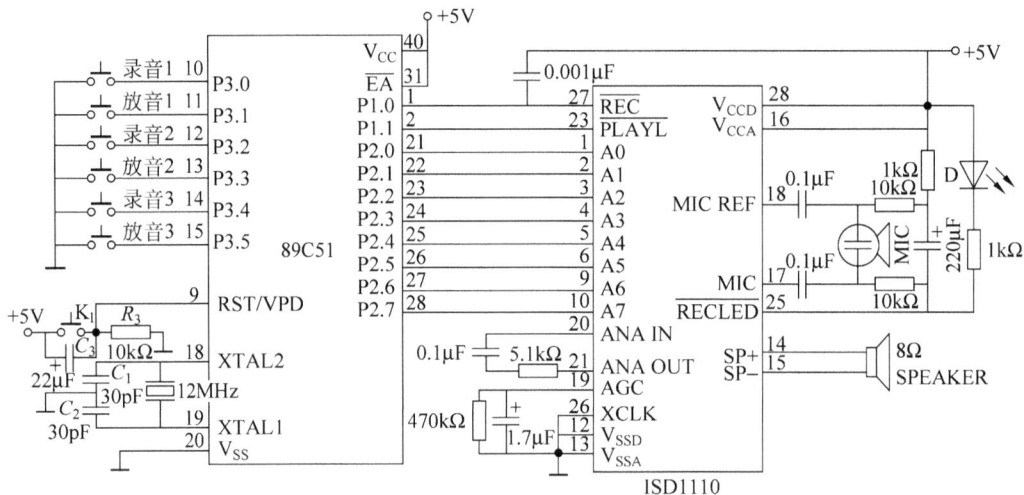

图 3.7.2　语音复读机硬件电路示意图

表 3.7.2　单片机引脚资源分配表

单片机引脚	与 ISD1110 接口	单片机引脚	与 ISD1110 接口
P1.0	录音控制,接 $\overline{REC}$	P3.3	放音按键 2 输入
P1.1	放音控制,接 $\overline{PLAYL}$	P3.4	录音按键 3 输入
P3.0	录音按键 1 输入	P3.5	放音按键 3 输入
P3.1	放音按键 1 输入	P2.0～P2.7	接 ISD1110 地址线 A0～A7
P3.2	录音按键 2 输入		

☞ 跟我做 2——编制应用程序

(1) 编制不分段录放程序

将地址线 A6、A7 设置为高电平,构成最简单的不分段录音电路。将图 3.7.2 中的 P3.0 作为录音按键,P3.1 作为播放按键;P1.1 接语音芯片的播放控制引脚 $\overline{PLAYL}$,选择电平触发播放模式;P1.0 接语音芯片的录音控制引脚 $\overline{REC}$。程序流程如图 3.7.3 所示。

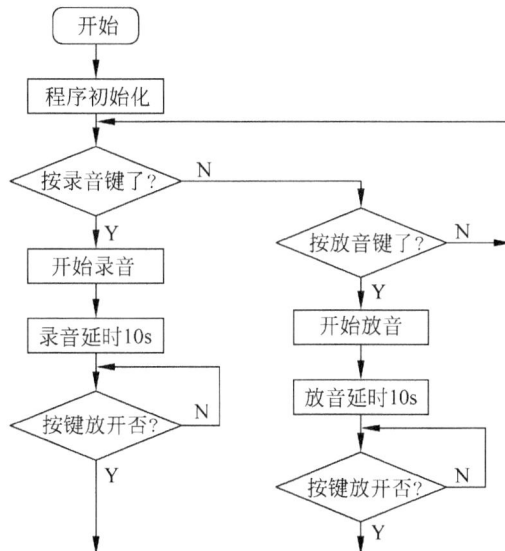

图 3.7.3　复读机语音录放控制程序框图

```
; ********************* 不分段语音录放控制程序 REC_PLAY1 *********************
; 程序名：REC_PLAY2 PM3_7_1.asm
; 功能：录音、放音控制
; 入口条件：P3.0、P3.1
            REC       EQU    P1.0        ; 录音控制端
            PLAYL     EQU    P1.1        ; 回放控制端，电平方式
            ORG       0000H
            AJMP      START
START：     SETB      P2.6               ; 初始化，不分段
            SETB      P2.7
            SETB      REC                ; 关录放
            SETB      PLAYL
RETN1：     JB        P3.0,PLAY          ; 判断录音键是否按下
            ACALL     LREC               ; 调用录音子程序
            JNB       P3.0,$             ; 判断录音键是否放开
PLAY：      JB        P3.1,L2            ; 判断播放键是否按下
            ACALL     LPLAYL             ; 调用放音子程序
            JNB       P3.1,$             ; 判断播放键是否放开
L2：        SJMP      RETN1
; ************************* 录音子程序 *****************************
; 子程序名：LREC
; 功能：录音控制
LREC：      CLR       REC                ; 开始录音
            LCALL     DELAY10S           ; DELAY 为录音时间
            SETB      REC                ; 录音结束
            RET
; ************************* 播放子程序 *****************************
; 子程序名：LPLAYL
```

```
;功能：放音控制
LPLAYL： CLR     PLAYL              ;开始放音
         LCALL   DELAY
         SETB    PLAYL              ;放音结束
         RET
```

**************************** 延时 10s 子程序 ****************************

```
;子程序名：DELAY10S
;功能：延时 10 秒
DELAY：  MOV     R7,#100
DEL3：   MOV     R5,#100
DEL2：   MOV     R6,#250
DEL1：   NOP
         NOP
         DJNZ    R6,DEL1
         DJNZ    R5,DEL2
         DJNZ    R7,DEL3
         RET
```

（2）编制分段录放程序

在编制完成一段录放音程序的基础上，利用 ISD1110 芯片具有 10s 时间 80 段的分段录放音功能，将其分成 3 段，用 3 个录音按键和 3 个放音按键进行操作控制。只要将不分段语音录放控制程序 REC_PLAY1 中的不分段初始化控制指令取消即可。

✍ **小知识**

根据 ISD1110 芯片的引脚功能，地址 A6、A7 至少有一个为 0 时，A0～A7 就可构成分段地址，例如，若 A7～A0 为 1AH，当前录放操作的起始地址就从 1AH 开始。

*********************** 分段语音录放控制程序 REC_PLAY2 ***********************

```
;程序名：REC_PLAY2 PM3_7_2.asm
;功能：录音、放音控制
;入口条件：P3.0～P3.5
         REC     EQU     P1.0
         PLAYL   EQU     P1.1
         ORG     0000H
START：  SETB    REC                ;初始化
         SETB    PLAYL
RETN2：  JB      P3.0,PLAY1         ;判断录音 1#键是否按下
         MOV     P2,#00H            ;从第 0 段开始录音
         LCALL   LREC               ;调用录音子程序
         JNB     P3.0,$             ;判断录音 1#键是否放开
PLAY1：  JB      P3.1,REC2          ;判断播放 1#键是否按下
         MOV     P2,#00H            ;从第 0 段开始播放
         ACALL   LPLAYL             ;调用播放子程序
         JNB     P3.1,$             ;判断播放 1#键是否放开
REC2：   JB      P3.2,PLAY2         ;判断录音 2#键是否按下
         MOV     P2,#1AH            ;从第 26 段开始录音
         ACALL   LREC
         JNB     P3.2,$             ;判断录音 2#键是否放开
```

```
PLAY2：    JB       P3.3,REC3
          MOV      P2,#1AH              ;从第 26 段开始播放
          ACALL    LPLAYL
          JNB      P3.3,$               ;判断播放 2# 键是否放开
REC3：     JB       P3.4,PLAY3           ;判断录音 3# 键是否按下
          MOV      P2,#34H              ;从第 52 段开始录音
          ACALL    LREC
          SJMP     REC1
          JNB      P3.4,$               ;判断播放 3# 键是否放开
PLAY3：    JB       P3.5,LOOP            ;判断播放 3# 键是否按下
          MOV      P2,#34H
          ACALL    LPLAYL
          JNB      P3.5,$               ;判断播放 3# 键是否放开
LOOP：     SJMP     RETN2
```

****************************** 延时 3s 子程序 ******************************
;子程序名：DELAY3S
;功能：延时 3 秒

```
DELAY：    MOV      R7,#30               ;3s 延时
DEL3：     MOV      R5,#100
DEL2：     MOV      R6,#250
DEL1：     NOP
          NOP
          DJNZ     R6,DEL1
          DJNZ     R5,DEL2
          DJNZ     R7,DEL3
          RET
          END
```

☞ 跟我做 3——准备器件并完成硬件电路制作

复读机电路器件清单如表 3.7.3 所示,用万能板焊接或用实验箱连接完成硬件电路制作。

表 3.7.3　复读机电路器件清单

元件名称	参　数	数量	元件名称	参　数	数量
IC 插座	DIP40、DIP28	1	电阻	$10k\Omega$	2
单片机	89C51	1	电解电容	$220\mu F$	1
晶体振荡器	12MHz	1	按键		2
瓷片电容	22pF	2	电阻	$1k\Omega$	2
电阻	$5.1k\Omega$	1	瓷片电容	$0.1\mu F$	2
电阻	$470k\Omega$	1	瓷片电容	$0.001\mu F$	1
电解电容	$4.7\mu F$	1	扬声器	$2W/8\Omega$	1
麦克风		1	语音芯片	ISD1110	1

☞ **跟我做 4——软硬件联调**

（1）输入源程序。

（2）汇编源程序。

（3）调试和纠错，连续运行程序后，按下录音键，录入 10s 的语音信号，再按下放音键，播放该语音信号。

（4）将调试好的程序下载至 89C51 芯片中，脱机运行。

☞ **功能扩展**

功能扩展要求为将语音播放电路与实训 3.6 数字钟结合起来，构成具有小时整点分段语音报时功能的数字钟。

📖 项 目 小 结

该项目涉及语音芯片与单片机接口的应用技术。通过选择器件，查阅语音芯片应用资料，单片机与语音芯片间的硬件连接设计和编程训练，为操作者制作带有语音提示功能产品的制作奠定了基础。

实训 3.8   人造小气候——单片机在温湿控制技术中的应用

📖 训 练 目 的

通过小范围温湿度自动调节项目的制作，熟悉用单片机实现温湿度闭环控制的一般概念；学会单片机与实用技术及器件进行集成与转化的基本方法。

☞ **做什么？——明确要完成的任务**

制作一个小范围的环境温湿度调节装置，如果温湿度超出设定的上下限范围时，可通过空调、加热器、排风扇、水雾化器执行机构调节温湿度，构成自动温湿度调节系统，制造一个适合于车厢、休闲居所、花卉园林等局部范围内的人造小气候环境。

☞ **怎么做？——分析怎样用单片机实现任务**

用温度传感器和湿度传感器测试温湿度状态，用单片机采集传感器输出的转换信号并与预先设定的温湿度参数进行比较，当温度过高时启动空调制冷设备进行降温；当温度过低时开启电加热器升温；当湿度过大时，启动排风扇抽湿；当湿度过低时，开启水雾化器加湿。构成一个全自动的闭环小气候调节系统,使环境温湿度始终保持在预先设定的范围之内。

⚙ 小问答

问:什么是单片机闭环控制系统?

答:单片机输出控制信号后,通过执行机构对被控对象实施控制,再通过检测与转换电路将控制结果反馈给单片机,单片机根据反馈信号来修正输出控制信号以达到控制目的。这种通过单片机输出控制的结果来调整单片机输出量的控制系统就叫做单片机闭环控制系统。如果输出控制结果对单片机的输出量没有影响,则叫做单片机开环控制系统。

⚙ 小资料

(1) 温度传感器

常用的温度传感器有热敏电阻、铂电阻、铜电阻、热电偶、数字式集成传感器等。这里选择易于和单片机接口的数字集成温度传感器 DS18B20,它是将传感元件与转换电路集成在一起的单线数字温度传感器,可输出 9~12 位的数字信号,无需 A/D 转换,用一根口线即可直接与单片机接口。测量精度为 ±0.5℃,测量温度范围为 −55~+125℃,如图 3.8.1 所示。

(2) 湿度传感器

湿度传感器有湿敏元件、集成湿度传感器两大类,常规湿敏元件有电阻式、电容式;集成湿度传感器有线性电压输出式、线性频率输出式。这里选择线性电压输出式湿度传感模块电路 HSU-07,其湿度测量范围 30%RH~90%RH,对应电压输出 0.8~2.8V,电源电压为 +5V。HSU-07 输出电压较高且线性较好,因此,无需进行放大和非线性校正,可直接与 A/D 转换器连接。HSU-07 外形及引脚如图 3.8.2 所示。

GND DQ V$_{DD}$

图 3.8.1 DS18B20 数字传感器示意图

(a) HSU-07外形图

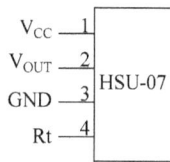

(b) HSU-07引脚图

图 3.8.2 HSU-07 芯片

☞ 跟我做 1——画出硬件电路图

人造小气候箱硬件电路原理示意图如图 3.8.3 所示。

☞ 跟我做 2——准备器件并完成硬件电路制作

人造小气候箱电路器件清单如表 3.8.1 所示,RAM 资源分配如表 3.8.2 所示。

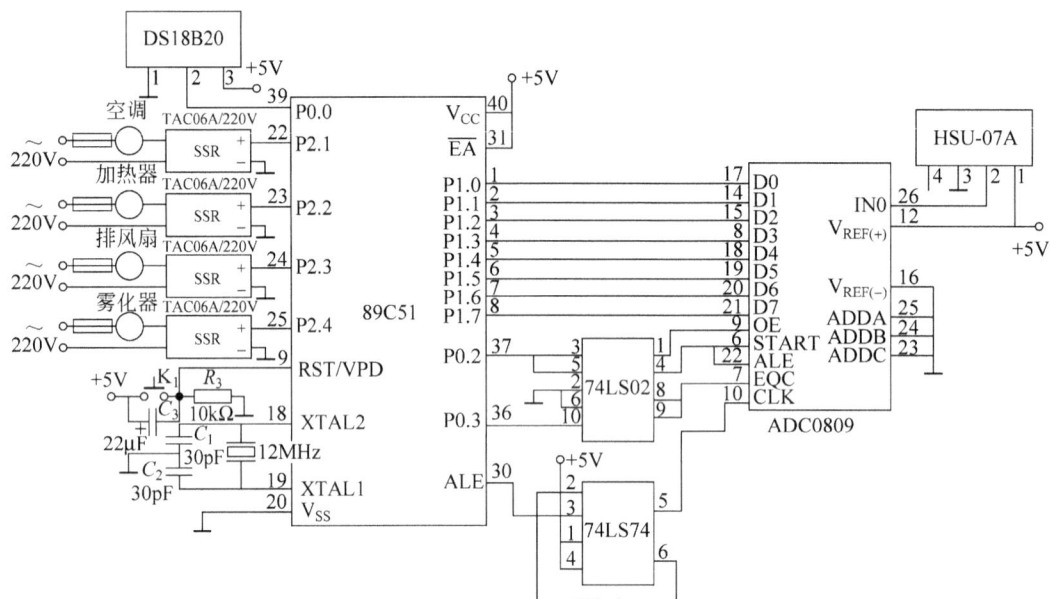

图 3.8.3　人造小气候箱硬件电路原理示意图

表 3.8.1　人造小气候箱电路器件清单

元件名称	参　数	数量	元件名称	参　数	数量
IC 插座	DIP40	1	或非门	74LS02	1
单片机	89C51	1	双 D 触发器	74LS74	1
晶体振荡器	12MHz	1	温度传感器	DS18B20	1
瓷片电容	30pF	2	湿度传感器	HSU-07	1
电阻	10kΩ	2	模数转换	AD0809	1
按键		1	固态继电器	TAC06A/220V	4
电解电容	22μF	1	保险丝	6A	4

表 3.8.2　单片机内部 RAM 部分资源分配表

地址分配	用　途	名　称	初始值
32H	设定最高温度的存储单元	HIG_MK	32
33H	设定最低温度的存储单元	LOW_MK	18
34H	存放当前温度的低 8 位单元	TEM_L	00H
35H	存放当前温度的高 8 位单元	TEM_H	00H
36H	存放当前温度整数部分的单元	TEM_NUM	00H
37H	设定最高湿度的输出数字量	HIG_SD	7BH
38H	设定最低湿度的输出数字量	LOW_SD	47H
P0.0	单片机与 DS18B20 数据总线端	DQ	0

☞ **小提示**

调试硬件时可先用发光二极管模拟执行设备的启动与停止控制状态,调试成功后再接实际执行设备。

☞ **跟我学 1——温度传感器 DS18B20 的使用**

DS18B20 是可编程器件,若要正确使用必须预先弄清引脚的功能和编程方法。引脚功能如表 3.8.3 所示。

表 3.8.3　DS18B20 详细引脚功能描述

引脚序号	名称	引脚功能
1	GND	接电源地
2	DQ	数据输入/输出引脚
3	V_{DD}	接电源＋5V

(1) DS18B20 温度传感器与单片机的接口

如图 3.8.3 所示,将 DS18B20 温度传感器的引脚 2 接单片机的 P0.0 端,单片机从 DS18B20 读出或写入数据仅需一根口线。当 DS18B20 处于写存储器操作和温度 A/D 变换操作时,为提供足够的电流,需要在数据线上增加一个 4.7kΩ 的上拉电阻,其他两个引脚分别接电源和地;用 P2.1 控制空调的启动和停止,用 P2.2 控制加热器的启动和停止。

(2) DS18B20 温度传感器的编程步骤

DS18B20 是可编程器件,在使用时必须经过以下三个步骤:初始化、写操作、读操作。每一次读写操作之前都要先将 DS18B20 初始化复位,复位成功后才能对 DS18B20 进行预定的操作,三个步骤缺一不可。在编写相应的应用程序时,必须预先掌握 DS18B20 的通信协议和时序控制要求。

☞ **跟我学 2——温度传感器 DS18B20 的通信协议与时序图**

由于 DS18B20 是利用一根 I/O 口线读写数据,因此,对读写的数据位有着严格的时序要求。DS18B20 采用由一根数据线实现数据双向传输的 1-Wire 单总线协议方式,该协议定义了三种通信时序:初始化时序、读时序和写时序。所有时序都是将主机作为主设备,单总线器件作为从设备。而 89C51 单片机在硬件上并不支持单总线协议,因此,就必须采用软件的方法来模拟单总线的协议时序来完成与 DS18B20 间的通信。

根据 DS18B20 通信协议中初始化时序、写时序和读时序要求,分别编写与之对应的 3 个应用子程序,分别是 INIT_1820 初始化子程序、WRITE_1820 写命令或数据子程序、READ_1820 读数据子程序。

☞ **小提示**

对于比较复杂的可编程器件,为了方便用户编制应用程序,制造商会提供针对各种功能进行编程的时序图,使用者参照时序图中提供的顺序来编制程序,因此应该学会阅读时序图对正确编制应用程序将有很大帮助。

(1) 编制初始化子程序

DS18B20 温度传感器初始化 DQ 状态时序图如图 3.8.4 所示。

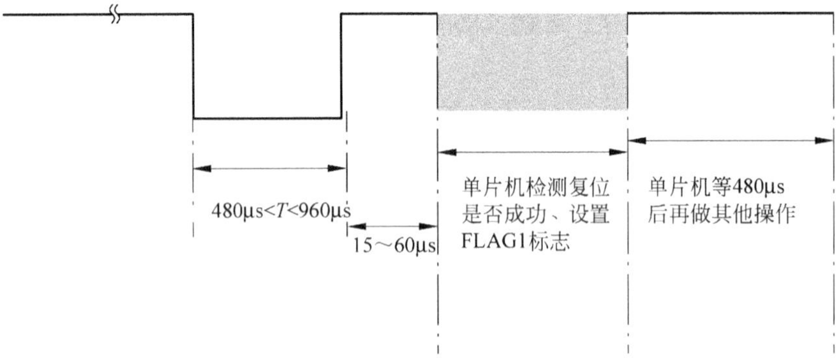

图 3.8.4　DS18B20 温度传感器初始化 DQ 状态时序图

　　按照时序图提供的编程顺序,为了让 DS18B20 复位,单片机先将 DQ 设置为低电平,延时至少 $480\mu s$ 后再将其变成高电平,即提供一个脉宽 $480\mu s < T < 960\mu s$ 的复位脉冲;等待 $15\sim60\mu s$ 后,检测 DQ 是否变为低电平(阴影部分),若已变为低电平则表明复位成功,将 FLAG1 标志置"1",然后可进入下一步操作,否则将 FLAG1 标志清"0"后再重新发送复位脉冲。若多次复位都不成功,可能器件不存在、器件损坏或其他故障。

DS18B20 初始化子程序流程如图 3.8.5 所示。

```
; ************************ DS18B20 初始化子程序 ************************
            DQ      EQU     P0.0
INIT_1820： SETB    DQ
            NOP
            NOP
            CLR     DQ              ; 发复位脉冲
            ACALL   YS500           ; 500μs 延时子程序
            SETB    DQ
            ORL     P0,#01H         ; P0.0 转为输入口
            ACALL   DELAY1          ; 等待 50μs
            JNB     DQ,TSR1         ; 判断 DS18B20 复位是否成功
            AJMP    INIT_1820       ; 重发复位脉冲
TSR1：      MOV     R0,#6BH         ; 复位成功等待 200μs 后再做其他操作
TSR2：      DJNZ    R0,TSR2
            SETB    DQ
            RET
DELAY1：    MOV     R7,#18H         ; 50μs 延时子程序
            DJNZ    R7,$
            RET
```

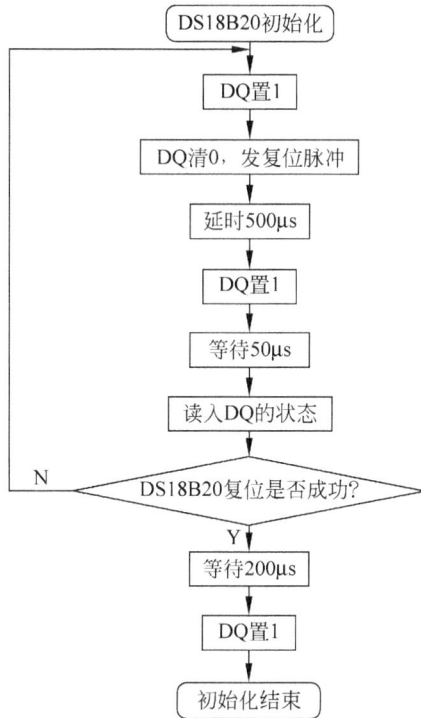

图 3.8.5　DS18B20 初始化子程序流程图

```
YS500：      MOV    R7,＃0F9H      ；500μs 延时子程序
YS500_1：    DJNZ   R7,YS500_1
             RET
```

（2）编制写入子程序

DS18B20 温度传感器写时序图如图 3.8.6 所示。

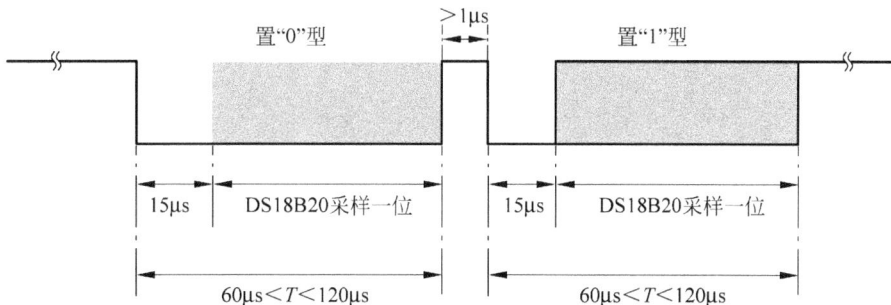

图 3.8.6　DS18B20 温度传感器写时序示意图

完成了复位初始化，接下来就要向 DS18B20 写入命令或数据。根据图 3.8.7 的写入时序要求，单片机要先将 DQ 设置为低电平（有置"0"和置"1"两种类型），延时 15μs 后，将待写的数据以串行形式送一位至 DQ 端，DS18B20 将在 $60\mu s<T<120\mu s$ 时间内接收一位数据。发送完一位数据后，将 DQ 端的状态再拉回到高电平，并保持至少 1μs 的恢复时

间,即每写完一位串行数据后中间至少要有 1μs 以上的恢复时间,然后再写下一位数据。DS18B20 写入子程序流程如图 3.8.7 所示。

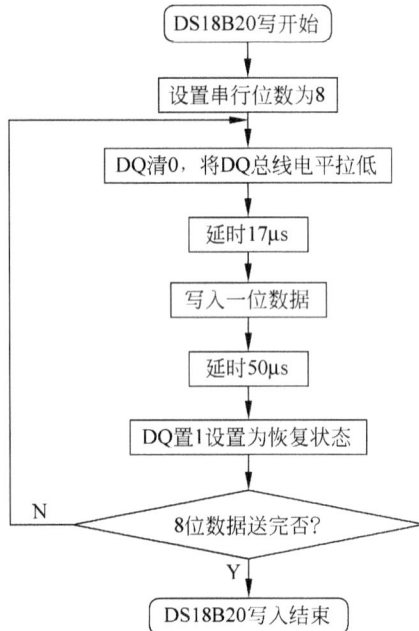

图 3.8.7　DS18B20 写入子程序流程图

```
; **************************** DS18B20 写入子程序 ****************************
; 程序名：WRITE_1820
; 程序功能：向 1820 写数据
; 入口参数：累加器 A
WRITE_1820： MOV    R2,#8        ;设置串行位数
            CLR    C
WRITE1：    CLR    DQ           ;将 DS18B20 温度传感器的 DQ 总线电平拉低
            MOV    R3,#8        ;延时>15μs
            DJNZ   R3,$
            RRC    A            ;写入一位数据
            MOV    DQ,C
            MOV    R3,#24       ;延时 50μs
            DJNZ   R3,$
            SETB   DQ           ;设置为恢复状态
            NOP                 ;延时 1μs
            DJNZ   R2,WRITE1    ;8 位数据送完否?
            RET
```

✍ **小资料**

DS18B20 温度传感器写入指令如表 3.8.4 所示。

表 3.8.4　DS18B20 温度传感器写入指令表

指　　　令	指令代码	操 作 说 明
温度转换命令	44H	启动 DS18B20 进行温度转换
读温度值命令	BEH	读暂存器中的温度值
写暂存器命令	4EH	将数据写入暂存器的高 8 位 TH 和低 8 位 TL 中
复制暂存器命令	48H	把暂存器 TH、TL 中的内容复制到 E^2RAM 中
重新调 E^2RAM 命令	B8H	把 E^2RAM 中的内容重新写回到暂存器 TH、TL 字节中
读电源供电方式命令	B4H	启动 DS18B20 发送电源供电方式信号给单片机
SKIP ROM 操作命令	CCH	跳过 ROM 匹配,跳过读序列号的操作,可节省操作时间

（3）编制读子程序

DS18B20 温度传感器读时序如图 3.8.8 所示。

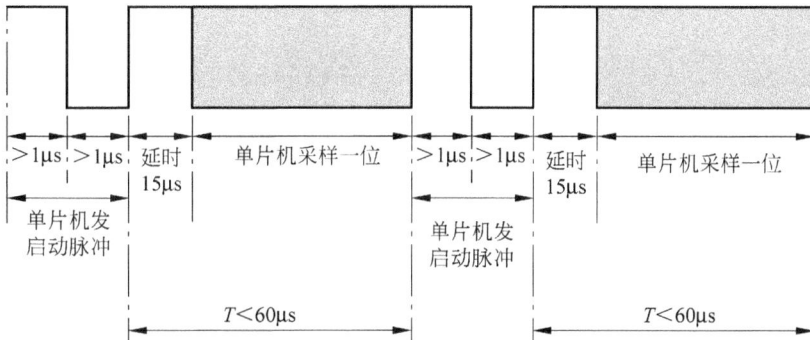

图 3.8.8　DS18B20 温度传感器读时序示意图

　　根据读时序要求,当单片机准备从 DS18B20 温度传感器读取每一位数据时,应先发出启动读时序脉冲,即将 DQ 总线设置为低电平,保持 $1\mu s$ 以上时间后,再将其设置为高电平;启动后等待 $15\mu s$,以便 DS18B20 能可靠地将测试结果送至 DQ 总线上,然后单片机再开始读取 DQ 总线上的结果。单片机要在发出启动脉冲后的 $60\mu s$ 时间之内,完成取数操作。同样,读完每位数据后至少要保持 $1\mu s$ 以上的恢复时间。

DS18B20 读子程序流程如图 3.8.9 所示。

```
; *************************** DS18B20 读子程序 ***************************
; 程序名:READ_1820
; 程序功能:读 1820 数据
; 出口参数:34H、35H
READ_1820: MOV    R4,#2      ;设置读双字节次数
           MOV    R1,#34H    ;读出结果低 8 位存 34H 单元,高 8 位存 35H 单元中
READ0:     MOV    R2,#8      ;每遍读 8 位
           MOV    A,#00H
READ1:     CLR    C
           SETB   DQ
           NOP
           NOP
           CLR    DQ         ;保持至少 1μs 的低电平
```

196

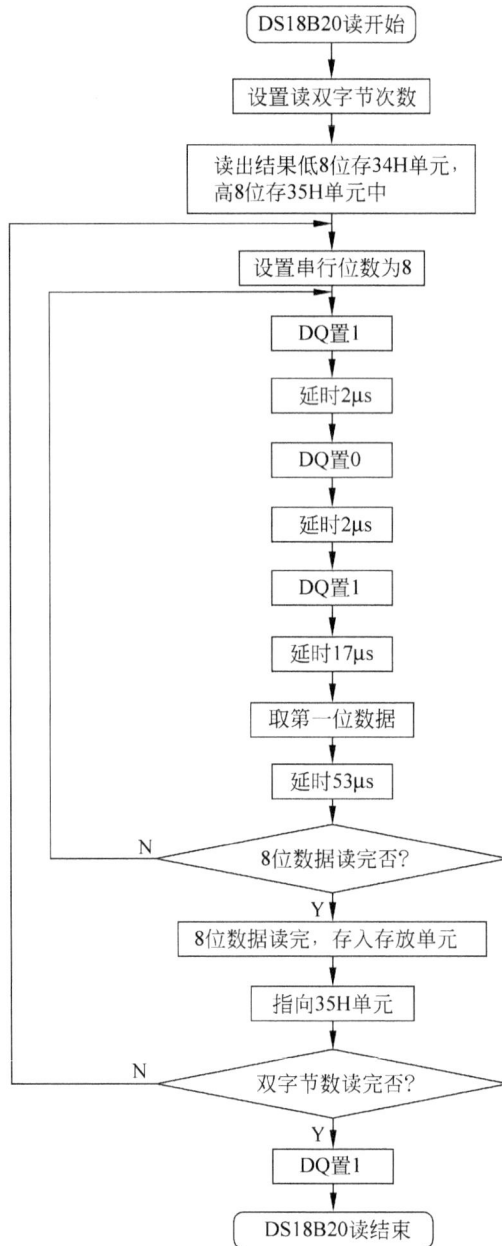

图 3.8.9　DS18B20 读子程序流程图

```
NOP
SETB    DQ          ;恢复高电平
MOV     R3,#8       ;延时>15μs
DJNZ    R3,$
MOV     C,DQ        ;取第一位数据
RRC     A
MOV     R3,#26
```

```
DJNZ      R3,$
DJNZ      R2,READ1        ;8 位数据读完否
MOV       @R1,A           ;低 8 位数据读完,存入 34H 单元
INC       R1              ;指向 35H 单元
DJNZ      R4,READ0        ;高 8 位数据读完,存入 35H 单元
SETB      DQ              ;读时序结束,将 DQ 设置为高电平
NOP
NOP
RET
```

✍ **小知识**

(1) DS18B20 温度传感器是一个直接数字化的温度传感器。可将−55～+125℃之间的温度值按 9 位、10 位、11 位和 12 位的分辨率进行量化,与之对应的温度增量单位值分别是 0.5℃、0.25℃、0.125℃和 0.0625℃。传感器上电后默认的是 12 位的分辨率,当 DS18B20 接收到单片机发出的温度转换命令 44H 后,便开始进行温度转换操作。

(2) 温度测量结果以二进制补码形式存放。如图 3.8.10 所示,分辨率为 12 位的测量结果用带 5 个符号位的 16 位二进制格式来表示,高低 8 位分别存储在两个 RAM 单元中,前面 5 位 S 代表符号位。

	bit7	bit6	bit5	bit4	bit3	bit2	bit1	bit0
LS Byte	2^3	2^2	2^1	2^0	2^{-1}	2^{-2}	2^{-3}	2^{-4}
	bit15	bit14	bit13	bit12	bit11	bit10	bit9	bit8
MS Byte	S	S	S	S	S	2^6	2^5	2^4

图 3.8.10　DS18B20 温度传感器的温度值格式

如果测得的温度大于 0,这 5 位 S 为 0,只要将测得的数值乘以 0.0625 即可得到实际温度值;如果所测温度小于 0,这 5 位 S 为 1,测得的数值必须要先取反加 1 再乘以 0.0625 才能得到实际温度值。例如+125℃的数字输出为 07D0H,+25.0625℃的数字输出为 0191H,−25.0625℃的数字输出为 FF6FH,−55℃的数字输出为 FC90H,如表 3.8.5 所示。

表 3.8.5　DS18B20 温度传感器的部分温度值

温度/℃	输出数字量(Binary)	输出数字量(Hex)
+125	0000 0111 1101 0000	07D0h
+85	0000 0101 0101 0000	0550h
+25.0625	0000 0001 1001 0001	0191h
+10.125	0000 0000 1010 0010	00A2h
+0.5	0000 0000 0000 1000	0008h
0	0000 0000 0000 0000	0000h
−0.5	1111 1111 1111 1000	FFF8h
−10.125	1111 1111 0101 1110	FF5Eh
−25.0625	1111 1110 0110 1111	FE6Fh
−55	1111 1100 1001 0000	FC90h

如果不考虑小数部分的精度,只要将读到的 16 位温度值的最高四位和最低四位去掉,就能得到当前温度的整数值。例如,读到的 16 位温度值为 0191H,将它的最高四位和最低四位去掉,就得到 19H=25,正好是当前温度的整数值。

☞ 跟我做 3——编制温度测试应用程序

程序设计步骤如下所述。
(1) 变量及符号定义

```
HIG_MK      EQU    32H        ;设定最高温度值
LOW_MK      EQU    33H        ;设定最低温度值
TEM_L       EQU    34H        ;当前温度低 8 位补码存放单元
TEM_H       EQU    35H        ;当前温度高 8 位补码存放单元
TEM_NUM     EQU    36H        ;当前温度存放单元
FLAG1       EQU    00H        ;DS18B20 存在的标志
DQ          EQU    P0.0
```

(2) 编制温度采集子程序

```
; ********************* 温度采集子程序 GET_TEMPER *********************
;程序名:GET_TEMPER
;程序功能:采集温度值
;出口参数:34H、35H
GET_TEM: MOV    A,#0CCH         ;确定跳过 ROM 匹配指令码
         LCALL  INIT_1820       ;18B20 的初始化
         LCALL  WRITE_1820      ;写命令
         MOV    A,#44H          ;设置 DS18B20 进行温度转换指令码
         LCALL  INIT_1820       ;18B20 的初始化
         LCALL  WRITE_1820      ;写命令
         LCALL  INIT_1820       ;18B20 的初始化
         MOV    A,#0CCH         ;发送一条 ROM 指令,跳过 ROM 匹配
         LCALL  WRITE_1820
         MOV    A,#0BEH         ;设置读温度指令码
         LCALL  INIT_1820
         LCALL  WRITE_1820
         LCALL  INIT_1820
         LCALL  READ_1820
         RET
```

(3) 编制数据整数处理子程序

```
; ********************* 数据整数处理子程序 TEM_COV *********************
;程序名:TEM_COV
;程序功能:去掉 34H、35H 单元中 16 位温度值最高四位和最低四位,保留温度整数值
;出口参数:34H、35H
       TEM_L      EQU    34H
       TEM_H      EQU    35H
       TEM_NUM    EQU    36H
TEM_COV: MOV     A,TEM_L
```

```
            ANL      A,#0F0H
            SWAP     A
            MOV      TEM_NUM,A
TEM_COV3：   MOV      A,TEM_H
            ANL      A,#07H
            SWAP     A
            ORL      A,TEM_NUM
            MOV      TEM_NUM,A
            RET
```

（4）编制温度控制子程序

```
; ******************** 温度比较与控制子程序 TEM_CONTR ********************
; 程序名：TEM_CONTR
; 程序功能：温度比较与控制
; 出口参数：P2.1,P2.2
      HIG_MK      EQU    32H
      LOW_MK      EQU    33H
      TEM_NUM    EQU    36H
TEM_CONTR：  SETB     DQ
MAIN0：       LCALL    GET_TEM        ;调用温度采集子程序
             LCALL    TEM_COV        ;调用数据整数处理子程序
MAIN1：       MOV      A,TEM_NUM
             CJNE     A,HIG_MK,MAIN2
MAIN2：       JC       MAIN3          ;判断超过最高温度否?
             SETB     P2.1           ;降温控制,启动空调
             AJMP     MAIN6
MAIN3：       CJNE     A,LOW_MK,MAIN4 ;判断低于最低温度否?
MAIN4：       JNC      MAIN5
             SETB     P2.2           ;加温控制,启动加热器
             AJMP     MAIN6
MAIN5：       CLR      P2.1           ;关空调
             CLR      P2.2           ;关加热器
MAIN6：       RET
```

☞ 跟我学 3——湿度传感器 HSU-07 的使用

（1）确定湿度与电压之间的对应关系

HSU-07 的输出信号是与湿度对应的模拟电压,且输出电压值还与当前的环境温度有关,湿度—温度—电压三者对应关系如表 3.8.6 所示。可见,对于相同的湿度在不同温度时其所对应的输出电压有一定的误差,而"人造小气候"制作项目对湿度测量的精度要求不是很高,可忽略温度产生的影响,在项目设计中只参考 25℃时的电压输出。

（2）HSU-07 湿度传感器与单片机接口设计

如图 3.8.3 所示,将 HSU-07 输出的电压信号直接送至 AD0809 的 IN0 通道实现模/数转换。

用单片机的 P2.3 控制抽湿的排风扇启动与停止;用 P2.4 控制加湿的雾化器启动与停止。

表 3.8.6   湿度—温度—电压关系对照表

相对湿度%RH	温 度								
	5℃	10℃	15℃	20℃	25℃	30℃	35℃	40℃	45℃
20	0.879	0.878	0.874	0.875	0.885	0.909	0.944	0.982	1.018
25	1.108	1.112	1.116	1.122	1.137	1.162	1.196	1.233	1.269
30	1.375	1.375	1.374	1.376	1.383	1.399	1.422	1.446	1.470
35	1.563	1.566	1.568	1.571	1.578	1.590	1.605	1.621	1.637
40	1.724	1.729	1.733	1.738	1.744	1.751	1.759	1.768	1.776
45	1.878	1.880	1.882	1.884	1.887	1.890	1.894	1.899	1.901
50	2.012	2.012	2.011	2.011	2.011	2.011	2.012	2.012	2.013
55	2.119	2.119	2.120	2.120	2.120	2.120	2.119	2.117	2.116
60	2.211	2.214	2.217	2.219	2.220	2.219	2.217	2.215	2.212
65	2.300	2.305	2.311	2.316	2.318	2.317	2.314	2.309	2.305
70	2.385	2.393	2.401	2.408	2.412	2.411	2.408	2.403	2.398
75	2.472	2.480	2.489	2.491	2.501	2.502	2.500	2.498	2.494
80	2.561	2.569	2.577	2.584	2.589	2.592	2.593	2.593	2.594
85	2.657	2.663	2.668	2.674	2.680	2.686	2.691	2.697	2.703
90	2.754	2.758	2.761	2.765	2.771	2.780	2.791	2.803	2.814

（3）数据处理

只有将当前的湿度值与预先设定的最高和最低湿度值进行比较,才能进行湿度的调节,那么怎样才能将采集的二进制数据转换成相对湿度值呢?

✍ 小知识

一般在处理数据时常用两种方法:一是计算法,预先建立计算模型,将测得的数据代入公式计算出对应结果;二是查表法,依据湿度—温度—电压关系对照表,用可调精密电压源替代传感器的输出电压,通过实验的方法逐一测出单片机采集的二进制数与湿度间的对应关系并以表格的形式存放在存储器中,如表 3.8.7 所示。然后用湿度传感器替代电压源,只要将测得的数据与表格中的二进制数进行比较并查出对应的相对湿度即是当前的实际湿度值。例如,单片机通过传感器测得的二进制数为 7BH,查表可得到相对湿度值为 70%RH。

表 3.8.7   AD0809 输出数据与湿度、温度之间的关系

相对湿度%RH	电压源输出电压/V	单片机采集数据
30	1.388	47H
40	1.744	59H
50	2.011	66H
60	2.220	70H
70	2.412	7BH

☞ 跟我做 4——编制湿度测试与控制应用程序

```
;  ********************* 湿度测试与控制子程序 RH_CONTR  ***********************
;程序名：RH_CONTR
;程序功能：湿度测试与比较控制，当湿度值高于设定的最高限时，打开排风扇；当湿度值低于设
;定最低限时，喷洒水
;出口参数：P2.3、P2.4
                 HIG_SD      EQU      37H              ;设定最高湿度的输出数字量
                 LOW_SD      EQU      38H              ;设定最低湿度的输出数字量
RH_CONTR：ACALL    ADCON                ;调用实训 1.5 中的 A/D 转换子程序 ADCON
                 CJNE        A，HIG_SD，CONTR1        ;比较湿度值是否大于 70%RH
CONTR1：   JC          CONTR2
                 SETB        P2.3              ;抽湿控制，启动排风扇
                 AJMP        CONTR5
CONTR2：   CJNE        A，LOW_MK，CONTR3    ;比较湿度是否小于 30%RH
CONTR3：   JNC         CONTR4
                 SETB        P2.4              ;加湿控制，启动雾化器
                 AJMP        CONTR5
CONTR4：   CLR         P2.3              ;关排风扇
                 CLR         P2.4              ;关雾化器
CONTR5：   SETB        P3.2              ;允许输入
                 SETB        P3.3
                 RET
                 END
```

☞ 跟我做 5——整体程序设计

人造小气候控制程序流程如图 3.8.11 所示。

```
;  ********************* 温湿度控制程序  ***********************
;程序名：温湿度控制程序 PM3_1_1.asm
;程序功能：温湿度测试与比较控制
;出口参数：P2.1、P2.2、P2.3、P2.4

HIG_MK       EQU      32H              ;最高温度设定单元
LOW_MK       EQU      33H              ;最低温度设定单元
TEM_L        EQU      34H              ;当前温度的低 8 位存放单元
TEM_H        EQU      35H              ;当前温度的高 8 位存放单元
TEM_NUM      EQU      36H              ;当前温度存放单元
FLAG1        EQU      00H              ;DS18B20 存在的标志
DQ           EQU      P0.0             ;单片机与 DS18B20 数据总线端
HIG_SD       EQU      37H              ;最高湿度设定单元
LOW_SD       EQU      38H              ;最低湿度设定单元
             ORG      0000H
START：      MOV      SP，#60H
             SETB DQ
```

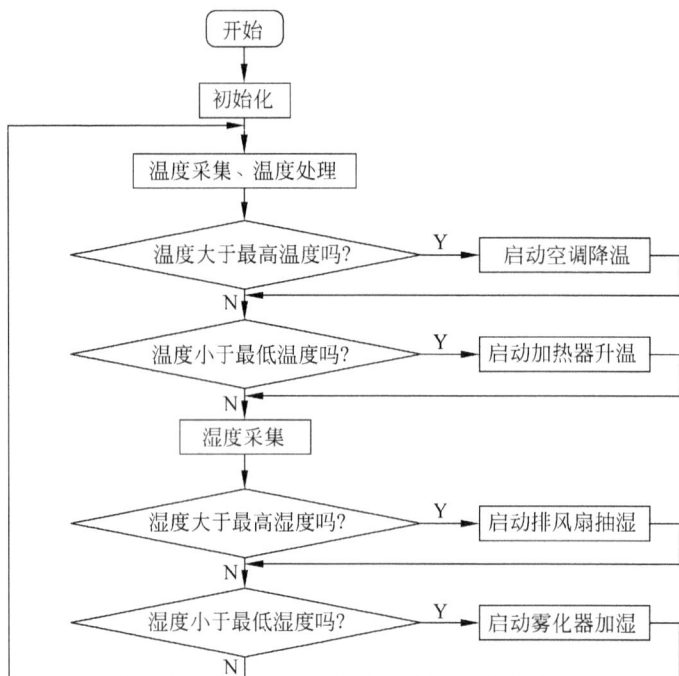

图 3.8.11　人造小气候控制程序流程图

```
START1：      CLR    P2.1            ；关空调
              CLR    P2.2            ；关加热器
              CLR    P2.3            ；关排风扇
              CLR    P2.4            ；关雾化器
              MOV    HIG_MK，＃26     ；设定最高温度为 26℃
              MOV    LOW_MK，＃20     ；设定最低温度为 20℃
              MOV    HIG_SD，＃7BH    ；设定最高湿度为 70％RH
              MOV    LOW_SD，＃47H    ；设定最低湿度为 30％RH
GON：         LCALL  TEM_CONTR       ；调用温度采集与控制子程序
              LCALL  RH_CONTR        ；调用湿度测试与控制子程序
              AJMP   GON             ；循环控制
```

✍ **小提示**

采用模块化子程序结构，主程序会比较简单，只需进行必要的符号定义、初始参数的设置及调用子程序即可。

☞ **跟我做 6——联调软硬件**

将做好的硬件电路板和单片机开发系统连接好，进行以下操作：

(1) 输入源程序。

(2) 汇编源程序。

(3) 调试软硬件，排查错误。

（4）将调试好的程序下载至 89C51 芯片中，脱机运行。

☞ 功能扩展

修改软硬件，实现用数码管显示当前的湿度和温度值。

📖 项 目 小 结

该项目涉及闭环控制技术、温湿度传感技术及器件的应用。通过查阅技术应用资料、分析时序图，编制和调试应用程序训练，进一步巩固实用技术及器件与单片机相结合的集成与转化能力；为完成更复杂的单片机闭环控制系统设计、分析与调试奠定基础。

第4篇

兴趣制作篇——制作自己感兴趣的单片机应用产品

综合实训　简易机器人——综合技术应用

📖 训 练 目 的

通过制作简易机器人，熟悉单片机在机电一体化技术中的综合应用，熟练掌握开发复杂单片机系统的一般方法。

☞ 做什么？——明确要完成的任务

机器人是多学科技术集成的产物，它涉及机械设计与制造技术、计算机控制技术、传感器技术、机电一体化技术等多种学科领域。本项目的任务是制作一个运动机器人，它具备如下功能：电机驱动控制、人体感应控制、红外遥控、语音控制、倒车雷达控制等。样品外观如图4.1.1所示。

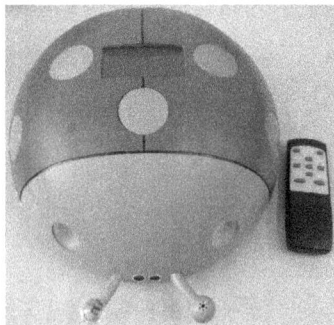

图4.1.1　简易小车机器人外观示意图

☞ 怎么做？——分析怎样用单片机系统实现任务

在制订运动机器人制作方案时要预先确定机器人的运动方式、驱动方式、控制单元、智能控制功能。这里选择带有两个后驱动轮、一个前从动轮的电动车作为运动机构；采用89C51单片机作为主控制单元；用两个直流变速电机来驱动左右两个后车轮转动；用红外感应技术判断小车前方是否有行人来控制小车的停与行；用超声测距技术测试小车距前方障碍物的距离来控制小车运行状态；用语音识别技术接收人的语音命令来控制小车前进、停止、后退、向左或向右运行状态；用红外遥控技术实现无线遥控小车运行状态。

☞ 跟我做 1——硬件电路设计

（1）单片机端口资源分配

根据小车的控制功能要求，预先对接口资源进行分配，避免硬件资源相互间冲突，接口资源分配如表 4.1.1 所示。

表 4.1.1　简易机器人单片机接口资源分配表

端　口	接　法	端　口	接　法
P0.1	红外热释电传感器输出端	P3.2、P3.3	超声波发射、接收端
P0.4～P0.7	声控模块输出端	P3.4～P3.7	电机控制端
P2.0	红外遥控接收端		

（2）画出硬件电路图

根据接口资源分配完成电路图的绘制，电路硬件原理如图 4.1.2 所示。

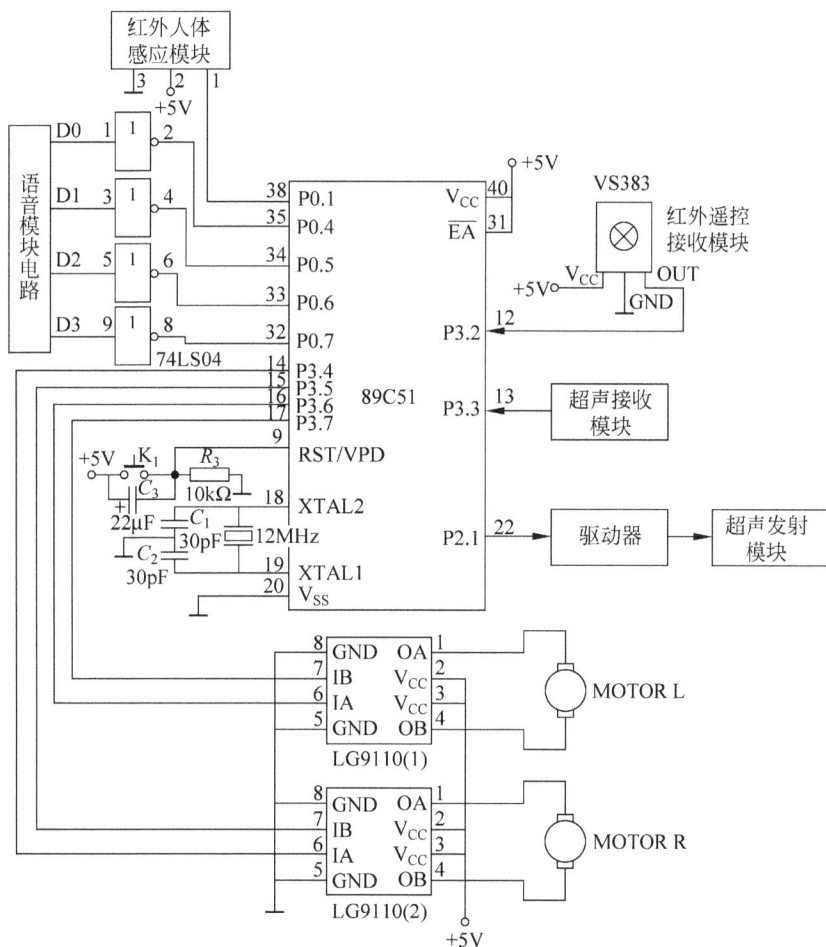

图 4.1.2　简易机器人硬件电路原理示意图

☞　**跟我做 2——准备器件并完成硬件电路制作**

✍　**小提示**

（1）这里所用器件在实训 3 中都已用过，可继续使用。

206

（2）机器人小车可选用电动小车进行改装。

☞ 跟我做 3——编制应用程序

1. 编制主程序

主程序主要完成初始参数、初始控制状态设定和循环调用各功能模块子程序，包括：红外人体感应控制刹车子程序 P_C_CAR、超声测距控制小车运行状态子程序 S_C_CAR、红外遥控小车子程序 LANG_C_CAR、语音命令控制小车运行状态子程序 SOUND_C_CAR。

主程序流程如图 4.1.3 所示。

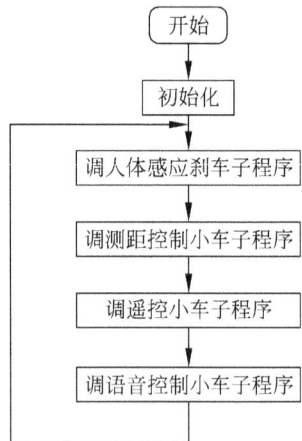

图 4.1.3 主程序流程示意图

```
; ************************ 主程序 MAIN_CAR ********************
; 程序名：主程序 MAIN_CAR PM4_1_1.asm
; 程序功能：通过红外感应、红外遥控、超声测距、语音命令控制小车运行状态
            ORG     0000H
            LJMP    MAIN_CAR
            ORG     0003H
            LJMP    INPUT0              ;转红外遥控子程序
            ORG     0013H
            LJMP    CUNT_L              ;转超声接收到处理子程序
MAIN_CAR:   MOV     SP,#60H
R_MAIN:     MOV     30H,#00H            ;清除遥控值单元
            MOV     31H,#00H
            MOV     32H,#00H
            MOV     33H,#00H
            SETB    EA                 ;允许外部 INT0 申请中断
            SETB    EX0
            SETB    IT0                ;下降沿申请中断有效
RUN:        LCALL   CAR_SECH           ;调用人体红外感应控制刹车子程序
            LCALL   S_C_CAR            ;调用超声测距控制小车运行状态子程序
            LCALL   SOUND_C_CAR        ;调用语音命令控制小车运行状态子程序
            AJMP    RUN
```

2. 人体感应控制刹车子程序

如图 4.1.2 所示，用单片机 P0.1 端口测试人体感应信号，程序流程如图 4.1.4 所示。

```
; ****************** 红外人体感应控制刹车子程序 P_C_CAR ******************
; 程序名：人体感应控制刹车程序 P_C_CAR
; 程序功能：用红外感应测试小车前方是否有行人，根据测试结果控制小车刹车或前进
; 出口参数：P2.1、P2.2、P2.3、P2.4
; 占用单片机接口资源：P0.1、P2.1、P2.2、P2.3、P2.4
P_C_CAR:    MOV     P0,#0FFH
            MOV     A,P0               ;读 P0 口的状态
            JNB     ACC.1,NEXT         ;判断 P0.1 是否变为高电平，是则点动刹车
            LCALL   SL_STOP            ;调用点动刹车子程序
```

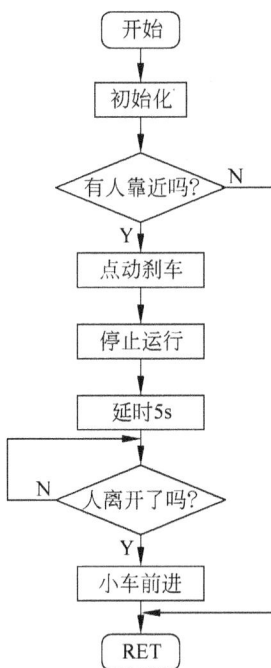

图 4.1.4　红外感应人体控制刹车子程序流程图

```
            ACALL    DELAY5S        ；延时 5s
            MOV      A,P0           ；读 P0 口的状态
WAIT：      JB       ACC.1,WAIT     ；判断前方行人离开否？ 若人已离开,小车继续
                                    ；前进
            SETB     P3.4
            CLR      P3.5
            SETB     P3.6
            CLR      P3.7
NEXT：      RET
; ******************* 点动刹车子程序 SL_STOP *******************
;程序名：点动刹车 SL_STOP
;程序功能：间歇停止、前进运行
SL_STOP：   MOV      R3,#10         ；设置点动刹车次数
GO_STOP：   CLR      P3.4           ；小车停止
            CLR      P3.6
            LCALL    DELAY50ms
            SETB     P3.4           ；小车前进
            CLR      P3.5
            SETB     P3.6
            CLR      P3.7
            LCALL    DELAY50ms
            DJNZ     R3,GO_STOP
            RET
DELAY50ms： MOV      R4,#100
DEL2：      MOV      R5,#125
```

```
DEL1:        NOP
             NOP
             DJNZ      R5,DEL1
             DJNZ      R4,DEL2
             RET
```

小提示

（1）红外感应距离可根据实际情况进行调整。

（2）小车若急刹车可能会造成翻车，采用点动刹车是为了提高刹车的平稳性，点动次数和间歇时间可根据实际刹车状况进行调整。

（3）也可将刹车改为向左或右方向绕行控制。

3. 超声测距控制小车运行状态

在小车前进运行时，根据小车与前方障碍物间的距离来控制小车前进、停止或后退。如图 4.1.2 所示，用单片机的 P2.1 端口发 40kHz 方波信号，用 P3.3 端口接收超声回波信号，程序流程如图 4.1.5 所示。

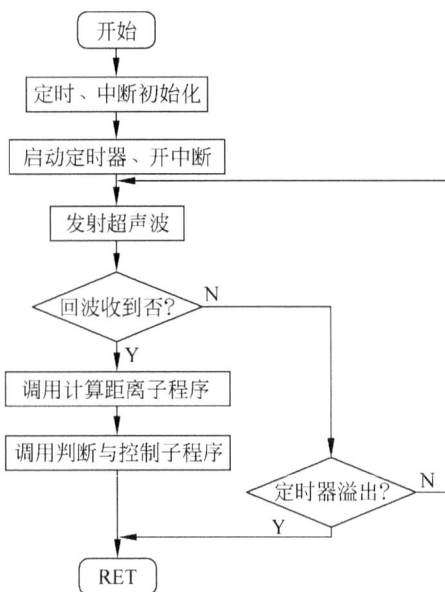

图 4.1.5　超声测距控制小车运行状态子程序流程图

```
; ****************** 超声测距控制小车运行状态子程序 S_C_CAR ******************
;程序名：超声测距控制小车状态子程序 S_C_CAR
;程序功能：根据超声测试小车距前方障碍物间的距离来控制小车的运行状态
;出口参数：P2.1、P2.2、P2.3、P2.4
;占用单片机接口资源：P2.1、P3.3

S_C_CAR:   MOV    TMOD,   #10H        ;置定时器 T0 于工作方式 1
           MOV    TL0,    #00H        ;计数单元清 0
           MOV    TH0,    #00H
```

```
          MOV     20H,    #30          ;置近距离参数 30cm
          MOV     21H,    #60          ;置中距离参数 60cm
          MOV     22H,    #99          ;置远距离参数 99cm
          CLR     F0                   ;回波接收成功标志清 0
          SETB    EX1
          SETB    TR0                  ;允许外部 INT1 申请中断
                                       ;开启定时器 T0
HERE:     CPL     P2.1                 ;输出 40kHz 方波,直至定时器溢出停止发送
          NOP
          NOP
          NOP
          NOP
          NOP
          JNB     F0,NEXT0             ;判断有无回波
          LCALL   CUNT                 ;有则调用计算距离子程序
          LCALL   CONTREL_CAR          ;调用小车运行控制程序
          SJMP    NEXT1
NEXT0:    JBC     TR0,NEXT1
          SJMP    HERE
NEXT1:    RET
; ********************** INT1 中断服务子程序 INPUT1 **********************
; 程序名:INPUT1
; 程序功能:关定时器、设置接收回波成功标志
INPUT1:   CLR     TR0                  ;接收到超声回波,关定时器
          SETB    F0                   ;设置回波接收成功标志
          RETI
; ********************** 计算距离子程序 CUNT_L **********************
; 程序名:CUNT_L
; 程序功能:计算距前方障碍物的距离
; 入口参数:TL0、TL1
; 出口参数:A
CUNT_L:   MOV     R2,     TL0          ;取定时器低 8 位值
          MOV     R3,     TL1          ;取定时器高 8 位值
          MOV     R6,     #11H         ;设置光速初值的 1/20,近似为 17
          MOV     R7,     #00H
          LCALL   MULD                 ;调实训 2.4 中的双字节乘法子程序
          MOV     R6,     #64H         ;设置除数为 100
          MOV     R7,     #00H
          LCALL   DIVD                 ;调实训 2.4 中的除法子程序,计算 0~99cm 距离
          MOV     73H,    R2
          MOV     74H,    R3
          MOV     A,      73H          ;结果送 A
          RET
; ********************** 判断与控制子程序 CONTRL_CAR **********************
; 程序名:CONTRL_CAR
; 程序功能:比较距离,控制小车运行状态
; 入口参数:R3、A

CONTRL_CAR:CJNE   R3,#00H,NEXT         ;距离超过 256cm 则直接返回
```

```
            CJNE    A,20H,CT0       ;小于近距离则后退
CT0：       JC      BACK
            CJNE    A,21H,CT2       ;小于中距离则停止
CT1：       JC      STOP
            CJNE    A,22H,RZ        ;小于远距离则右转
CT2：       JC      RZ
NEXT：      RET
BACK：      CLR     P3.4            ;后退控制子程序
            SETB    P3.5
            CLR     P3.6
            ETB     P3.7
            RET

STOP：      CLR     P3.4            ;停止控制子程序
            CLR     P3.5
            CLR     P3.7
            CLR     P3.6
            RET
RZ：        SETB    P3.4            ;右转控制子程序,停止右边的电机
            CLR     P3.5
            CLR     P3.7
            CLR     P3.6
            RET
```

4. 红外遥控小车运动状态

利用实训 3.4 中的红外遥控编码与解码技术,实现用手持式遥控器控制小车前进、后退、停止、左传及右转。如图 4.1.2 所示,采用 P3.2 作为遥控信息中端申请入口,中断服务子程序参考实训 3.4 中的 INPUT0。

5. 语音命令控制小车运动状态

利用语音识别技术,实现用语音命令控制小车前进、停止、左转及右转。硬件电路如图 4.1.2 所示,采用 P0.4～P0.7 作为声控命令信息入口,控制程序参考实训 3.5 中的 SOUND_C_CAR。

📖 项 目 小 结

本项目涉及之前训练过的多种应用技术,对已经学会的各种基本技能、方法、技巧等进行了更高层次的训练,使操作者对单片机资源调配、接口技术的应用、外围功能器件的使用、复杂程序的编制、已有子程序的调用、单片机应用技术与实用技术和器件的集成与转化等方面有了更加深入的领悟与体会。为今后开发各类单片机产品奠定了基础。

APPENDIX A

MCS-51 指令表

MCS-51 指令系统所用符号及其含义说明如下：

add11	11 位地址
add16	16 位地址
bit	位地址
rel	相对偏移量，为 8 位有符号数(补码形式)
direct	直接地址单元(RAM、SFR、I/O)
♯data	立即数
Rn	工作寄存器 R0～R7
A	累加器
X	片内 RAM 中的直接地址或寄存器
Ri	i＝0、1，数据指针 R0、R1
@	间接寻址方式中，表示间接寄存器的符号
(X)	在直接寻址方式中，表示直接地址(X)中的内容
	在间接寻址方式中，表示间接寄存器 X 指出的地址单元中的内容
→	数据传送方向
∧	逻辑与
∨	逻辑或
⊕	逻辑异或
√	对标志产生影响
×	对标志不产生影响

表 A.1 算术运算指令

十六进制代码	助 记 符	功 能	对标志影响				字节数	周期数
			P	OV	AC	CY		
28～2F	ADD A,Rn	A＋Rn→A	√	√	√	√	1	1
25	ADD A,direct	A＋(direct)→A	√	√	√	√	2	1
26,27	ADD A,@Ri	A＋(Ri)→A	√	√	√	√	1	1
24	ADD A,♯data	A＋data→A	√	√	√	√	2	1
38～3F	ADDC A,Rn	A＋Rn＋CY→A	√	√	√	√	1	1
35	ADDC A,direct	A＋(direct)＋CY→A	√	√	√	√	2	1
36,37	ADDC A,@Ri	A＋(Ri)＋CY→A	√	√	√	√	1	1

续表

十六进制代码	助　记　符	功　　能	对标志影响				字节数	周期数
			P	OV	AC	CY		
34	ADDC A,♯data	A+data+CY→A	√	√	√	√	2	1
98~9F	SUBB A,Rn	A－Rn－CY→A	√	√	√	√	1	1
95	SUBB A,direct	A－(direct)－CY→A	√	√	√	√	2	1
96,97	SUBB A,@Ri	A－(Ri)－CY→A	√	√	√	√	1	1
94	SUBB A,♯data	A－data－CY→A	√	√	√	√	2	1
04	INC A	A+1→A	√	×	×	×	1	1
08~0F	INC Rn	Rn+1→Rn	√	×	×	×	1	1
05	INC direct	(direct)+1→(direct)	√	×	×	×	2	1
06,07	INC @Ri	(Ri)+1→(Ri)	√	×	×	×	1	1
A3	INC DPTR	DTRR+1→DPTR					1	2
14	DEC A	A－1→A	√	×	×	×	1	1
18~1F	DEC Rn	Rn－1→Rn	×	×	×	×	1	1
15	DEC direct	(direct)－1→(direct)	×	×	×	×	2	1
16,17	DEC @Ri	(Ri)－1→(Ri)	×	×	×	×	1	1
A4	MUL AB	A·B→BA	√	√	×	0	1	4
84	DIV AB	A/B→AB	√	√	×	0	1	4
D4	DA A	对 A 进行十进制调整	√	×	√	√	1	1

表 A.2　逻辑运算指令

十六进制代码	助　记　符	功　　能	对标志影响				字节数	周期数
			P	OV	AC	CY		
58~5F	ANL A,Rn	A∧Rn→A	√	×	×	×	1	1
55	ANL A,direct	A∧(direct)→A	√	×	×	×	2	1
56,57	ANL A,@Ri	A∧(Ri)→A	√	×	×	×	1	1
54	ANL A,♯data	A∧data→A	√	×	×	×	2	1
52	ANL direct,A	(direct)∧A→(direct)	×	×	×	×	2	1
53	ANL direct,♯data	(direct)∧data→(direct)	×	×	×	×	3	2
48~4F	ORL A,Rn	A∨Rn→A	√	×	×	×	1	1
45	ORL A,direct	A∨(direct)→A	√	×	×	×	2	1
46,47	ORL A,@Ri	A∨(Ri)→A	√	×	×	×	1	1
44	ORL A,♯data	A∨data→A	√	×	×	×	2	1
42	ORL direct,A	(direct)∨A→(direct)	×	×	×	×	2	1
43	ORL direct,♯data	(direct)∨data→(direct)	×	×	×	×	3	2
68~6F	XRL A,Rn	A⊕Rn→A	√	×	×	×	1	1
65	XRL A,direct	A⊕(direct)→A	√	×	×	×	2	1
66,67	XRL A,@Ri	A⊕(Ri)→A	√	×	×	×	1	1
64	XRL A,♯data	A⊕data→A	√	×	×	×	2	1
62	XRL direct,A	(direct)⊕A→(direct)	×	×	×	×	2	1

续表

十六进制代码	助　记　符	功　　能	对标志影响				字节数	周期数
			P	OV	AC	CY		
63	XRL direct，# data	(direct) ⊕ data→(direct)	×	×	×	×	3	2
E4	CLR A	0→A	√	×	×	×	1	1
F4	CPL A	$\overline{A}$→A	×	×	×	×	1	1
23	RL A	A 循环左移一位	×	×	×	×	1	1
33	RLC A	A 带进位循环左移一位	√	×	×	√	1	1
03	RR A	A 循环右移一位	×	×	×	×	1	1
13	RRC A	A 带进位循环右移一位	√	×	×	√	1	1
C4	SWAP A	A 半字节交换	×	×	×	×	1	1

表 A.3　数据传送指令

十六进制代码	助　记　符	功　　能	对标志影响				字节数	周期数
			P	OV	AC	CY		
E8～EF	MOV A，Rn	Rn→A	√	×	×	×	1	1
E5	MOV A，direct	(direct)→A	√	×	×	×	2	1
E6，E7	MOV A，@Ri	(Ri)→A	√	×	×	×	1	1
74	MOV A，# data	data→A	√	×	×	×	2	1
F8～FF	MOV Rn，A	A→Rn	×	×	×	×	1	1
A8～AF	MOV Rn，direct	(direct)→Rn	×	×	×	×	2	2
78～7F	MOV Rn，# data	data→Rn	×	×	×	×	2	1
F5	MOV direct，A	A→(direct)	×	×	×	×	2	1
88～8F	MOV direct，Rn	Rn→(direct)	×	×	×	×	2	2
85	MOV direct1，direct2	(direct2)→(direct)	×	×	×	×	3	2
86，87	MOV direct，@Ri	(Ri)→(direct)	×	×	×	×	2	2
75	MOV direct，# data	data→(direct)	×	×	×	×	3	2
F6，F7	MOV @Ri，A	A→(Ri)	×	×	×	×	1	1
A6，A7	MOV @Ri，direct	(direct)→(Ri)	×	×	×	×	2	2
76，77	MOV @Ri，# data	data→(Ri)	×	×	×	×	2	1
90	MOV DPTR，# data	data16→DPTR	×	×	×	×	3	2
93	MOVC A，@A+DPTR	(A+DPTR)→A	√	√	√	√	1	2
83	MOVC A，@A+PC	PC+1→PC，(A+PC)→A	√	√	√	√	1	2
E2，E3	MOVX A，@Ri	(Ri)→A	√	√	√	√	1	2
E0	MOVX A，@DPTR	(DPTR)→A	√	√	√	√	1	2
F2，F3	MOVX @Ri，A	A→(Ri)	×	×	×	×	1	2
F0	MOVX @DPTR，A	A→(DPTR)	×	×	×	×	1	2
C0	PUSH direct	SP+1→SP (direct)→(SP)	×	×	×	×	2	2
D0	POP direct	(SP)→(direct) SP−1→SP	×	×	×	×	2	2

续表

十六进制代码	助 记 符	功 能	对标志影响				字节数	周期数
			P	OV	AC	CY		
C8~CF	XCH A,Rn	A←→Rn	√	×	×	×	1	1
C5	XCH A,direct	A←→(direct)	√	×	×	×	2	1
C6,C7	XCH A,@Ri	A←→(Ri)	√	×	×	×	1	1
D6,D7	XCHD A,@Ri	A0~3←→(Ri)0~3	√	×	×	×	1	1

表 A.4 位操作指令

十六进制代码	助 记 符	功 能	对标志影响				字节数	周期数
			P	OV	AC	CY		
C3	CLR C	0→cy	×	×	×	√	1	1
C2	CLR bit	0→bit	×	×	×		2	1
D3	SETB C	1→cy	×	×	×	√	1	1
D2	SETB bit	1→bit	×	×	×		2	1
B3	CPL C	$\overline{CY}$→CY	×	×	×	√	1	1
B2	CPL bit	$\overline{bit}$→bit	×	×	×		2	1
82	ANL C,bit	cy∧bit→cy	×	×	×	√	2	2
B0	ANL C,/bit	cy∧$\overline{bit}$→cy	×	×	×	√	2	2
72	ORL C,bit	cy∨bit→cy	×	×	×	√	2	2
A0	ORL C,/bit	cy∨$\overline{bit}$→cy	×	×	×	√	2	2
A2	MOV C,bit	bit→cy	×	×	×	√	2	1
92	MOV bit,C	cy→bit	×	×	×	√	2	2

表 A.5 控制转移指令

十六进制代码	助 记 符	功 能	对标志影响				字节数	周期数
			P	OV	AC	CY		
*1	ACALL addr11	PC+2→PC,SP+1→SP, PCL→(SP),SP+1→SP, PCH→(SP),addr11→PC10~0	×	×	×	×	2	2
12	LCALL addr16	PC+3→PC,SP+1→SP, PCL→(SP),SP+1→SP, PCH→(SP),addr16→PC	×	×	×	×	3	2
22	RET	(SP)→PCH,SP-1→SP, (SP)→PCL,SP-1→SP	×	×	×	×	1	2
32	RETI	(SP)→PCH,SP-1→SP, (SP)→PCL,SP-1→SP,从中断返回	×	×	×	×	1	2

续表

十六进制代码	助 记 符	功 能	对标志影响				字节数	周期数
			P	OV	AC	CY		
*1	AJMP addr11	PC＋2 → PC，addr110 → PC10～0	×	×	×	×	2	2
02	LJMP addr16	addr16→PC	×	×	×	×	3	2
80	SJMP rel	PC＋2→PC，PC＋rel→PC	×	×	×	×	2	2
73	JMP @A＋DPTR	A＋DPTR→PC	×	×	×	×	1	2
60	JZ rel	PC＋2 → PC，若 A＝0，PC＋rel→PC	×	×	×	×	2	2
70	JNZ rel	PC＋2 → PC，若 A≠0，PC＋rel→PC	×	×	×	×	2	2
40	JC rel	PC＋2→PC，若 cy＝1，则 PC＋rel→PC	×	×	×	×	2	2
50	JNC rel	PC＋2→PC，若 cy＝0，则 PC＋rel→PC	×	×	×	×	2	2
20	JB bit,rel	PC＋3→PC，若 bit＝1，则 PC＋rel→PC	×	×	×	×	3	2
30	JNB bit,rel	PC＋3→PC，若 bit＝0，则 PC＋rel→PC	×	×	×	×	3	2
10	JBC bit,rel	PC＋3→PC，若 bit＝1，则 0→Bit，PC＋rel→PC					2	2
B5	CJNE A,direct,rel	PC＋3→PC,若 A≠(direct)，则 PC＋rel→PC；若 A<(direct)，则 1→cy	×	×	×	√	3	2
B4	CJNE A,♯data,rel	PC＋3→PC,若 A≠data，则 PC＋rel→PC；若 A<data，则 1→cy	×	×	×	√	3	2
B8～BF	CJNE Rn,♯data,rel	PC＋3→PC,若 Rn≠data，则 PC＋rel→PC；若 Rn<data，则 1→cy	×	×	×	√	3	2
B6～B7	CJNE @Ri,♯data,rel	PC＋3→PC,若 Ri≠data，则 PC＋rel→PC；若 Ri<data，则 1→cy	×	×	×	√	3	2
D8～DF	DJNZ Rn,rel	Rn－1→Rn，PC＋2→PC，若 Rn≠0，则 PC＋rel→PC	×	×	×	×	2	2
D5	DJNZ direct,rel	PC＋2→PC，(direct)－1→(direct)，若 (direct)≠0，则 PC＋rel→PC	×	×	×	×	3	2
0	NOP	空操作	×	×	×	×	1	1

参 考 文 献

[1] 刘守义.单片机应用技术.第二版.西安：西安电子科技大学出版社,2007

[2] 南建辉.MCS-51 单片机原理及应用实例.北京：清华大学出版社,2004

[3] 刘建清.从零开始学单片机技术.北京：国防工业出版社,2006

[4] 楼然苗.单片机课程设计指导.北京：北京航空航天大学出版社,2007

[5] 何立民.单片机应用系统设计系统配置与接口技术.北京：北京航空航天大学出版社,1999

[6] 求是科技.单片机典型模块设计实例导航.北京：人民邮电出版社,2006